常见动物疾病诊断与防治

孟令刚
李进涛　主编
向小松

中国农业科学技术出版社

图书在版编目（CIP）数据

常见动物疾病诊断与防治 / 孟令刚，李进涛，向小松主编 . --北京：中国农业科学技术出版社，2025.4.
ISBN 978-7-5116-7269-8

Ⅰ.S858

中国国家版本馆 CIP 数据核字第 20251QY258 号

责任编辑	张国锋
责任校对	李向荣
责任印制	姜义伟　王思文

出 版 者	中国农业科学技术出版社
	北京市中关村南大街 12 号　邮编：100081
电　　话	（010）82109705（编辑室）　（010）82106624（发行部）
	（010）82109709（读者服务部）
网　　址	https：//castp.caas.cn
经 销 者	各地新华书店
印 刷 者	北京建宏印刷有限公司
开　　本	170 mm×240 mm　1/16
印　　张	16.5
字　　数	300 千字
版　　次	2025 年 4 月第 1 版　2025 年 4 月第 1 次印刷
定　　价	58.00 元

版权所有·翻印必究

《常见动物疾病诊断与防治》编委会

主　　编：孟令刚　李进涛　向小松
副主编：兰彦芳　刘志术　胡新艳　韩荞忆
　　　　喻朝忠　牛香香
编　　委：陈　琳　杨胜萍　陈晓潇　朱秋凤
　　　　刘文进　张璐璐　戴伶俐　张晓亮
　　　　王　洪　李凤华

前　言

近年来，我国养殖动物集约化和规模化程度不断提高，这种集约化、高密度的养殖方式，为动物疫病的发生和流行创造了有利条件。同时，动物疾病的发生和流行也出现了许多新的特点，旧病复发，病因日趋复杂，新病不断出现，混合感染普遍。一方面，市场对兽医技术服务的需求明显增加；另一方面，兽医临床服务和诊疗水平亟待提高。因此，提高常见动物疾病的诊断和治疗水平，降低动物发病率和死亡率，是保障养殖业健康、可持续、高效发展，保障动物产品质量安全、公共卫生安全和生态安全的当务之急。

本书编者来自生产一线，长期从事动物诊疗工作，有着较为丰富的专业知识和临床实践经验。全书从猪、家禽、牛、羊、兔等动物的常见病入手，深入浅出地介绍了病原与流行特点、发病原因、临床症状与病理变化和实验室诊断等方面的诊断方法；在防治措施部分，重视药物选择和使用，特别注意不使用违禁药、少使用抗菌药。

在编写过程中，力求既重实践又讲理论，诊疗技术先进实用，体现最新兽医科技发展水平；语言上通俗易懂，是一本专业、全面、系统、实用的兽医临床工具书，可供广大基层临床兽医、养殖场兽医和农业院校师生参考。

本书获得云南省基础研究计划省科技厅-昆医联合专项面上项目（项目编号：202401AY070001-065）、昆明医科大学医学实验动物学学科团队项目（项目编号：2024XKTDPY17）资助。在编写过程中，参考了国内外多位作者的资料和著作，在此表示衷心的感谢。同时，感谢北京中惠农科文化发展有限公司为本书做的宣传推广工作！由于编者水平有限，书中不足和疏漏、缺点和错误在所难免，敬请同行和广大读者批评指正。

编　者
2024 年 8 月

目 录

第一章 猪常见疾病的诊断与防治 ………………………………………… 1
第一节 猪常见疫病的诊断与防治 ………………………………………… 1
一、非洲猪瘟 …………………………………………………………… 1
二、猪瘟 ………………………………………………………………… 10
三、猪繁殖与呼吸综合征 ……………………………………………… 13
四、口蹄疫 ……………………………………………………………… 15
五、猪伪狂犬病 ………………………………………………………… 18
六、猪细小病毒病 ……………………………………………………… 20
七、猪圆环病毒病 ……………………………………………………… 21
八、仔猪病毒性腹泻 …………………………………………………… 24
九、猪日本脑炎 ………………………………………………………… 25
十、猪流感 ……………………………………………………………… 27
十一、猪链球菌病 ……………………………………………………… 28
十二、猪丹毒 …………………………………………………………… 31
十三、猪气喘病 ………………………………………………………… 33
十四、猪传染性胸膜肺炎 ……………………………………………… 36
十五、猪格拉瑟病 ……………………………………………………… 38
十六、猪大肠杆菌病 …………………………………………………… 40
十七、猪副伤寒 ………………………………………………………… 43
十八、仔猪梭菌性肠炎 ………………………………………………… 45
十九、猪附红细胞体病 ………………………………………………… 47
二十、猪波氏菌病 ……………………………………………………… 49
二十一、猪巴氏杆菌病 ………………………………………………… 51
二十二、猪痢疾 ………………………………………………………… 53
二十三、猪蛔虫病 ……………………………………………………… 54
二十四、猪球虫病 ……………………………………………………… 56

二十五、猪疥螨病 …………………………………………57
二十六、猪姜片吸虫病 ……………………………………59
二十七、猪弓形虫病 ………………………………………60
第二节 猪常见普通病的诊断与防治 …………………………62
一、仔猪低血糖症 …………………………………………62
二、仔猪贫血 ………………………………………………62
三、矿物元素代谢障碍 ……………………………………64
四、维生素缺乏症 …………………………………………70
五、黄脂病 …………………………………………………74
六、异食癖 …………………………………………………76
七、亚硝酸盐中毒 …………………………………………79
八、霉饲料中毒 ……………………………………………80
九、酒糟中毒 ………………………………………………81
十、食盐中毒 ………………………………………………82
十一、疝 ……………………………………………………83
十二、母猪流产 ……………………………………………86
十三、母猪难产 ……………………………………………87
十四、胎衣不下 ……………………………………………90
十五、子宫内膜炎 …………………………………………91
十六、乳腺炎 ………………………………………………93
十七、直肠脱及脱肛 ………………………………………95

第二章 家禽常见疾病的诊断与防治 …………………………97
第一节 家禽常见疫病的诊断与防治 …………………………97
一、高致病性禽流感 ………………………………………97
二、新城疫 …………………………………………………102
三、鸭瘟 ……………………………………………………105
四、小鹅瘟 …………………………………………………108
五、大肠杆菌病 ……………………………………………111
六、禽巴氏杆菌病 …………………………………………113
七、沙门氏菌病 ……………………………………………115
八、支原体病（鸡败血支原体与滑液囊支原体）…………116
九、鸡传染性喉气管炎 ……………………………………119
十、鸡传染性支气管炎 ……………………………………121

十一、禽白血病 …………………………………………………… 124
　　十二、传染性法氏囊病 ………………………………………… 126
　　十三、马立克病 ………………………………………………… 129
　　十四、禽痘 ……………………………………………………… 132
　　十五、鸭病毒性肝炎 …………………………………………… 134
　　十六、鸭浆膜炎 ………………………………………………… 136
　　十七、鸡球虫病 ………………………………………………… 138
　　十八、禽网状内皮组织增殖病 ………………………………… 140
　　十九、鸡病毒性关节炎 ………………………………………… 141
　　二十、禽脑脊髓炎 ……………………………………………… 142
　　二十一、鸡传染性鼻炎 ………………………………………… 144
　　二十二、禽坦布苏病毒感染 …………………………………… 146
　　二十三、禽腺病毒感染 ………………………………………… 148
　　二十四、鸡传染性贫血 ………………………………………… 149
　　二十五、禽偏肺病毒感染 ……………………………………… 150
　　二十六、鸡红螨病 ……………………………………………… 152
　　二十七、鸡坏死性肠炎 ………………………………………… 154
　　二十八、鸭呼肠孤病毒感染 …………………………………… 156
　第二节　家禽常见普通病的诊断与防治 ………………………… 158
　　一、痛风 ………………………………………………………… 158
　　二、脂肪肝综合征 ……………………………………………… 160
　　三、笼养蛋鸡疲劳症 …………………………………………… 160

第三章　牛羊常见病的诊断与防治 …………………………………… 163
　第一节　牛常见传染病的诊断与防治 …………………………… 163
　　一、口蹄疫 ……………………………………………………… 163
　　二、牛流行热 …………………………………………………… 165
　　三、牛恶性卡他热 ……………………………………………… 166
　　四、牛病毒性腹泻 ……………………………………………… 167
　　五、牛传染性鼻气管炎 ………………………………………… 168
　　六、牛结节性皮肤病 …………………………………………… 169
　　七、牛传染性角膜结膜炎 ……………………………………… 170
　　八、牛炭疽 ……………………………………………………… 171
　　九、牛气肿疽 …………………………………………………… 172

十、牛巴氏杆菌病 173
十一、犊牛大肠杆菌病 174
十二、牛沙门氏菌病 176
十三、布鲁氏菌病 177
十四、牛结核病 180
十五、牛坏死杆菌病 181
十六、牛放线菌病 182
十七、钱癣 183

第二节 羊常见传染病的诊断与防治 184
一、小反刍兽疫 184
二、绵羊痘和山羊痘 186
三、羊传染性脓疱皮炎 187
四、羔羊大肠杆菌病 188
五、羊传染性胸膜肺炎 189
六、羊肠毒血症 190
七、羊快疫 191
八、羊猝狙 192
九、羔羊痢疾 192
十、羊黑疫 193

第三节 牛羊常见寄生虫病的诊断与防治 194
一、毛圆线虫病 194
二、食道口线虫病（结节虫病）......195
三、仰口线虫病（钩虫病）......195
四、毛尾线虫病（鞭虫病）......196
五、犊新蛔虫病 197
六、网尾线虫病 197
七、片形吸虫病 198
八、前后盘吸虫病（胃吸虫病）......199
九、阔盘吸虫病 200
十、脑多头蚴病 200
十一、棘球蚴病 201
十二、绦虫病 202
十三、巴贝斯虫病 203

十四、牛泰勒虫病 ……………………………………………………………… 204
十五、羊泰勒虫病 ……………………………………………………………… 205
十六、牛球虫病 ………………………………………………………………… 205
十七、犊牛隐孢子虫病 ………………………………………………………… 207
十八、伊氏锥虫病 ……………………………………………………………… 208
十九、牛皮蝇蛆病 ……………………………………………………………… 209
二十、羊鼻蝇蛆病 ……………………………………………………………… 210
二十一、牛、羊螨病 …………………………………………………………… 211

第四节 牛羊常见普通病的诊断与防治 …………………………………………… 212
一、口炎 ………………………………………………………………………… 212
二、前胃弛缓 …………………………………………………………………… 214
三、瘤胃积食 …………………………………………………………………… 215
四、瘤胃臌气 …………………………………………………………………… 217
五、牛创伤性网胃心包炎 ……………………………………………………… 219
六、牛瘤胃酸中毒 ……………………………………………………………… 220
七、瓣胃阻塞 …………………………………………………………………… 222
八、皱胃阻塞 …………………………………………………………………… 224
九、牛腐蹄病 …………………………………………………………………… 225
十、乳腺炎 ……………………………………………………………………… 228
十一、牛酮病 …………………………………………………………………… 231
十二、羊白肌病 ………………………………………………………………… 233

第四章 兔常见病的诊断与防治 ……………………………………………………… 235
一、兔病毒性出血症 …………………………………………………………… 235
二、兔传染性口炎 ……………………………………………………………… 237
三、兔多杀性巴氏杆菌病 ……………………………………………………… 238
四、兔波氏杆菌病 ……………………………………………………………… 240
五、兔大肠杆菌病 ……………………………………………………………… 241
六、兔产气荚膜梭菌（A 型）病 ……………………………………………… 242
七、兔葡萄球菌病 ……………………………………………………………… 244
八、兔泰泽氏病 ………………………………………………………………… 246
九、兔球虫病 …………………………………………………………………… 247
十、疥螨病 ……………………………………………………………………… 249

主要参考文献 …………………………………………………………………………… 251

第一章 猪常见疾病的诊断与防治

第一节 猪常见疫病的诊断与防治

一、非洲猪瘟

2018年8月3日，辽宁省沈阳市沈北新区发生一起非洲猪瘟疫情，这是我国首次发生非洲猪瘟疫情。非洲猪瘟是由非洲猪瘟病毒引起的家猪、野猪的一种急性、热性、高度接触性动物传染病，所有品种和年龄的猪均可感染，发病率和死亡率最高可达100%，且目前全世界没有有效的疫苗。世界动物卫生组织将其列为法定报告动物疫病，我国将其列为一类动物疫病。

（一）诊断要点

1. 病原与流行特点

非洲猪瘟病毒是非洲猪瘟病毒科、非洲猪瘟病毒属的唯一成员，其病毒毒株种类繁多，目前可分为24个基因型。我国当前流行的主要为基因Ⅱ型毒株，但已有基因Ⅰ型毒株的报道。非洲猪瘟病毒对外界环境的抵抗力强，在血液、组织、粪便等有机质中能存活较长时间，病毒在4℃保存的血液或冻肉中的存活时间分别可达18个月和100天以上。对乙醚、氯仿、过硫酸氢钾、次氯酸盐、碱类、戊二醛等消毒剂以及高温敏感，在60℃处理20分钟条件下可被灭活。经60℃加热30分钟可灭活猪血液中的非洲猪瘟病毒，未经加工猪肉中的非洲猪瘟病毒在70℃加热30分钟条件下可被灭活。

非洲猪瘟的流行病学特征主要表现在以下几个方面。

（1）传染源　非洲猪瘟感染猪、发病猪、耐过猪及猪肉产品和相关病毒污染物品等都是该病的传染源，感染病毒的钝缘软蜱也是传染源之一。非洲猪瘟的潜伏期一般为5~9天，最长可达21天。高致病性毒株感染后，生猪的发病率多在90%以上，感染猪多在2周内死亡，病死率最高可达100%。

（2）传播途径　非洲猪瘟以接触传播为主，群内传播速度较快，但群间传播速度较为缓慢。目前，我国出现的病毒株为高致病性毒株。流行病学调查表明，我国非洲猪瘟的主要传播途径是：污染的车辆与人员机械性带毒进入养殖场（户）、使用餐厨废弃物喂猪、感染的生猪及其产品调运。

①车辆。运送生猪、饲料、兽药、生活物资等的外来车辆，或去往生猪集散地/交易市场、屠宰场、农贸市场、饲料/兽药店、其他养殖场等高风险场所的本场车辆（生产、生活和办公），未经彻底清洗消毒进入本养殖场，是当前病毒传入的主要途径。

②售猪。出售生猪特别是淘汰母猪时，出猪台和内部转运车受到外部病毒污染，或贩运/承运人员携带病毒，是非洲猪瘟病毒传入的重要途径。

③人员。外来人员（生猪贩运/承运人员、保险理赔人员、兽医、技术顾问、兽药/饲料销售人员等）进入本场，本场人员到兽药/饲料店、其他养殖场、屠宰场、农贸市场返回后未更换衣服/鞋或未严格消毒，是病毒传入的重要途径。

④餐厨废弃物（泔水）。使用餐厨废弃物（泔水）喂猪，或养殖人员接触外部生肉后未经消毒接触生猪，是小型养殖场户病毒传入的主要途径。

⑤引进生猪。引进生猪、精液或配种时，病毒可通过多种方式传入。

⑥水源污染。病毒污染的河流、水源可传播病毒。

⑦生物学因素。在病毒高污染地区、养殖密集区，养殖场内的犬、猫、禽和环境中的鼠、蜱、蚊蝇等，以及养殖场周边有野猪活动，可能机械携带病毒并导致病毒传入。

⑧饲料污染。使用自配料的养殖场饲料原料被污染，使用成品料的养殖场其饲料中含有猪源成分（肉骨粉、血粉、肠黏膜蛋白粉等），可能导致病毒传入。

2. 临床症状与病理变化

非洲猪瘟的潜伏期为5~9天，病猪最初4天之内体温上升至40.5℃，呈稽留热，无其他症状，但在发烧期食欲如常，精神良好。到死亡前48小时，体温下降，停止吃食。身体虚弱，伏卧一角或呆立，不愿行动，脉搏加速，强迫行走时困难，特别是后肢虚弱，甚至麻痹。有些病猪咳嗽，呼吸困难，结膜发炎，有脓性分泌物。有的下痢或呕吐、鼻镜干燥。四肢下端发绀，白细胞总数下降，淋巴细胞减少。一般病猪在发烧后，约7天死亡。可见，非洲猪瘟通常是先出现体温升高，后出现其他症状，而猪瘟则随体温升高，几乎同时出现其他症状，可作为二者鉴别诊断的一个指标。

非洲猪瘟引起的血液的变化类似于猪瘟，以白细胞减少为特征，约半数以上病猪比正常白细胞数减少50%。这种白细胞减少，是由于广泛存在于淋巴组织中的淋巴细胞坏死，导致血液中淋巴细胞显著减少。白细胞减少时，正值体温开始上升，发热4天后，约减少40%。此外，还发现未成熟的中性粒细胞增多，嗜酸、嗜碱性细胞等无变化，红细胞、血红素及血沉等未见异常。

病猪一般常在发热后7天，出现症状后1~2天死亡。死亡率接近100%。

病猪自然康复的极少。极少数病例转为慢性经过，多为幼龄病猪，呈间歇热型，并有发育不全、关节障碍、失明、角膜混浊等后遗症。

非洲猪瘟有多种表现形式，从特急性、急性、亚急性到慢性和无明显症状，最常见的是急性发病形式。接种过猪瘟疫苗的猪群突然出现无症状死亡异常增多，或不同程度地出现以下一种或几种临床症状时，可怀疑为非洲猪瘟：大量生猪出现步态僵直；食欲不振、呼吸困难；口腔或鼻腔出现血液泡沫；腹泻或便秘，粪便带血；关节肿胀；耳、腹部或后肢出现斑点状或片状淤血或出血；局部皮肤溃疡、坏死；妊娠母猪在孕期各阶段发生流产等。

剖检病死猪，可见到组织器官广泛性出血、脾脏肿大且质脆、淋巴结出血等。

3. 实验室诊断

临床上，发现猪只不食、发热，皮肤出血和母猪流产，剖检病死猪见到组织器官广泛性出血、脾脏肿大且质脆、淋巴结出血等，应疑似最急性和急性非洲猪瘟。慢性型病例可见到关节肿大以及皮肤溃烂。

根据非洲猪瘟的临床症状和病理变化可作出初步诊断，脾脏异常肿大可作为非洲猪瘟的特征性肉眼病变，但确诊必须进行实验室检测，如非洲猪瘟病毒分离、检测和抗体检测等。

（二）疫情处置

目前，非洲猪瘟防控没有批准的疫苗，主要依靠猪场环境控制、猪群健康管理、饲料营养、饲养管理、卫生防疫、消毒、无害化处理等方面的生物安全措施，清除病原、减少传染概率。对发生可疑和疑似疫情的相关场点，所在地县级人民政府农业农村（畜牧兽医）主管部门和乡镇人民政府应立即组织采取隔离观察、采样检测、流行病学调查、限制易感动物及相关物品进出、环境消毒等措施。必要时可采取封锁、扑杀等措施。

疫情确诊后，县级以上地方人民政府农业农村（畜牧兽医）主管部门应立即划定疫点、疫区和受威胁区，向本级人民政府提出启动相应级别应急响应的建议，由本级人民政府依法作出决定。影响范围涉及两个以上行政区域的，由有关行政区域共同的上一级人民政府农业农村（畜牧兽医）主管部门划定，或者由各有关行政区域的上一级人民政府农业农村（畜牧兽医）主管部门共同划定。

疫点、疫区和受威胁区的划定及疫情处置按照《非洲猪瘟疫情应急实施方案（第五版）》的规定实施。

1. 疫点划定与处置

（1）疫点划定　对具备良好生物安全防护水平的规模养殖场，发病猪舍与其他猪舍有效隔离的，可将发病猪舍划为疫点；发病猪舍与其他猪舍未能有效隔离的，以该猪场为疫点，或以发病猪舍及流行病学关联猪舍为疫点。

对其他养殖场（户），以病猪所在的养殖场（户）为疫点；如已出现或具有交叉污染风险，以病猪所在养殖场（户）和流行病学关联场（户）为疫点。放养猪，以病猪活动场地为疫点。在运输过程中发现疫情的，以运载病猪的车辆、船只、飞机等运载工具为疫点。在牲畜交易和隔离场所发生疫情的，以该场所为疫点。在屠宰过程中发生疫情的，以该屠宰加工场所（不含未受病毒污染的肉制品生产加工车间、冷库）为疫点。

（2）应采取的措施　县级人民政府应依法及时组织扑杀疫点内的所有生猪，并参照《病死及病害动物无害化处理技术规范》等相关规定，对所有病死猪、被扑杀猪及其产品，以及排泄物、餐厨废弃物、被污染或可能被污染的饲料和垫料、污水等进行无害化处理；按照《非洲猪瘟消毒规范》等相关要求，对被污染或可能被污染的人员、交通工具、用具、圈舍、场地等进行严格消毒，并强化灭蝇、灭鼠等媒介生物控制措施；禁止易感动物出入和相关产品调出。疫点为生猪屠宰场所的，还应暂停生猪屠宰等生产经营活动，并对流行病学关联车辆进行清洗消毒。运输途中发现疫情的，应对运载工具进行彻底清洗消毒，不得劝返。

2. 疫区划定与处置

（1）疫区划定　对生猪生产经营场所发生的疫情，应根据当地天然屏障（如河流、山脉等）、人工屏障（道路、围栏等）、行政区划、生猪存栏密度和饲养条件、野猪分布等情况，综合评估后划定。具备良好生物安全防护水平的场所发生疫情时，可将该场所划为疫区；其他场所发生疫情时，可视疫情将病猪所在自然村或疫点外延3千米范围内划为疫区。运输途中发生疫情，经流行病学调查和评估无扩散风险的，可以不划定疫区。

（2）应采取的措施　县级以上地方人民政府农业农村（畜牧兽医）主管部门报请本级人民政府对疫区实行封锁。当地人民政府依法发布封锁令，组织设立警示标志，设置临时检查消毒站，对出入的相关人员和车辆进行消毒；关闭生猪交易场所并进行彻底消毒，对场所内的生猪及其产品予以封存；禁止生猪调入、生猪及其产品调出疫区，经检测合格的出栏肥猪可经指定路线就近屠宰；监督指导养殖场户隔离观察存栏生猪，增加清洗消毒频次，并采取灭蝇、灭鼠等媒介生物控制措施。

疫区内的生猪屠宰加工场所，应暂停生猪屠宰活动，进行彻底清洗消毒，经当地县级人民政府农业农村（畜牧兽医）主管部门组织对其环境样品和生猪产品检测合格的，由疫情所在县的上一级人民政府农业农村（畜牧兽医）主管部门组织开展风险评估通过后可恢复生产；恢复生产后，经检测、检验、检疫合格的生猪产品，可在所在地县级行政区内销售。

封锁期内，疫区内发现疫情或检出核酸阳性的，应参照疫点处置措施处置。经流行病学调查和风险评估，认为无疫情扩散风险的，可不再扩大疫区范围。

3. 受威胁区划定与处置

（1）受威胁区划定 受威胁区应根据当地天然屏障（如河流、山脉等）、人工屏障（道路、围栏等）、行政区划、生猪存栏密度和饲养条件、野猪分布等情况，综合评估后划定。没有野猪活动的地区，一般从疫区边缘向外延伸10千米；有野猪活动的地区，一般从疫区边缘向外延伸50千米。

（2）应采取的措施 所在地县级以上地方人民政府应及时关闭生猪交易场所；农业农村（畜牧兽医）主管部门应及时组织对生猪养殖场（户）全面排查，必要时采样检测，掌握疫情动态，强化防控措施。禁止调出未按规定检测、检疫的生猪；经检测、检疫合格的出栏肥猪，可经指定路线就近屠宰；对取得《动物防疫条件合格证》、按规定检测合格的养殖场（户），其出栏肥猪可与本省符合条件的屠宰企业实行"点对点"调运，出售的种猪、商品仔猪（重量在30千克及以下且用于育肥的生猪）可在本省范围内调运。

受威胁区内的生猪屠宰加工场所，应彻底清洗消毒，在官方兽医监督下采样检测，检测合格且由疫情所在县的上一级人民政府农业农村（畜牧兽医）主管部门组织开展风险评估通过后，可继续生产。

封锁期内，受威胁区内发现疫情或检出核酸阳性的，应参照疫点处置措施处置。经流行病学调查和风险评估，认为无疫情扩散风险的，可不再扩大受威胁区范围。

4. 冬春季节非洲猪瘟的防控

冬春季节，气温降低、昼夜温差大、空气干燥，是非洲猪瘟的高发期和防控关键期。养殖场户应从消毒灭源、控制传播、提高猪只健康水平等方面强化防控措施，降低非洲猪瘟发生风险。

(1) 确保消毒效果　低温会影响消毒剂的稳定性和溶解性,使得消毒效果明显减弱。冬春季,养殖场户在消毒剂配制和使用过程中要充分考虑温度影响。

①舍外消毒。若室外温度高于-6℃时,可使用0.5%的戊二醛水溶液消毒。温度过低时,可选用低温消毒剂(二氯异氰脲酸钠/过硫酸氢钾复合物+乙二醇、氯化钙等,其中,二氯异氰脲酸钠有效浓度为0.2%~0.3%,过硫酸氢钾复合物有效浓度为0.2%~0.5%)。可使用高温火焰对地面进行消毒。

②舍内消毒。冬春季不建议舍内带猪消毒,舍内环境消毒时可使用0.2%~0.5%的过硫酸氢钾复合物。

③饮水消毒。使用二氧化氯、漂白粉等对猪只饮用水进行消毒,可合理添加酸化剂。

④物资消毒。物资(疫苗和精液等温度敏感物品除外)到达养殖场后,应恢复至室温后再进行消毒处理。物资消毒宜在室内,避免露天消毒。优先选择烘干消毒,无法烘干消毒的物资可选择浸泡消毒。

烘干消毒:在60~70℃保持30分钟,消毒过程中,物品之间留有空隙,避免堆叠,确保热空气流通。

浸泡消毒:宜使用25℃左右的温水配制消毒剂,也可在室内安装供暖设备,将室温控制在25℃左右。消毒液应完全浸没消毒物品30分钟以上,期间可轻微搅动,确保所有物品表面均充分接触消毒液。

⑤应急消毒。疫情风险较大时,可考虑每周进行1次全面、无死角的"白化"消毒(使用15%~20%的石灰乳+2%~3%的火碱溶液,配制成碱石灰混悬液),以便可视化消毒区域,并且延长消毒剂作用时间。也可使用10%戊二醛、苯扎溴铵溶液进行"泡沫白化"消毒。

(2) 做好物资储备　为减少物资进场频次,降低非洲猪瘟传入风险,可做好物资采购计划,建议根据生产需求集中采购,适当储备2~3个月的物资。不同批次物资标记好入库时间,按入库先后顺序取用。冬季可增加物资的静置存放时间,25℃以上静置10天。

①规模化猪场。可在猪场外围和场内建物资静置库,静置库宜独立专用,室内温度控制在20~25℃。加强静置库管理,做好采样检测,保证消毒效果。易耗物资尽量选用固定供货商,并定期采样检测。

②中小养殖场户。可在猪场门口配置物资消毒间,包括烘干房和浸泡池(桶)。消毒时应确保烘干间内物品受热均匀,物资要完全浸泡在消毒液液面以下。入冬前,可提前购置冬春季使用的兽药疫苗,消毒后放入库房备用;食

物干货类可提前进场，水果蔬菜类每2周供应1次。不采购和食用非本场猪肉及与猪肉相关的熟食、火腿、风干肉、水饺、方便面等产品。

（3）加强引种管理　北方地区猪场在每年11月前，宜一次性引入足够量的小日龄后备猪，至翌年3—4月，不再进行引种，尽可能降低引种带来的风险。

①规模化猪场。若必须引种，须制定严格的引种生物安全方案，从种源选择、车辆洗消、路途运输到猪只卸载均须制定操作方案，各环节要有专人负责。要对种源进行背景资料调查和实地调研，包括供种猪场的选址、生物安全防护水平、途经区域环境等。要对猪场周边环境采样评估。引种严格执行3次非洲猪瘟病毒核酸和抗体的全群检测（引种前1周、引种后1周、入群前1周）。

②中小养殖场户。选择信誉好的集团猪场采购仔猪。同一猪场选择单一种源，并采取"全进全出"的原则。运猪车辆须经清洗、洗消、烘干、采样检测合格后方可使用。

（4）减少人员流动　人员携带被污染的物品流动，是非洲猪瘟病毒进入场内、在场内扩散的重要途径。冬春季节，可采取措施减少场内人员流动，降低出入次数。禁止无关人员靠近场区；鼓励员工带薪工作，减少休假频次。外来人员（如维修人员、施工人员）进场时，要保证彻底淋浴，全程监管。

①采用三段式洗浴。人员进场淋浴是防止人员机械性带入非洲猪瘟病毒的有效措施。合理采用三段式洗浴（一次更衣、淋浴、二次更衣）可消除人员携带非洲猪瘟病毒的风险。

规模化猪场：猪场外围、门卫及生产线须配置标准淋浴间（一次更衣间、淋浴间、二次更衣间）。人员经充分淋浴、全面采样检测合格后方可进场进线。也可在场外设立人员隔离点，入场人员先在此进行采样、淋浴更衣，检测结果阴性后再由专车送到猪场，到达猪场生活区后再次进行采样、淋浴更衣，经过24小时隔离后即可淋浴更衣后进入猪舍。另外，入场人员也可在场区内隔离点采样检测，结果合格的，经淋浴后可以直接进入场区生活区，缩短隔离时间。

中小养殖场户：可在猪场门口配置标准淋浴间（一次更衣间、淋浴间、二次更衣间），须有上下水和地暖。人员进场前在家或宾馆充分淋浴，住宿隔离8小时以上，换干净衣服到场。进场流程为，在一次更衣间内将衣服脱下后放入盛有消毒液的桶内浸泡，进入淋浴间充分淋浴，之后在二次更衣间内换新衣服进场。猪舍门口也应配置换衣间，人员进出猪舍要洗手、换衣服和鞋靴。

②注意个人物品消毒。对人员携带的个人物品也要经消毒后带入。对于电子产品类（手机、电脑、充电器、耳机、鼠标、键盘、U 盘等），可使用 75% 酒精擦拭；对于防水的生产配件、工具、用品等，可用过硫酸氢钾复合物粉（1∶200），或过硫酸氢钾复合盐泡腾片（1∶400，即 10 片兑水 4 千克）浸泡消毒 30 分钟；对于劳保用品、办公用品等不能浸泡的物品，可 60~70℃ 烘干 30 分钟。

（5）控制车辆进场　猪场使用的拉猪车、拉料车、无害化处理车等运输车辆易污染非洲猪瘟病毒。运输车辆要经彻底清洗、消毒、烘干及检测合格后使用。要尽量选择在场外作业，避免车辆入场。

①规模化猪场。要专车专用，要严格执行车辆洗消流程：粗洗—皂洗（泡沫清洗）—精洗—沥干—消毒—干燥—检测。当室外温度低于 18℃ 时，车辆消毒可使用低温消毒剂。车辆经过的路面可使用火焰消毒。

②中小养殖场户。可对猪场门口的路面进行硬化，硬化面积应大于 60 米²（15 米×4 米），便于对到场车辆进行彻底消毒。猪场内使用围挡进行分区。使用散装料的，建散装料仓，拉料车到达猪场附近，场外指定人员对车辆轮胎、底盘消毒后打料，拉料车驶离后，立即对车辆经停地消毒。使用袋装料的，建密闭的饲料静置库，到场饲料静置 15 天以上后使用。静置库内可加地仓和绞龙，在舍内加接料管，饲喂时在舍内接料。

（6）提高猪只健康水平　健康程度好的猪群，群体免疫力高，疫病抵抗力强。入冬前全面提升猪群的健康水平非常重要。

①控制常见病。冬春季支原体病、格拉瑟病（副猪嗜血杆菌病）、链球菌病等呼吸道疫病以及大肠杆菌病、产气荚膜梭菌病等消化道疫病高发。生猪患病后，呼吸道、消化道黏膜受损，非洲猪瘟病毒更易通过损伤黏膜侵入。可对生猪进行药物保健以降低病原在猪群中的循环，也可通过疫苗免疫方式提高群体抵抗力。为降低因饲料导致的胃肠道损伤，可通过调整饲料配方及生产工艺，减小饲料粒径。

②及时淘汰病猪。加大病弱猪淘汰力度，及时将猪群中的易感动物剔除，降低猪群感染非洲猪瘟病毒风险。

③加强饲养管理。饲喂：检查每批入库饲料数量、料号、保质期，确保料号和数量正确并在保质期内。查看料槽、料斗，确保不缺料，保证猪只自由采食，仔猪料槽添加最大量不超过料槽容量的 1/3，少喂勤添，不饲喂霉变饲料。饮水：检查储水桶是否按要求消毒，水量是否充足，水嘴是否能正常使用，水管是否有损坏、漏水等现象，每天按压水嘴，检查水压流速是否满足猪

只需求，缺水时及时补充。通风：查看猪舍门窗、风机是否正常，有无贼风情况，防止出现对流风、穿堂风。查看出粪口是否封闭。早晨进入猪舍时通过感受舍内氨气味，判断通风状况。温湿度：查看猪舍温度、湿度是否满足当前猪群日龄的需求，关注舍内温差大小。卫生：查看地面是否干净，是否存在粪便堆积、尿水积存的现象，猪栏墙、水管、料槽等部位是否尘土过多，舍内是否有蜘蛛网。

④做好环境控制。冬季，规模化猪场做好风机、水帘、门窗等的密封保暖工作，同时在所有进风口加装初效过滤棉，风机口加风机罩，降低春季刮风时病原随风沙进入猪场的风险。保温：冬季在进猪前1天将舍温提升至26℃以上，锅炉水温达到55~65℃。配备足够的地暖面积、散热器、煤炭等燃料，按照猪只体重、日龄保证相应的舍内温度，昼夜温差控制在2~3℃。可增加保温措施，舍外北墙封无纺布，门口外设挡风墙，粪口设挡板，封住风机和湿帘口，舍门内设门帘，舍中间设隔离帘，舍内吊顶，备足垫料，弱猪配备烤灯。冬季肥猪销售后，空栏期要把地暖、暖风机、饮水器内的水全部放掉，防止冻坏，下次运行时先加水排气再烧锅炉供暖。通风：冬季舍内应没有氨气味，空气粉尘含量低，通风的风速控制在3米/秒以内，舍内温度控制均匀。自然通风的猪舍，冬季开窗时要注意打开所有窗户，打开的大小以人站在舍内窗户前感受不到风速为标准，达到均匀通风，不能打开舍门。机械通风的猪舍，采用排风扇定时抽风，抽风时段保证对温度影响控制在2℃以内。也可开启天窗排风，每小时通风量=猪数×猪只均重×0.65，根据猪舍所需通风量选择风机大小。安装变频温控设备的，不使用定时开关。

(7) 强化防鼠措施　冬季天气寒冷、食物匮乏，温暖的猪舍以及猪舍内的饲料对老鼠有很大的吸引力。虽然老鼠不是非洲猪瘟病毒的潜在宿主，但非洲猪瘟病毒可以通过机械携带的方式通过它们进入猪舍。

每周对实体围墙、猪舍围墙的密闭性进行检查，遇到缝隙应用水泥、腻子粉、发泡胶等进行填补，生产区顶棚与生产区连接处使用发泡胶或尼龙网密封，投放机械式捕鼠笼。垃圾桶使用前套垃圾袋，使用后盖上盖子。餐厨剩余物要做到每天处理。垃圾坑安装防护网，坑内定期投放鼠药，防止老鼠觅食。料车离开后，应立即清扫料塔周边残余饲料，装入密闭垃圾桶。定期查看场内有无老鼠踪迹，舍内检查有无鼠粪，各建筑物、设备等有无老鼠啃咬痕迹。

(8) 降低饲料带毒风险　饲料原料的种植、收获、运输，成品料的生产加工、储存和运输等环节，均可能被病毒污染。特别是在田间地头或公路进行自然晾晒的饲料原料极易受到污染。使用袋装饲料的猪场，可设立袋装饲料静置库，在20~25℃环境中静置14天后再转运至生产区饲喂；采用散装料仓的猪场，可增加静置料塔，静置7~14天后再进入饲喂管道。

二、猪瘟

猪瘟是由猪瘟病毒引起猪的一种急性、热性、出血性的高度传染性疫病。猪瘟呈全球分布，对养猪生产的危害极大，世界动物卫生组织将其列为必须报告的动物疫病，我国将其列为二类动物疫病。

（一）诊断要点

1. 病原与流行特点

猪瘟病毒属于黄病毒科、瘟病毒属成员，仅有1种血清型，但可分为3个主要基因型，每个基因型又可分为3~4个亚型。

猪瘟病毒对自然环境的抵抗力较强，对一些消毒剂也有抵抗力。猪瘟病毒对温度较为敏感，56℃处理60分钟或60℃处理10分钟即可被灭活；不耐酸碱，对乙醚、氯仿和去污剂等敏感，2%氢氧化钠最适用于猪瘟病毒污染场所的消毒。

该病的易感动物是家猪和野猪，不同品种、年龄、性别的猪均易感。病猪是主要的传染源，可经唾液、粪便、尿液和眼鼻分泌物排毒。感染途径主要是消化道，也可经呼吸道、结膜、生殖道黏膜及皮肤创口感染。健康带毒猪、持续性感染猪和先天感染仔猪也可传播该病。食入被病猪分泌物（如唾液、泪液、鼻液等）和排泄物（尿、粪）污染的饲料、食物、饮水，以及接触猪瘟病毒污染的猪舍地面、土壤等，可造成猪的感染。

人员、运输工具、鸟和昆虫可机械传播猪瘟病毒。猪场如果引进感染猪或带毒猪，可造成猪瘟的暴发。也可经垂直传播，带毒母猪妊娠后病毒通过胎盘屏障感染胎儿；受感染的公猪可经精液排毒，因此猪瘟病毒可通过人工授精而传播。

猪瘟的流行和发生无明显的季节性。由于猪瘟病毒的持续性感染，仔猪先天免疫耐受，对疫苗的免疫应答低下，造成与猪肺疫、猪繁殖与呼吸综合征等疫病混合感染，以及并发猪链球菌病、仔猪副伤寒等病例增多。同时，发病猪还可继发猪沙门氏菌病、猪丹毒、猪巴氏杆菌病等，导致猪群病情加重和猪场更大的经济损失。

2. 临床症状与病理变化

该病潜伏期为2~21天，一般为5~7天。因猪瘟病毒毒株毒力、猪的品种与日龄、疫苗免疫情况等不同，临床表现存在差异。一般而言，基于病程长短猪瘟可分为急性、亚急性、慢性和持续性感染/非典型。

（1）急性型　在新疫区和无免疫力猪群的发病初期，常可见到无明显症状而突然死亡的最急性型病例，病程1~2天，病死率极高。急性型的病程为1~3周，死亡率可达60%~80%。主要临床表现为体温升高至41~42℃、稽留不退；食欲减退、精神沉郁、扎堆、颤抖、嗜睡；结膜炎和鼻黏膜炎、眼和鼻分泌物增多、眼睑粘连；病初便秘，后期腹泻、粪便恶臭和带黏液或血。病猪消瘦、虚弱、步态不稳、后肢麻痹而不能站立，常呈犬坐姿势。在病猪鼻、耳、腹部、四肢，甚至全身皮肤可见大小不等的红色或紫色出血点，进而可发展成出血斑，甚至坏死区；口腔黏膜发绀，唇内面、齿龈、口角等处有出血斑点。公猪包皮炎，用手挤压有恶臭混浊液体射出。仔猪还伴有神经症状，受外界刺激时出现尖叫、倒地、痉挛。

（2）亚急性型　临床症状与急性型相似，一般较缓和，病程3~4周。

（3）慢性型　病猪的临床症状不规律，体温时高时低，便秘、腹泻交替出现。病猪明显消瘦、贫血、全身衰弱、精神委顿、步态不稳，皮肤有紫斑或坏死痂。病程一般持续1个月以上，终归死亡，但有的病例成为僵猪或终身带毒猪。

（4）持续性感染/非典型　低毒力猪瘟病毒毒株感染或免疫猪群受到中、强毒力毒株感染，可形成持续性感染和出现非典型猪瘟病例。病程较长，临床症状和剖检变化不典型，发病率和死亡率都较低。先天性感染猪瘟病毒时，母猪表现为流产、死产、产弱仔或产出部分外表健康的带毒仔猪，胎儿木乃伊化、畸形；生后仔猪在较短时间内无明显异常临床症状，但随后可见轻度厌食、沉郁、结膜炎、皮炎、腹泻、共济失调、后躯麻痹等，最终死亡，这类病例又称为"迟发性"猪瘟。

当前，我国猪群感染猪瘟主要表现为非典型性。种猪的持续性感染和仔猪的先天性感染比较普遍，这种类型的感染通常是隐性感染。

持续性感染可以造成妊娠母猪带毒综合征，引起妊娠母猪流产、产死胎和弱仔等，导致母猪出现繁殖障碍。妊娠期间胎儿通过胎盘感染病毒导致先天感染，胎儿出生后表现体弱、死亡或震颤等临床症状，有的呈现免疫耐受而无临床症状，对以后注射的疫苗不产生免疫应答，但当环境条件改变时发生猪瘟，不发病的仔猪也可以向外界排毒成为传染源。这也是导致免疫失败的主要原因之一。

最急性病例常无明显的病理变化，有的病例可见浆膜、黏膜和部分器官组织出血。急性和亚急性猪瘟呈典型的败血症病变，以实质器官多发性出血性为特征。皮肤和皮下脂肪有出血斑点；全身淋巴结肿大、呈暗红色、呈大理石样或红黑色外观；肾脏皮质散在或密集出血点，肾盂和肾乳头出血；脾脏边缘梗死，呈暗红色，被认为是猪瘟最具特征性的病变；喉头黏膜、会厌软骨、膀胱黏膜、心脏、肺脏、胃、肠道、胆囊、腹膜等有大小不一、数量不等的出血斑点；有的病例可见扁桃体出血、坏死。

病程稍长的病例（慢性猪瘟），在盲肠和结肠可见坏死（纤维素性坏死性肠炎）、纽扣状溃疡。如果继发多杀性巴氏杆菌感染，可见到肺脏出血性坏死。

妊娠母猪感染可见死胎全身皮下水肿、腹水和胸水；胎儿畸形，表现为小脑、肺、肌肉发育不良，头、四肢变形。胸腺萎缩是先天感染的胎猪的突出病变。

3. 实验室诊断

典型猪瘟可根据临床症状、流行病学调查与分析和现场剖检作出初步诊断。我国普遍采用疫苗免疫接种控制猪瘟，临床上典型猪瘟的病例已较为少见，多以非典型猪瘟为主。因此，准确诊断须依靠相应的实验室诊断技术，如猪瘟病毒分离、检测、抗体检测等。

（二）防控措施

1. 做好疫苗免疫防控

疫苗免疫是防控猪瘟的重要手段。选用高质量的猪瘟疫苗，制订科学合理的猪瘟免疫程序，加强免疫效果监测评估，掌握猪群的整体免疫状态，提升猪群的整体免疫水平。同时通过监测淘汰疑似先天感染和免疫耐受的仔猪，杜绝可能的传染源。

猪瘟兔化弱毒疫苗具有良好的保护效力和安全性，应用普遍。近年来，已研发出猪瘟病毒 E2 蛋白基因工程亚单位疫苗，并已开始商业化运作。猪场应根据疫苗免疫后仔猪母源抗体水平消长规律，科学制订和不断调整免疫程序，提高免疫效果。

2. 净化种猪群

种猪（主要是繁殖母猪）的持续性感染是仔猪发生猪瘟的最主要因素，通过监测种猪群的感染和免疫状态，坚决淘汰感染种猪是有效控制仔猪感染猪瘟的关键措施。由于监测抗体比监测抗原容易，加上持续感染的母猪在疫苗免疫后抗体水平上升不明显，所以通过抗体监测，可以淘汰无抗体反应或抗体水平低的种猪，从而达到净化种猪群的目的。

3. 提升猪场生物安全水平

在整个养猪生产系统和生产过程中执行有效的生物安全管理措施，逐步改善生猪养殖场生态环境，提高猪场的生物安全水平，切断猪瘟病毒在养殖场内外传播的可能，逐步建立起猪瘟阴性猪群。

三、猪繁殖与呼吸综合征

猪繁殖与呼吸综合征是由猪繁殖与呼吸综合征病毒引起，以母猪繁殖障碍、早产、流产、死胎、木乃伊胎及各日龄猪呼吸道疾病为特征的高度接触性传染病。因部分病猪可出现耳朵发绀现象，俗称猪蓝耳病。农业农村部将其列为二类动物疫病。

（一）诊断要点

1. 病原与流行特点

猪繁殖与呼吸综合征的病原是猪繁殖与呼吸综合征病毒。以前，曾将该病毒分为基因1型即欧洲型毒株和基因2型即美洲型毒株，目前一般分为猪乙型（β）动脉炎病毒1型（PRRSV-1）和猪乙型（β）动脉炎病毒2型（PRRSV-2）。该病毒具有易变异、毒株多样、免疫抑制、持续性感染以及异源毒株交叉保护差等特性，常由于变异毒株的出现或新毒株的传入而引起新的疫情暴发。

不同年龄和品种的猪均可感染，以妊娠母猪和1月龄以内的仔猪最易感。病猪和带毒猪是该病主要的传染源。易感猪可经呼吸道（口）、消化道（鼻腔）、生殖道（配种、人工授精）、伤口（注射）等多种途径感染病毒。病毒可经胎盘垂直传播，造成胎儿感染。猪感染病毒后2~14周均可通过接触将病毒传播给其他易感猪。易感猪也能通过直接接触污染的运输工具、器械、物资、饲料等感染。

当前，我国猪场有多个毒株流行，最主要的流行毒株为类NADC30毒株，市场使用的疫苗对类NADC30感染不能提供完全保护。有的猪场存在多种谱系毒株混合感染的情况，增加了防控难度。

2. 临床症状与病理变化

高致病性猪蓝耳病的临床症状主要表现为病猪体温明显升高，可达41℃以上；眼结膜炎、眼睑水肿；咳嗽、气喘等呼吸道症状；部分猪后躯无力、不能站立或共济失调等神经症状；仔猪发病率可达100%、死亡率可达50%以上，母猪流产率可达30%以上，成年猪也可发病死亡。

当前猪群中流行的猪繁殖与呼吸综合征病毒毒株的致病性均不强，属中等或低致病性毒株。感染猪场以母猪流产、产死胎、弱仔、自溶性胎儿、木乃伊胎等繁殖障碍为主；5%~80%的母猪出现晚期（妊娠第100~118天）流产，分娩母猪群的死胎率可达7%~35%；母猪还可表现出无乳症、运动失调、发情异常等，母猪的死亡率一般为1%~4%。哺乳仔猪断奶前的死亡率可达60%，可见体温升高、精神萎靡、食欲废绝、嗜睡、扎堆、消瘦、呼吸急促和结膜水肿等症状。哺乳仔猪、保育猪和生长育肥猪以呼吸道疾病为主，可表现出食欲下降、精神沉郁、耳发绀、呼吸困难、咳嗽、被毛粗乱、平均日增重降低；一般而言，发病猪群的死亡率可达12%~20%；如果继发或并发其他疾病，病情会加重，导致死亡率增高。公猪可表现出食欲下降、精神沉郁、呼吸道症状以及性欲不强、精液质量下降等。

感染猪病理变化的严重程度以及涉及的组织器官与猪繁殖与呼吸综合征病毒毒株的毒力有关。主要病理变化为间质性肺炎，肉眼可见肺脏轻度或中度水肿、变硬、有弹性、呈橡胶样；病灶呈棕褐色或暗紫色。日龄较小的仔猪可出现眼睑水肿、阴囊水肿和皮下水肿。高致病性猪繁殖与呼吸综合征病毒感染病死猪可见皮肤出血，肺脏严重水肿、实变、出血，呈肝样肉变；淋巴结肿大、偶见出血；心外膜、肾皮质的多灶性出血，结膜水肿和胸腺萎缩；部分病例脾脏边缘或表面可见梗死灶。如继发某些细菌感染，可见到胸膜炎、心包炎、腹膜炎、关节炎等病变。

3. 实验室诊断

根据临床症状及流行病学特点，难以对该病作出确切诊断，确诊须依靠病原学诊断与检测技术。

（二）防控措施

1. 预防

（1）加强监测力度　对种猪场、隔离场、边境、近期发生疫情及疫情频发等高风险区域的生猪进行重点监测。各级动物疫病预防控制机构对监测结果及相关信息进行风险分析，做好预警预报。农业农村部指定的实验室对分离到的毒株进行生物学和分子生物学特性分析与评价。

（2）加强饲养管理　实行封闭饲养，建立健全各项防疫制度，做好消毒、杀虫灭鼠等工作。

（3）科学合理地进行疫苗免疫　在猪蓝耳病流行猪场或猪蓝耳病阳性不稳定场，可以根据本场流行毒株进行匹配猪蓝耳病弱毒活疫苗的使用；在蓝耳病阳性稳定场应逐渐减少猪蓝耳病弱毒活疫苗的使用，甚至停止使用弱毒活疫苗；在蓝耳病阴性场、原种猪场和种公猪站，停止使用弱毒活疫苗。

2. 高致病性猪蓝耳病处置

高致病性猪蓝耳病是由猪繁殖与呼吸综合征病毒变异株引起的一种急性高致死性疫病。

任何单位和个人发现猪出现急性发病死亡情况，应及时向当地动物疫病预防控制机构报告。当地动物疫病预防控制机构在接到报告或了解临床怀疑疫情后，应立即派员到现场进行初步调查核实，并采集样品进行实验室诊断以确认疫情。

判定为疑似疫情时，应对发病场（户）实施隔离、监控，禁止生猪及其产品和有关物品移动，并对其内、外环境实施严格的消毒措施。对病死猪、污染物或可疑污染物进行无害化处理。必要时，对发病猪和同群猪进行扑杀并无害化处理。

确认疫情后，由所在地县级以上兽医主管部门划定疫点、疫区、受威胁区。疫点内，扑杀所有病猪和同群猪；对病死猪、排泄物、被污染饲料、垫料、污水等进行无害化处理；对被污染的物品、交通工具、用具、猪舍、场地等进行彻底消毒。疫区内，对被污染的物品、交通工具、用具、猪舍、场地等进行彻底消毒；对所有生猪用高致病性猪蓝耳病灭活疫苗进行紧急强化免疫，并加强疫情监测。对受威胁区所有生猪用高致病性猪蓝耳病灭活疫苗进行紧急强化免疫，并加强疫情监测。

四、口蹄疫

口蹄疫是由口蹄疫病毒所引起偶蹄动物发生急性、热性、高度接触性的传染病。

（一）诊断要点

1. 病原与流行特点

口蹄疫病毒有7个血清型，不同血清型之间无交叉免疫保护性，同一血清型不同毒株的抗原性也存在差异。当前，我国口蹄疫疫情形势总体平稳，但国家口蹄疫参考实验室发现部分猪群中口蹄疫流行毒株发生变异，同时中东地区近年来流行的南非2型（SAT 2型）口蹄疫病毒传入我国风险较高，防控工作面临新挑战。从监测数据看，目前我国猪群中主要流行O型CATHAY拓扑型毒株和O型Mya-98毒株，牛羊群中主要流行O型Ind-2001e毒株。

病猪、带毒猪以及带毒的其他动物均可为传染源，易感猪可经呼吸道、消化道以及损伤的黏膜和皮肤而感染。野生动物、鸟类、啮齿类、犬、猫、吸血昆虫等也可传播口蹄疫，人员与污染的空气及车辆、用具、饲料、饮水等是传播口蹄疫的重要媒介。

口蹄疫在冬季及早春寒冷、气温多变的季节发病多见。此外猪群流动大、饲养集中、密度过大等各种应激因素，霉菌毒素及其他疾病的存在，都可降低猪只的非特异性免疫力，成为诱发口蹄疫发生和流行的因素。

2. 临床症状与病理变化

该病的潜伏期平均为1~3天，但最长可达9天，取决于接触病毒的强度和毒株类型。发病猪体温升高至40~41℃，精神不振、食欲减少或废绝、侧卧不起、跛行；蹄冠、蹄叉和蹄踵部皮肤出现局部红肿、热、敏感，形成米粒至黄豆大小水疱，内含灰白色或暗黄色液体；水疱破溃后，可见暗红色糜烂、溃疡。破溃处若无继发感染，会很快结痂愈合；否则，蹄匣可能脱落，严重时导致跛行、消瘦或死亡。病猪鼻盘、吻突、口腔黏膜也可能出现水疱，破溃后形成浅表溃疡；少数母猪的乳房、乳头也可出现水疱。

新生仔猪感染后常呈急性死亡，主要病理变化为心肌变性、似水煮过，切面为灰白色与淡黄色条纹相间，类似虎皮斑纹，称虎斑心。妊娠母猪偶尔流产，哺乳母猪泌乳减少或停乳。

3. 实验室诊断

根据猪口蹄疫的流行病学、临床症状和病理变化的特点，一般容易作出初步诊断。但为了与其他水疱性病毒病（如猪水疱病）相区分，须进一步进行实验室检测以确诊。通常可采集水疱液、水疱皮等进行口蹄疫病毒检测，采集的血清可用于口蹄疫病毒抗体检测。

（二）防控措施

1. 确保疫苗免疫到位

（1）科学选择疫苗　疫苗免疫是口蹄疫防控的有效手段。选择疫苗毒株与优势流行毒株匹配性好的疫苗。从国家口蹄疫参考实验室对流行毒株和疫苗株抗原匹配性分析看，当前部分疫苗毒株与猪CATHAY流行毒株匹配性下降。为确保防控效果，选择使用抗原谱广、纯度高的疫苗，并实施加强免疫，提高保护效果。各地在监测工作中，重点关注口蹄疫免疫群体中的发病畜，及时将阳性样品送国家口蹄疫参考实验室进行病原分析。密切跟踪流行毒株变异情况，评价疫苗免疫的有效性。

（2）规范实施免疫　鼓励有条件的养殖场监测幼畜母源抗体水平，通常畜群母源抗体合格率在50%左右时，进行首次免疫。仔猪可选择在28~60日龄时进行初免（羔羊可在28~35日龄时进行初免，犊牛可在90日龄左右进行初免）。首次免疫后，间隔1个月进行1次加强免疫，以后每间隔4~6个月再次进行加强免疫。家畜在调运前 21~28 天可进行 1 次强化免疫。免疫前应认真阅读疫苗使用说明书，检查家畜健康状况和疫苗性状，遵守疫苗注射操作规程，严格消毒注射器械和部位，注射深度应适中，注射后观察不良反应。

（3）评估免疫效果　免疫后需定期监测抗体水平，评估免疫效果。使用灭活疫苗免疫的，按 GB/T 18935—2018《口蹄疫诊断技术》推荐的 ELISA 方法检测抗体；使用合成肽疫苗免疫的，采用 VP1 结构蛋白抗体 ELISA 方法检测抗体。猪免疫 28 天后（牛羊等免疫 21 天后），抗体检测结果合格，判定为个体免疫合格。免疫合格个体数量占免疫群体总数不低于 70% 的，判定为群体免疫合格。根据监测结果，及时调整免疫程序或实施补免。

2. 加强疫病风险监测

（1）强化边境地区监测　中东地区持续流行的 SAT 2 型口蹄疫病毒，可能通过动物或动物产品贸易、野生动物跨境活动及走私等途径传入我国。边境地区要加大排查力度，科学布局监测场点，针对接壤地区、动物或动物产品集散地等重点区域和场所，强化病原学监测，检出阳性的，及时报送监测信息，并及时将阳性样品送国家口蹄疫参考实验室作进一步分析。

（2）强化重点环节监测　要强化调运、屠宰环节和散养场户等免疫薄弱环节的监测，加大抽样检测比例和频次，及时组织补免，筑牢防疫屏障。密切关注不同口蹄疫病毒株在畜群中的感染和流行状况，及时发现变异毒株。

（3）科学选择检测试剂　目前市售检测试剂的敏感性和特异性存在差异，部分抗体检测试剂存在血清型交叉检出情况。要使用口蹄疫样品盘筛选检测试剂，根据检测目的选择相应试剂，免疫效果评估应选择能反映免疫保护水平且特异性好的检测试剂，并通过标准样品等质控品跟踪评价所用试剂的稳定性。

3. 强化家畜及其产品的检疫

（1）严格产地检疫　家畜离开饲养地之前，养殖场（户）应当向所在地动物卫生监督机构申报检疫。已经取得产地检疫证明的，从交易市场继续出售或运输的，货主应当向所在地动物卫生监督机构申报检疫。动物卫生监督机构受理检疫申报时，应当结合当地口蹄疫疫情状况，并根据动物检疫管理办法和检疫规程规定作出是否受理决定。实施检疫时，官方兽医或协检人员应当了解养殖场（户）是否按规定进行了口蹄疫免疫，且在免疫保护期内。检疫合格的，出具检疫证明；检疫不合格的，按照国家有关规定处理。

（2）强化屠宰检疫　屠宰加工场所要严格执行家畜入场查验登记、待宰巡查等制度，查验进场待宰家畜的产地检疫证明和畜禽标识，发现家畜出现疑似口蹄疫症状的，应当立即向农业农村主管部门或者动物疫病预防控制机构报告。

4. 强化生物安全管理

指导养殖场户根据本场实际建立人员、车辆、畜群、物资等管理制度，严格落实生物安全措施。限制无关人员进出养殖场，严格执行进出人员更衣换鞋、手部消毒等卫生制度，有条件的养殖场，可在入口处设立淋浴间。禁止外来车辆随意进入养殖场，确需进入的，应彻底清洗消毒。场内严格实施净区和污区管理，人员、物资、车辆、家畜等应遵循从低风险区向高风险区移动的原则。落实引种隔离观察制度，确认畜群健康后方可混群饲养。

5. 严格疫情报告处置

一旦发现病畜出现体温升高，唇部、舌面、齿龈、鼻镜、蹄踵、蹄叉、乳房等部位有水疱等症状，要立即向所在地农业农村主管部门或者动物疫病预防控制机构报告，限制家畜及其产品、饲料及垫料、废弃物、运载工具、有关设施设备等移动。对所有病死畜、被扑杀畜及其产品、排泄物，以及被污染或可能被污染的饲料、垫料及污水等，进行无害化处理。对被污染或可能被污染的物品、用具、交通工具、圈舍环境等进行彻底清洗消毒。

五、猪伪狂犬病

猪伪狂犬病是由伪狂犬病病毒引起猪的一种高度接触性传染病。

（一）诊断要点

1. 病原与流行特点

伪狂犬病病毒属于疱疹病毒科、甲型疱疹病毒亚科、水痘病毒属，仅有1个血清型。该病毒抵抗力较强，37℃时半衰期为7小时，8℃可存活46天，25℃干燥环境中可存活10~30天。5%石炭酸2分钟可灭活病毒，但0.5%石炭酸处理32天后病毒仍具有感染性；0.5%~1%氢氧化钠可迅速杀灭；对乙醚、氯仿等脂溶剂以及甲醛和紫外线敏感。

2011年，我国猪群由伪狂犬病病毒变异毒株引发的疫情逐渐平稳，但仍在流行。

易感动物为猪，犬、猫、牛、羊也可感染发病，实验动物中以家兔最为敏感。近年来，PRV引致人的脑炎及其公共卫生意义受到关注。该病的传染源是带毒的病猪、隐性感染猪、康复猪、野猪、带毒鼠。病猪的飞沫、唾液、粪便、尿液、血液、精液和乳分泌物等均含有病毒。种猪初次感染康复、恢复生产后将终生带毒，在应激、抵抗力下降时，猪只可发病。

2. 临床症状与病理变化

不同阶段的猪只在感染伪狂犬病病毒后所出现的临床症状有所不同，其中妊娠母猪和新生仔猪的症状尤为明显。感染母猪表现流产、产死胎、弱仔、木乃伊胎等繁殖障碍症状，青年母猪和空怀母猪常出现返情而屡配不孕或不发情；公猪常出现睾丸肿胀、萎缩、性功能下降、失去种用能力；新生（哺乳）仔猪发病率和死亡率可达100%，表现中枢神经系统症状，断奶仔猪发病率20%~40%，死亡率10%~20%；生长猪、育肥猪表现为呼吸道症状，增重滞缓，发病率高，无并发症时死亡率低；成年猪呈隐性感染。

病猪一般无特征性病理变化。剖检可见肾脏有出血点，不同程度的卡他性胃炎和肠炎；有明显神经症状的病死猪剖检可见脑膜明显充血，脑脊髓液增多，肝脏、脾脏等有灰白色坏死点，肺脏充血、水肿、有坏死点，个别病程稍长的病例可见扁桃体出血、坏死和溃疡病灶。母猪子宫壁变厚水肿、多灶至弥散性子宫内膜炎及阴道炎和坏死性胎盘炎，并伴有绒毛膜凝固性坏死。

3. 实验室诊断

根据流行特点、临床症状等可作出初步诊断，确诊须进行实验室检查。

（二）防控措施

1. 预防

（1）加强生物安全措施　加强猪场人员进出控制、运输工具清洗消毒、严格引种监测等生物安全措施。及时隔离疑似感染猪只，对圈舍进行彻底消毒，避免更多的猪只感染。有条件的养殖场可对同群猪进行检测。

（2）重视灭鼠　鼠极易传播伪狂犬病病毒，其个体小，灵活性大，一旦感染伪狂犬病病毒，随着其运动可迅速将病毒向四处传播，因此猪场应采取有效的灭鼠措施，定期开展灭鼠工作。严格控制犬、猫以及鸟类等进入猪场。

（3）开展种猪群的血清学监测　及时淘汰和清除gE抗体阳性种猪。

2. 疫苗免疫

应尽量选用一种疫苗，防止多种疫苗混合使用。采用基因缺失（主要是7K、gE）伪狂犬病弱毒疫苗、灭活疫苗进行免疫接种。依据猪场伪狂犬病流行和发生状况制订合适的免疫程序，后备种猪应在配种前进行1~2次伪狂犬病疫苗的免疫接种；母猪于产前4周左右接种，所产仔猪8~10周龄免疫。规模较小的猪场可对种猪群实施普免，2~3次/年。

3. 净化与根除

基因缺失疫苗和区分疫苗免疫猪和野毒感染猪的抗体检测ELISA（gE-ELISA）为猪伪狂犬病的净化与根除创造了条件。种猪场应开展猪伪狂犬病的净化工作，培育阴性猪。分阶段、分区域稳步推进，从区域净化逐步走向全国根除是控制猪伪狂犬病势在必行的策略。

六、猪细小病毒病

猪细小病毒病是由猪细小病毒引起的一种猪繁殖障碍病，该病主要表现为胚胎和胎儿的感染和死亡，特别是初产母猪发生死胎、畸形胎和木乃伊胎，但母猪本身无明显的症状。

（一）诊断要点

1. 病原与流行特点

猪细小病毒（PPV）是细小病毒科、细小病毒亚科的原细小病毒属成员，具有多种基因型，对外界环境的抵抗力非常强，尤其耐高温，70℃处理2小时仍可保留感染性和血凝活性，80℃处理5分钟才可被灭活。对乙醚和氯仿等脂溶剂、酸、紫外线、70%乙醇、0.05%季铵盐、低浓度的次氯酸钠（2 500毫克/千克）和0.2%过氧乙酸具有抵抗力。醛类消毒剂、高浓度次氯酸钠（25 000毫克/千克）、7.5%过氧化氢，0.5%漂白粉或氢氧化钠溶液中5分钟可将其杀灭。

猪是唯一已知的易感动物，不同品系、日龄和性别的猪均可感染。急性感染期的病猪可以通过粪便、尿液和精液排毒，感染猪和被污染的圈舍、器具等是主要的传染源。尽管感染猪的排毒期只有7~14天，但在被污染的圈舍中该病毒的感染性至少可维持4个月。

该病主要经消化道和呼吸道传播，公猪、母猪和育肥猪大多因接触污染的饲料和饮水而受到感染；也可以通过生殖道垂直传播给胎儿，啮齿类动物可能是其传播媒介。感染的公猪可将病毒带入猪群。

猪细小病毒是猪场常在性病原，呈地方性流行或散发。哺乳仔猪可以从初乳中获得高滴度的抗体，并维持16~24周。猪细小病毒感染对疫苗接种或自然感染母猪群不会造成严重影响。病毒可以在疫苗免疫猪体内复制，母猪免疫后仍可排毒。猪细小病毒与猪圆环病毒2型（PCV2）混合感染的情况在猪场常见。

2. 临床症状与病理变化

猪细小病毒感染对初产母猪危害较大，母猪繁殖障碍是其主要临床症状，表现为流产、胎儿死亡并被重吸收，妊娠母猪的腹围减小，产死胎、木乃伊胎等。其他临床表现包括返情、屡配不孕及妊娠期、产仔间隔延长等。少部分猪感染后还会出现腹泻和皮肤病变。猪细小病毒感染对种公猪的生产性能无显著影响。

猪细小病毒感染导致的临床疾病与母猪妊娠阶段有关。妊娠30天以内感染，主要致胎儿死亡和重吸收；妊娠30~50天感染，主要造成胎儿木乃伊化；妊娠50~60天感染，可致母猪流产和产死胎；妊娠70天后感染，一般不引起疾病。

疫苗免疫猪群通常较少出现繁殖障碍，但未接种疫苗的猪群或在疫苗接种不当的情况下，感染猪细小病毒可引起毁灭性的流产风暴。

猪细小病毒病的病理变化主要集中在妊娠母猪感染后的胎猪，成年猪感染无明显病变。妊娠早期的胎猪感染后会出现不同程度的发育不良，体腔内有浆液性渗出物，出现淤血、水肿和出血，胎猪死亡后逐渐变成黑色，重吸收后呈现木乃伊化。

3. 实验室诊断

依据临床症状和流行病学可以作出初步诊断。如果猪场仅妊娠母猪发生流产、死胎、木乃伊胎、胎儿发育异常等，应考虑猪细小病毒感染。同一窝中同时存在正常猪和死于不同发育阶段的木乃伊胎是猪细小病毒感染的重要临床症状。进一步确诊须进行实验室诊断。

（二）防控措施

1. 猪场应采取严格的生物安全措施

引种前了解引进猪群是否有猪细小病毒感染，怀孕母猪是否有繁殖障碍临床表现，母猪群是否做过疫苗免疫接种等情况，避免引入阳性猪只。引种时需要进行血清学或病原学检测。

做好隔离和消毒。在猪只饲养过程中，发现母猪产木乃伊胎或者死胎，立即进行紧急隔离，安排专门的饲养员管理带毒的母猪、仔猪等，同时使用专门的饲养用具等，并与健康猪只使用的器具彻底分开，防止发生交叉感染。另外，还要对猪舍进行全面彻底地清洗和消毒。对感染猪的排泄物、分泌物、流产胎儿和死胎进行无害化处理，对污染的器具、场所和环境等进行彻底消毒。

2. 疫苗接种是控制猪细小病毒感染的有效措施

可用猪细小病毒灭活疫苗和弱毒疫苗以及VP2蛋白亚单位疫苗，后备母猪应在配种前1个月进行免疫。疫苗接种可以阻止猪细小病毒垂直传播，但不能完全阻止其在猪群内的传播。

七、猪圆环病毒病

猪圆环病毒病是由猪圆环病毒2型（PCV2）引起的一系列疾病的总称，又称为猪圆环病毒相关疾病。商品化疫苗的应用有效降低了该病造成的经济损失。

（一）诊断要点

1. 病原与流行特点

猪圆环病毒是一种无囊膜的单股环状 DNA 病毒，根据抗原性和基因型的不同，可分为猪圆环病毒 1 型、猪圆环病毒 2 型和猪圆环病毒 3 型。其中猪圆环病毒 1 型普遍认为无致病性，而猪圆环病毒 2 型可造成猪圆环病毒 2 型系统性疾病（PCV2-SD，曾被称为断奶仔猪多系统衰竭综合征）、猪圆环病毒 2 型繁殖性疾病（PCV2-RD）、猪皮炎与肾病综合征（PDNS）以及亚临床感染；新发现的猪圆环病毒 3 型（PCV3）被认为可引起类猪圆环病毒病症。

我国于 2000 年首次证实猪群中 PCV2 感染的存在，并有不同基因型的毒株。猪是 PCV2 的自然宿主，不同日龄、性别、品种的猪均可感染。PCV2 感染十分普遍，但大多数属于亚临床感染，并不都表现出临床症状。病猪和带毒猪是主要的传染源。口鼻接触是主要的传播途径。从眼分泌物、粪便、唾液、尿液和精液中也可检测到 PCV2。病毒也可经胎盘垂直传播。母猪可通过呼吸道分泌物、初乳和乳汁将病毒传播给哺乳仔猪。此外，部分抗体水平较高的猪只仍存在持续性感染。

PCV2-SD 主要发生于哺乳后期和保育期仔猪，一般于断奶后 2~3 天或 1 周开始发病，PCV2 感染猪在 2~4 月龄时可发展为 PCV2-SD。感染猪场的发病率通常为 4%~30%，偶尔可达 50%~60%，死亡率为 4%~20%。如果并发或继发其他细菌（如猪格拉瑟菌）或病毒感染，猪群死亡率会大大增加，可达 50% 以上。PDNS 主要发生于保育仔猪、生长育肥猪和成年猪，一般呈散发，发病率通常低于 1%，但大于 3 月龄的猪病死率接近 100%。繁殖性疾病主要危害初产的后备母猪和新建的种猪群。

我国猪群中猪圆环病毒 2 型感染呈常在性，临床上单独感染猪圆环病毒 2 型的猪场较少见，通常与猪繁殖与呼吸综合征病毒、猪细小病毒等混合感染。PCV2 感染猪群可继发其他细菌感染，危害严重。

2. 临床症状与病理变化

（1）猪圆环病毒 2 型系统性疾病　最常见的临床症状为猪只消瘦、生长迟缓、皮肤苍白，还可见呼吸困难、淋巴结肿大、腹泻，偶见黄疸。一头猪可能见不到上述所有症状，但在发病猪群中可以见到。咳嗽、发热、胃溃疡、中枢神经系统障碍和突然死亡等症状较为少见。一些症状可能由继发感染引起。不良的环境因素，如拥挤、空气污浊、不同日龄猪混养及各种应激因素会加重病情。

病理变化主要见于淋巴组织，最明显的是全身淋巴结，特别是腹股沟、纵隔、肺门和肠系膜淋巴结显著肿大，切面呈灰黄色，或有出血。肺脏肿大、不塌陷、呈橡皮样，有散在或弥漫性或斑块状的褐色实变区（斑驳状）。有的病例的肝脏肿大或萎缩、质地坚硬，肾脏明显肿大、皮质表面有散在或弥漫性白色坏死灶（白点），脾脏轻度肿大。如果继发细菌（如猪格拉瑟菌）感染，剖检还可观察到胸膜炎、心包炎、腹膜炎、关节炎等。

（2）猪圆环病毒 2 型繁殖性疾病　感染母猪表现为晚期流产、产死胎、木乃伊胎或弱仔。妊娠早期感染 PCV2-RD 可致母猪返情。

死胎或死亡新生仔猪表现为慢性、被动性肝脏充血和心肌肥大、心肌多灶性变色。

（3）猪皮炎和肾病综合征　感染猪表现为厌食、精神不振、轻度发热或不发热、喜卧、跛行、不愿走动或步态僵硬。病猪皮肤上形成圆形或形状不规则、红色到紫色的斑疹和丘疹（坏死性皮肤病变），常融合成大的斑块。病变通常出现在猪的耳、后肢、会阴部以及腹部，也可分布于其他部位。随着病程的发展，病灶会结痂，消退后留下疤痕。

皮肤出现红紫色斑疹和丘疹。肾脏极度肿大、苍白、皮质有出血或淤血斑点，以及灰白色坏死灶。淋巴结肿大发红，可见脾脏梗死。

3. 实验室诊断

根据猪圆环病毒病的流行特点、临床症状和病理变化可作出初步诊断，确诊须进行实验室检查。

（二）防控措施

1. 完善猪场生物安全体系

实行全进全出的饲养方式，避免将不同日龄的猪只混养；加强消毒卫生工作，降低猪场内 PCV2 和其他病原微生物污染；加强饲养管理，减少猪群应激，避免饲喂发霉、变质或含有真菌毒素的饲料；做好猪舍的通风换气，降低氨气浓度，保持猪舍干燥，降低猪群饲养密度。

2. 搞好基础免疫

做好猪场猪瘟、猪伪狂犬病、猪细小病毒病等疫苗的免疫接种，提高猪群整体的免疫水平，可减少呼吸道疫病的继发感染。

3. 疫苗免疫

商业化的猪圆环病毒病疫苗包括全病毒灭活疫苗、基因工程亚单位疫苗以及猪圆环病毒病与猪支原体肺炎二联灭活疫苗。断奶仔猪在 14~21 日龄首免，2 周后二免（有的疫苗产品为一次免疫）。在 PCV2 感染普遍的猪场可不进行母猪的免疫，如需免疫，可在配种前1个月进行接种。

猪圆环病毒2型重组杆状病毒、猪肺炎支原体二联灭活疫苗（KQ株+XJ03株）可用于预防猪圆环病毒2型和猪肺炎支原体感染引起的相关疾病。免疫产生期为二免后14日，免疫持续期为4个月。颈部肌内注射，每次注射1头份（1毫升）。仔猪在14~21日龄首免，21日后用相同剂量进行二免；妊娠母猪于产前8周首免，3周后二免，以后每胎产前4~5周加强免疫1次。

4. 控制继发感染

在PCV2感染严重的猪场，可考虑使用药物控制继发感染，以降低病死率。哺乳仔猪可使用长效土霉素、头孢噻呋；保育猪可使用泰妙菌素、金霉素或土霉素或多西环素；生长育肥猪可用氟苯尼考、泰乐菌素、替米考星、泰万菌素等。临床上要尽量少用或不使用兽用抗菌药物，必须使用时要严格遵守使用规范，尤其要注意选择敏感药物，注意联合用药、轮换用药和休药期等有关规定（下同）。

八、仔猪病毒性腹泻

猪流行性腹泻病毒、猪传染性胃肠炎病毒、轮状病毒及猪丁型冠状病毒等均可引起仔猪腹泻。临床上4种病毒之间的混合感染情况较为严重，是导致猪场腹泻难以控制的主要原因。

（一）诊断要点

猪流行性腹泻是由猪流行性腹泻病毒引起的一种接触性肠道传染病，临床上以呕吐、水样腹泻、脱水为主要特征。各种年龄的猪均易感染，主要侵害2~3日龄的新生仔猪，发病率与病死率可高达100%。病猪及隐形带毒猪是主要的传染源。因病猪的粪便中含有大量的病毒粒子，污染的饲料、饮水、环境、运输车辆等是该病的主要传染源。消化道传播是该病的主要感染途径。猪流行性腹泻病毒可单独感染，也可同猪传染性胃肠炎病毒、轮状病毒和猪丁型冠状病毒引起二重或三重混合感染。

猪传染性胃肠炎是由传染性胃肠炎病毒引起的高度接触性传染病。临床上以严重腹泻、呕吐和脱水为主要特征。10日龄内仔猪的发病率和死亡率最高，幼龄仔猪死亡率可达100%。5周龄以上仔猪死亡率较低，随着年龄的增长，其症状和死亡率都逐渐降低，成年猪几乎没有死亡。病猪和带毒猪是该病重要的传染源，其排泄物、乳汁、呕吐物、呼出的气体等能够携带病毒，通过消化道和呼吸道传播给易感仔猪。猪传染性胃肠炎有明显的季节性，一般发生在12月至翌年的4月。

轮状病毒感染是由轮状病毒引起仔猪多发的一种急性肠道传染病。临床上以发病猪精神委顿、厌食、呕吐、腹泻和脱水为主要特征。各种年龄的猪均可感染，但仔猪多发。8周龄以内仔猪易感，感染率可高达90%~100%。病猪排出粪便污染的饲料、饮水和各种用具是该病主要的传染源。

猪丁型冠状病毒是一种新出现的可致仔猪腹泻的病毒，我国猪场的阳性率达到18%~20%。其临床症状与猪流行性腹泻、猪传染性胃肠炎等相似，但危害程度轻，通常与猪流行性腹泻病毒以混合感染的形式存在，对养猪生产具有一定程度的影响。

（二）防控措施

1. 综合防控

坚持自繁自养、全进全出的生产管理方式。加强猪群的饲养管理水平，提高猪只抵抗力。注意仔猪的防寒保暖，把好仔猪初乳关，增强母猪和仔猪的抵抗力。一旦发病，应将发病猪立即隔离到清洁、干燥和温暖的猪舍中，加强护理，及时清除粪便和污染物，防止病原传播。因病猪抵抗力下降、畏寒，要加强对病猪的保温工作。提高小猪出生1周内保温箱温度。加强场区道路和猪舍内外环境的卫生消毒。保持猪舍温暖清洁和干燥，猪舍空气清新，确保饲料质量，不使用霉变饲料。

2. 疫苗免疫

选择高质量的疫苗，制定科学合理的免疫程序，尤其是做好母猪群的免疫接种工作，提升母猪群的母源抗体水平。

九、猪日本脑炎

日本脑炎是由日本脑炎病毒引起的一种中枢神经系统的急性、多种动物共患的自然疫源性传染病，人也可感染。蚊虫为传播媒介，猪以高热、流产、死胎和公猪睾丸炎为特征。农业农村部将其列为二类动物疫病，国家卫生健康委员会将其列为乙类人间传染病。

（一）诊断要点

1. 病原与流行特点

日本脑炎病毒属黄病毒科、黄病毒属。目前有5个基因型，其流行与分布具有明显的地域特征。该病毒在低温条件下可存活较长时间，在50%甘油中4℃下可存活6个月，但对外界环境的抵抗力不强，56℃处理30分钟、70℃处理10分钟、100℃处理2分钟即可被灭活；对氯仿、乙醚、酒精、丙酮、胰酶等敏感；常用的消毒剂（如高锰酸钾、甲醛等）可将其有效杀灭。

猪日本脑炎的主要传染源为带毒动物，其中猪和马是最重要的动物宿主和传染源。马是病毒的天然宿主，猪是病毒的增殖宿主和传染源，病毒通过蚊→猪→蚊循环，使日本脑炎病毒不断扩散。鸟类也是该病毒的重要储存宿主。鸟类感染后能产生较高滴度的病毒血症。在日本从多种鸟类血液中查到日本脑炎病毒的抗体，且从苍鹭的雏鸟中分离出日本脑炎病毒。除猪和鸟类之外，牛、羊、蝙蝠等其他动物均可感染日本脑炎病毒而成为该病毒的储存宿主和传染源。

主要通过蚊虫（库蚊、伊蚊、按蚊等）叮咬传播，其中最主要的是三带喙库蚊。越冬蚊虫可以隔年传播病毒，病毒还可能经蚊虫卵传递至下一代。病毒的传播循环是在越冬动物及易感动物间通过蚊虫叮咬反复进行的。猪还可经胎盘垂直传播给胎儿。

马属动物、猪、牛、羊、鸡和野鸟都可感染。马最易感，猪不分品种和性别均易感染，其中幼畜易感性最高。人亦易感，主要是通过蚊虫（三带喙库蚊）等媒介昆虫叮咬感染。一般以 10 岁以下儿童发病为主，约占病人总数的 80% 以上，成人大多为隐性感染。

2. 临床症状与病理变化

人工感染潜伏期一般为 3~4 天。患病猪表现为体温升高，抑郁，嗜睡，食欲下降。体温升高至 40~41℃，呈稽留热。精神沉郁，食欲减少，结膜潮红。妊娠母猪患病时，常突然发生流产、早产，产死胎或木乃伊胎。流产多发生在妊娠后期，流产时乳房肿胀，流出乳汁，常见胎衣停滞，自阴道流出红褐色或灰褐色黏液。仔猪生后几天内发生痉挛症状而死亡，或成为僵猪。公猪症状不明显，可发生睾丸炎。

日本脑炎多发于 10 岁以下儿童，潜伏期为 4~21 天，一般为 10~14 天。临床症状主要表现为急性起病，发热、头痛、喷射性呕吐，发热 2~3 天后出现不同程度的意识障碍，重症患者可出现全身抽搐、强直性痉挛或瘫痪等中枢神经症状，严重病例出现中枢性呼吸衰竭。

3. 实验室诊断

根据临床症状和病理变化可作出初步诊断，确诊须进一步作实验室诊断。

（二）防控措施

1. 猪的防控

在日本脑炎流行季节前 1~2 个月对猪群接种乙脑弱毒疫苗。加强动物的饲养管理，提高动物抵抗力，定期做好环境消毒、灭蚊、防蚊工作，减少疫病发生。

发生日本脑炎疫病时，采取严格控制、扑灭措施，防止疫病扩散。患病动物予以扑杀并进行无害化处理。死猪、流产胎儿、胎衣、羊水等均须无害化处理。污染场所及用具应彻底消毒。

2. 公共卫生与人员防护

在农村和饲养场要做好猪的饲养环境卫生和免疫接种工作，通过控制猪日本脑炎，降低人乙脑的流行。养殖场、兽医、实验室人员等，在接触病畜或病毒污染物前，应穿戴防护服、口罩、手套等防护装备。工作结束后，所有防护装备应就地脱下，洗净消毒，一次性物品应做无害化处理。在日本脑炎疫区的适龄人群及相关工作人员应接种日本脑炎疫苗。

十、猪流感

猪流感是由猪流感病毒引起的猪的一种急性、高度接触传染性呼吸道传染病。

（一）诊断要点

1. 病原与流行特点

该病的病原是猪流感病毒，属正黏病毒科、甲型流感病毒属。甲型流感病毒可分为不同的亚型，迄今鉴定出18个HA亚型和11个NA亚型，流行的主要有H1N1、H3N2和H1N2亚型。猪流感病毒能够凝集多种动物及人的红细胞。对干燥和低温有抵抗力，冻存或-70℃条件下可以保存很长时间。60℃处理20分钟即可灭活。猪流感病毒对环境抵抗力不强，一般的消毒药都能将其杀死。

猪群中不同日龄、性别和品种的猪均可感染。一年四季均可发生，但天气多变的早春、初秋及冬季更易发生。病猪、带毒猪和康复猪均是传染源。病毒主要通过飞沫经呼吸道传播，传播速度快，2~3天可波及全群。该病发病率高、病死率低，但常引发肺部的继发感染。常见的混合感染病原包括猪繁殖与呼吸综合征病毒（PRRSV）、胸膜肺炎放线杆菌、支气管败血波氏菌、多杀性巴氏杆菌、猪格拉瑟菌、猪肺炎支原体、猪链球菌等。继发感染可导致病程延长、病情加重，甚至死亡。

猪流感遍布世界各地，我国猪群时有疫情发生。

2. 临床症状与病理变化

猪群常突然发病，并快速波及全群。发病猪体温可达42℃，表现为食欲废绝或减退、精神极度委顿、卧地不起、呼吸急促、呈腹式呼吸并常夹杂阵发性咳嗽，眼、鼻流出黏液性分泌物。病程为3~7天，大部分猪可自行康复，病死率为1%~4%。个别病例可转为慢性，感染猪生长发育受到影响。妊娠母猪感染可致流产、产弱胎或产仔数减少。

单纯猪流感病毒感染的剖检病变主要表现为病毒性肺炎，可见鼻、咽、喉、气管和支气管的黏膜充血、肿胀，表面覆盖有黏稠液体，支气管内充满泡沫样渗出液。肺脏病变主要在心叶和尖叶，呈紫色、病肺水肿、间质增宽、质硬，呈肉样实变，与正常组织界线明显。严重病例可蔓延至大部分肺脏，并发展为支气管肺炎、纤维素样胸膜肺炎。脾脏肿大，肺部及纵隔淋巴结明显肿大。严重的胃肠黏膜会呈卡他性炎症，胃黏膜严重充血，特别是胃大弯部。流产胎儿的肺脏发育不良。肺脏的显微病理变化表现为明显充血，支气管周围聚集淋巴细胞，淋巴细胞浸润，肺泡壁增厚、肺泡腔缩小等。

3. 实验室检查

根据流行病学特点、临床症状和剖检病理变化可作出初步诊断。但因猪流感的临床症状常常表现不典型，更因为并发或继发感染而使其症状变得复杂。因此，确诊须进行实验室诊断。

（二）防控措施

1. 预防

（1）加强平时的饲养管理　保持猪舍清洁、干燥；阴雨潮湿和气候多变的季节注意防寒保暖；定期驱虫；尽量不要在寒冷多雨、气候骤变的季节长途运输猪只。

（2）建立健全猪场卫生消毒和隔离制度　对猪舍和饲养环境定期消毒，可用0.3%的百毒杀或0.3%~0.5%过氧乙酸喷洒消毒。引进猪只须严格隔离，并进行血清学检测，防止引入带毒的血清学阳性猪。

2. 控制

（1）疫苗免疫接种是预防猪流感的有效手段　在有猪流感流行和发生疫情的地区或猪场，可使用商品化的猪流感灭活疫苗对猪群进行免疫接种。

（2）疫情处置　发生疫情时，应及时隔离病猪；加强对猪群的护理，为发病猪群提供避风、干燥、干净的环境，改善饲养环境条件，避免移群，供给清洁的饮水；对猪舍及污染的环境、用具及时严格消毒，以防疫情蔓延和扩散。对发病猪可对症治疗，如肌内注射安乃近注射液1~3克，或复方氨基比林注射液5~10毫升，必要时可考虑使用抗生素控制继发感染。

十一、猪链球菌病

猪链球菌病是由一些血清型的致病性猪链球菌引起的人兽共患传染病。该病在全球范围内流行，不仅危害养猪业，部分菌株还能感染人及多种动物，是一种重要的人兽共患传染病。我国农业农村部将其列为三类动物疫病。

（一）诊断要点

1. 病原与流行特点

猪链球菌属于链球菌科、链球菌属、革兰氏阳性球菌。多数为兼性厌氧菌，最适培养温度为37℃。血液琼脂平板上可长成灰白色、表面光滑、边缘整齐的小菌落。根据溶血现象的不同，链球菌可被分为α、β、γ三类，导致猪发病的多为β溶血性链球菌。猪链球菌有29个血清型，其中1型、2型、7型、9型对猪致病，以2型最为重要。不同血清型猪链球菌的分布具有地域性，其所含有的毒力因子不同，致病力也存在差异。猪链球菌在尸体、粪便、灰尘及水中存活时间较长，如在4℃水中可存活1~2周，在腐烂的猪尸体中4℃下可存活6周，22~25℃下可存活12天，造成猪场环境污染。常用的消毒剂可有效杀灭猪链球菌。

不同年龄、品种和性别猪均易感，也可感染人。病猪和带菌猪是该病的主要传染源，对病死猪的处置不当和运输工具的污染是造成该病传播的重要因素。

该病主要经消化道、呼吸道和损伤的皮肤感染。一年四季均可发生，夏秋季多发。呈地方性流行，新疫区可呈暴发流行，发病率和死亡率较高。老疫区多呈散发，发病率和死亡率较低。

2. 临床症状与病理变化

可表现为败血型、脑膜炎型、关节炎型和淋巴结脓肿型等类型。

（1）败血型　分为最急性、急性和慢性三类。最急性型发病急、病程短，常无任何症状即突然死亡。体温高达41~43℃，呼吸迫促，多在24小时内死于败血症。急性型多突然发生，体温升高40~43℃，呼吸迫促，鼻镜干燥，从鼻腔中流出浆液性或脓性分泌物。结膜潮红，流泪。颈部、耳廓、腹下及四肢下端皮肤呈紫红色，并有出血点。多在1~3天死亡。慢性型表现为多发性关节炎，关节肿胀，跛行或瘫痪，最后因衰弱、麻痹致死。

剖检病死猪，皮肤呈弥漫性潮红或紫斑，血液凝固不良，全身淋巴结不同程度肿大、充血和出血。心包积液，伴有纤维素性或化脓性心外膜炎，心内膜有出血斑点，心肌呈煮肉样。胸腹腔液体增多，含纤维素性渗出物。肺脏充血、肿胀；肾脏肿大、出血；脾脏肿大、边缘区有黑红色梗死灶；肝脏肿大，表面有坏死点，脑膜有不同程度的充血。

（2）脑膜炎型　以脑膜炎为主，多见于仔猪，保育猪也有发生。体温升高至40.5~42℃，停食、便秘、流浆液性或黏液性鼻液。主要表现为神经症状，如磨牙、口吐白沫、转圈运动、抽搐、倒地四肢划动似游泳状，最后麻痹而死。病程短的几小时，长的1~5天，致死率极高。

主要病变为脑膜充血、出血，脑脊髓液增多、混浊，有时可见心包、胸腔、腹腔有纤维性炎症。脑实质呈现化脓性脑炎变化。

（3）关节炎型　多发于仔猪，中大猪也时有发生。一肢或多肢出现关节肿胀，病猪疼痛、跛行、难以站立，病程2~3周，病死率相对较低。通常由败血型和脑膜炎型转变而来，也有病例单纯表现为关节炎。

剖检，关节腔内有黄色胶冻样、纤维素性或脓性渗出物，滑膜血管扩张和充血，严重者关节软骨坏死，关节周围组织有多发性化脓灶。

（4）淋巴结脓肿型　以颌下、咽部、颈部等处淋巴结化脓和形成脓肿为特征。

病猪的颌下、咽部、颈部等处的淋巴结肿大化脓，切开可见黄绿色脓性分泌物。

3. 实验室诊断

从流行特点、临床症状和病理变化等可作出初步诊断。确诊须进行实验室检查。

（二）防控措施

1. 预防

加强饲养管理，搞好环境卫生和消毒工作；猪只出现外伤、断尾、去齿和去势时均应严格消毒，防止伤口感染；严格执行引种检疫隔离制度和全进全出的饲养方式；饲养人员、兽医、屠宰工人及检疫人员等在处理疑似猪链球菌病病例时应做好个人防护。

2. 免疫

猪链球菌病流行的地区和猪场可使用疫苗（弱毒疫和灭活疫苗）进行免疫预防。但由于猪链球菌的血清型众多，即使是同一血清型，不同菌株之间表型差异也较大，因此疫苗的免疫效果受到影响。采用区域性或猪场主要流行菌株制备多价灭活疫苗，效果可能更好。

3. 治疗

经药敏试验，选择敏感抗生素治疗有效。同时，要按照不同病型进行对症治疗，选择恰当的给药途径。多数链球菌菌株对氨苄西林、头孢噻呋、恩诺沙星、氟苯尼考、青霉素和甲氧苄胺嘧啶等抗生素比较敏感。

十二、猪丹毒

猪丹毒是由猪丹毒丝菌引起的一种急性、热性、败血性传染病。该病分布广泛，对养猪生产危害较大。猪丹毒丝菌能感染多种动物和人，具有重要的公共卫生意义。

（一）诊断要点

1. 病原与流行特点

猪丹毒丝菌是丹毒丝菌科、丹毒丝菌属的代表种。该菌为平直或稍弯曲的细杆菌，革兰氏染色阳性、不形成芽孢和荚膜，无运动性。在病死猪组织涂片中菌体呈现单个、成对或成堆，而在慢性心内膜炎赘生物和陈旧的培养物中多呈不分枝的长丝状，并成丛存在。

猪丹毒丝菌为微需氧和兼性厌氧菌，兼性胞内生长。在普通琼脂平板上生长较差，添加血液或血清时生长较好。在鲜血琼脂培养基上，可长成圆形、光滑、灰白色、透明、边缘整齐、针尖大露珠样的小菌落，形成狭窄的α-溶血环。有光滑（S）型和粗糙（R）型2种菌落，前者有致病性、毒力强，大多分离自急性病例，后者无致病性。明胶穿刺培养时，沿穿刺线横向放射状生长，呈试管刷状，但不液化明胶。过氧化氢酶阴性，HS试验阳性。

猪丹毒丝菌对外界环境的抵抗力很强。阳光直晒可存活12天，室温、干燥条件下可存活数月，熏肉制品中可存活3个月，在深埋2.13米的死猪体内可存活数月。对热的抵抗力不强，50℃处理15~20分钟、70℃处理5分钟或煮沸可灭活。对常用消毒剂敏感，1%~2%氢氧化钠、1%漂白粉、5%石灰乳、2%甲醛等均可杀灭猪丹毒丝菌。

猪丹毒一年四季都有发生，病猪和带菌猪是该病的传染源，猪丹毒丝菌主要存在于带菌猪的扁桃体、胆囊、回盲瓣的腺体处和骨髓中。病猪及带菌猪从粪尿中排出猪丹毒丝菌，污染饲料、饮水、土壤、用具和场舍等，经消化道传染给易感猪。该病也可通过损伤皮肤及蚊、蝇等吸血昆虫传播。

2. 临床症状与病理变化

分为急性、亚急性和慢性3种类型。急性败血型猪丹毒常见体温升高达42~43℃，稽留不退，虚弱，不食，有时呕吐。粪便干硬呈粟状，附有黏液，小猪后期可能下痢。严重的呼吸增快，黏膜发绀，部分病猪耳、颈、背等部皮肤潮红、发紫。病程短促的可突然死亡，病死率80%左右。

急性死亡病例全身淋巴结肿大、潮红或紫红色，呈浆液性出血性变化；胃底部及十二指肠和空肠前段黏膜红肿、出血，可见黏液，严重时呈弥漫性暗红色；脾脏显著肿大、质地柔软、切面脾髓隆起、红白髓界线不清；肾脏淤血肿大、被膜易剥离，呈不均匀的紫红色，切面皮质部呈红黄色，表面及切面可见小点状出血；心脏内外膜出血、心包积液。肺脏淤血、水肿，可见出血点；肝脏淤血、肿大，呈暗红色。

亚急性病例病程较长，为 10~12 天，死亡率低。病猪体温升高，但很少超过 42℃。背、胸、颈、腹侧及四肢皮肤出现深红、黑紫色大小不等的疹块，呈方形、菱形、圆形或不规则形。疹块单个存在，或融合连成一片；稍凸起，边缘红色，中间苍白，界限分明，形似烙印（惯称"打火印"）。疹块可逐渐消退，形成干痂，脱落后自愈。有时可见个别病猪的耳或尾坏死脱落。

以皮肤疹块为特征，部分病死猪脾脏、肾脏可出现与急性病例类似的病理变化。

慢性猪丹毒病常见皮肤坏死常发生于背、肩、耳、蹄和尾，局部皮肤肿胀、隆起、黑色、干硬，似皮革。经 2~3 个月坏死皮肤脱落，遗留一片无毛的疤痕。慢性关节炎表现四肢关节肿胀，股关节、腕关节和跗关节较为常见，病腿僵硬、疼痛，跛行或卧地不起。呼吸急促，通常心脏麻痹突然倒地死亡。

慢性病例的左心房室瓣（二尖瓣）上会出现典型的菜花样疣状赘生物，表面凹凸不平，瓣膜变形，心孔狭窄与闭锁不全，可能会堵塞房室孔。慢性关节炎病猪的关节肿大，关节囊显著变大、增厚，关节液增多，且有浆液性纤维素性渗出，关节面粗糙，滑膜表面有绒毛样增生物。病程长的有纤维组织增生、关节变形。

3. 实验室诊断

临床上，根据流行特点、临床症状与病理变化一般可作出初步诊断，确诊须进行实验室检查。

（二）防治措施

1. 预防

（1）加强饲养管理　猪舍用具保持清洁，定期用消毒药消毒。做好猪舍灭蚊蝇、灭蚤虱工作。

（2）每年按计划进行预防接种　目前用于防治该病的疫苗有弱毒苗和灭活苗两大类。乳猪的免疫因可能受到母源抗体的影响，应于断乳后进行；如在哺乳期已进行免疫，则应在断乳后再进行 1 次免疫，以后每隔 6 个月免疫 1 次。

常用疫苗及用法如下。

①猪丹毒氢氧化铝甲醛菌苗。体重 10 千克以上的断奶仔猪，皮下或肌内

注射 5 毫升，免疫 1 个月后再重复注射 3 毫升；体重 10 千克以下或尚未断奶的仔猪，皮下或肌内注射 3 毫升，免疫 1 个月后再重复注射 3 毫升。

②猪丹毒 G4T10 或 GC42 弱毒疫苗。不论体重大小，一律皮下注射 1 毫升。

③猪丹毒-猪肺疫二联灭活疫苗。用法同猪丹毒氢氧化铝甲醛菌苗。

④猪丹毒-猪瘟-猪肺疫三联活疫苗。每头猪皮下或肌内注射 1 毫升。

2. 治疗

发生猪丹毒疫情后，应立即对全群猪测温，病猪隔离治疗，首选药物为青霉素。

病死猪深埋或烧毁；猪圈、运动场、饲槽及用具等要认真消毒；粪便和垫草最好烧毁或堆积发酵进行生物热处理；与病猪同群的假定健康猪，用青霉素进行药物预防，待疫情扑灭和停药后，进行 1 次大消毒；对慢性病猪及早淘汰，以减少经济损失，防止带菌传播。

十三、猪气喘病

猪气喘病或猪喘气病，又称猪支原体肺炎或地方流行性肺炎，是由猪肺炎支原体引起猪的一种接触性、慢性、消耗性呼吸道传染病。猪支原体肺炎对全球养猪业的影响很大，是养猪生产中最常发生、流行最广、最难净化的一种重要疫病。

(一) 诊断要点

1. 病原与流行特点

该病的病原是猪肺炎支原体，属于支原体科的中间支原体属成员。对外界自然环境及理化因素的抵抗力不强，菌体随病猪咳嗽、喘气排出体外，污染猪舍墙壁、地面、用具，其存活时间一般不超过 36 小时。日光、干燥及常用的消毒剂均可在短时间内将其杀灭。

猪支原体肺炎的自然病例仅见于家猪和野猪，不同年龄、性别、品种的猪均可感染。哺乳仔猪和断奶仔猪易感性高，患病后症状明显，死亡率高，而怀孕母猪和哺乳母猪次之，育肥猪发病较少。病猪和隐性带菌猪是该病的主要传染源，猪肺炎支原体主要定植于猪鼻腔和呼吸道上皮内，随鼻腔分泌物以及咳嗽、气喘和喷嚏产生的飞沫排出体外，经呼吸道感染健康猪。可经空气短距离传播，也有长距离传播。猪肺炎支原体在猪体内定植的持续时间较长，通常为 7~8 个月，患猪具有传染性。

该病一年四季均可发生，但在气候多变、阴湿、寒冷的冬春季节发病严重，症状明显。以慢性经过为主，首次发生该病的猪群，常呈急性暴发，发病率和死亡率较高，随后渐趋缓和。在长期流行的猪场大多呈隐性感染和慢性经过，发病猪数量少，但一旦调入新的健康猪和大量新生仔猪出生时，又可造成较为严重的临床疾病。

2. 临床症状与病理变化

流行性和地方流行性是该病的主要临床表现形式。阴性猪群首次感染猪肺炎支原体时，常呈流行性，病情传播快，病猪可出现发热、咳嗽、呼吸窘迫，严重者发生死亡；通常会在感染后 2~5 个月转变为地方流行性。地方流行性是猪支原体肺炎的常见形式，猪肺炎支原体是猪场的常在性感染病原之一。最明显的临床症状是保育猪、生长猪、育成（肥）猪咳嗽、生长迟缓和发育不良。

发病初期的猪表现为咳嗽，多为单声干咳，在进食、剧烈跑动、天气骤变时容易观察到，但病猪体温、精神、食欲都无明显变化。随着病程延长，咳嗽加重、次数增多。严重者可呈现连续痉挛性咳嗽，干咳转变为湿咳，咳嗽时常站立不动，弓背、伸颈、头下垂几乎接近地面，直到呼吸道中分泌物咳出或咽下为止；发病中期出现喘气症状，呈明显的腹式呼吸，在站立不动或静卧时尤为明显；发病后期表现为呼吸急促、呼吸次数增多，重症猪呈犬坐姿势，张口呼吸或将嘴支于地面而喘息，病猪精神委顿，食欲废绝，体温可能超过 40.5℃，被毛粗乱，结膜发绀，怕冷，行走无力，最后可因衰竭窒息而死亡。

猪支原体肺炎的大体病变见于肺脏、肺门淋巴结和纵隔淋巴结。肺脏表现为双侧肺尖叶、心叶和中间叶发生实变，有时也见于膈叶前部。实变区呈浅黄褐色、粉红色或紫红色，与正常肺组织界线明显。随着病程延长，病变逐渐扩展、融合，病变部颜色转为灰红色、灰白色或灰黄色。初期带有胶样浸润的半透明状，呈淡灰红色，如鲜嫩肉一样，俗称"肉变"。切面压之，从小支气管流出黏性混浊的灰白色液体。随着病程发展，病变部的颜色加深，转为浅灰或灰黄，硬度增加，类似于胰腺组织，有"胰变"或"虾肉样变"之称。随着病程延长，胶样浸润减轻，在肺膜下隐约可见粟粒大黄白色小点，切面致实、隆起，小支气管肥厚，从小支气管壁中流出白色黏液或带泡沫的暗红色液体。肺脏病变部与周围组织界线明显，病灶周围气肿，其他部分肺组织有不同程度的淤血和水肿。肺门淋巴结和纵隔淋巴结肿大、质硬，断面呈黄白色，呈髓样变，淋巴滤泡明显增生。

3. 实验室诊断

猪群中出现慢性咳嗽、气喘等临床症状时，应怀疑猪支原体肺炎。确诊须进行病原学检测。

（二）防治措施

1. 预防

（1）加强饲养管理与卫生消毒工作　加强饲养管理，严格控制猪群的数量，保持合理的猪只密度，确保猪场的清洁和卫生，禁止饲喂霉变的饲料等，防止应激因素导致疫病发生。实行全进全出的生产方式。后备母猪适当驯化（50日龄左右接触猪肺炎支原体），稳定的猪群免疫接种，合理的饲养密度，其他呼吸道疾病的预防以及最适的猪舍和环境条件。对7~10日龄仔猪进行早期断奶并转移至隔离的猪舍中，可显著降低母猪的垂直传播。

（2）制定合理免疫程序进行疫苗免疫　目前，商业化应用的疫苗有猪支原体肺炎弱毒活疫苗和灭活疫苗以及猪圆环病毒2型重组杆状病毒、猪肺炎支原体二联灭活疫苗（KQ株+XJ03株）。疫苗免疫有助于降低猪群支原体肺炎的发病率，减轻肺部病变。

猪场应根据实际情况制定合理的免疫程序，可采取如下免疫方案：弱毒活疫苗，仔猪5~7日龄免疫，3月龄时可对确定种用的猪进行二免；灭活疫苗，仔猪7~14日龄首免，21~28日龄二免，3月龄时可对确定种用的猪进行三免。此外，也可采取猪支原体肺炎弱毒活疫苗与灭活疫苗联合免疫的方式，如使用猪支原体弱毒活疫苗进行基础免疫后14天再使用灭活疫苗进行加强免疫，可提高疫苗免疫效果。

猪圆环病毒2型重组杆状病毒、猪肺炎支原体二联灭活疫苗（KQ株+XJ03株）可用于预防猪圆环病毒2型和猪肺炎支原体感染引起的相关疾病。免疫产生期为二免后14日，免疫持续期为4个月。颈部肌内注射，每次注射1头份（1毫升）。仔猪在14~21日龄首免，21日后用相同剂量进行二免；妊娠母猪于产前8周首免，3周后二免，以后每胎产前4~5周加强免疫1次。

2. 治疗

四环素和大环内酯类药物，以及氟苯尼考、氨基糖苷类和氟喹诺酮类等均有理想的治疗效果。但用药时要注意肺炎支原体对抗生素的耐药性，采取交叉用药或配合用药。

3. 猪群净化

猪支原体肺炎的净化难度较大。对于呈隐性感染的种猪场，可经常性地开展监测工作，及时发现病猪和可疑病猪、实行隔离饲养和及时治疗，逐步淘汰，培育无猪支原体肺炎的健康猪群。

十四、猪传染性胸膜肺炎

猪传染性胸膜肺炎是由胸膜肺炎放线杆菌引起的一种高度传染性呼吸道传染病。临床上急性型出现呼吸道症状，以急性出血性纤维素性胸膜肺炎和慢性纤维素性坏死性胸膜肺炎为特征，急性型呈现高死亡率。该病是当前规模化猪场重要的细菌性疾病之一，分布广泛，损失较大。

（一）诊断要点

1. 病原与流行特点

猪胸膜肺炎放线杆菌属于巴氏杆菌科、放线杆菌属，为革兰氏阴性小球杆菌，具有多形性，新鲜病料呈两极染色。有荚膜和鞭毛，无芽孢，兼性厌氧。具有运动性，有些菌株具有周身性纤细的菌毛。目前有18个血清型，有可能还存在一些未被鉴定的新的血清型。不同血清型菌株的毒力存在明显的差异，不同血清型的菌株之间具有血清学交叉反应。猪胸膜肺炎放线杆菌在环境中的存活时间短，对常用消毒剂和温度敏感，60℃处理5~20分钟即可被杀灭，4℃可存活7~10天；不耐干燥，环境中的细菌难以存活，而在黏液和有机物中可存活数天。

猪群中该病可以是原发性细菌病，但主要为继发性细菌病，常继发于猪蓝耳病或猪圆环病毒病。病猪和带菌猪是该病的传染源。种公猪和慢性感染猪在传播该病中起着十分重要的作用。各年龄猪均易感，6周龄至6月龄的猪只多发，3月龄仔猪最易感。该病的发生多呈最急性型或急性型病程而迅速死亡，急性暴发猪群的发病率和死亡率一般为50%左右，最急性型的死亡率可达80%~100%。

该病主要通过空气飞沫传播。病菌在感染猪的鼻、扁桃体、支气管和肺脏等部位，随呼吸、咳嗽、喷嚏等途径排出后形成飞沫，经呼吸道传播。也可通过被病菌污染的车辆、器具以及饲养人员的衣物等间接接触传播。小啮齿类动物和鸟也可机械传播该病。

一般情况下，传染性胸膜肺炎放线杆菌在外界的存活能力较弱，对常规消毒剂较为敏感；但在气温较低、湿度较大、细菌表面有黏液性物质时，细菌的存活能力就会增强，在春、秋换季时空气湿度变化较大，该病容易流行。

2. 临床症状与病理变化

该病的临床症状因猪的日龄、猪群的免疫状态、养殖环境条件和病原感染程度的不同而异。临床病程可分为最急性型、急性型、亚急性型和慢性型。

（1）最急性型　同一或不同猪圈的1头或多头猪突然发病，体温升高到

41~42℃、精神沉郁和厌食、出现短暂的腹泻和呕吐症状，有的猪突然死亡而无任何临床症状。病猪通常躺地不起，无明显呼吸道症状、心率加快；初期鼻、耳、腿部皮肤发绀，之后全身皮肤发绀；后期心衰，出现严重的呼吸困难，常呆立或犬式坐姿、张口呼吸。临死前体温下降，严重者会从口腔和鼻腔流出大量泡沫带血的分泌物。病猪于出现临床症状后24~36小时死亡，病死率高达80%~100%。人工感染猪从感染到死亡的病程可能只有6小时。

病死猪剖检可见气管和支气管内充满泡沫状带血的黏液性渗出物，肺脏的炎症区域呈暗红紫色，轻度至中度坚硬且有弹性，伴有少量或无纤维性渗出物，肺切面呈弥漫性出血，易碎。

(2) 急性型　发病猪体温升高至40.5~41℃，精神沉郁、不愿站立、拒食和拒饮，呼吸困难、咳嗽、张口呼吸、心衰，皮肤发红。多数病猪通常会在2~4天死亡，耐过猪可逐渐康复或转为慢性。同一猪群中可能会出现病程不同的病猪，如亚急性型和慢性型。

急性期病死猪（感染后存活24小时以上的猪）剖检可见明显的病理变化。喉头充满血样液体，胸膜表面可见明显的纤维素（蛋白）层，胸腔含有带血的液体，双侧性肺炎，常在心叶、尖叶和膈叶出现病灶，病灶区呈暗紫红色、质地坚硬有弹性、轮廓清晰，含有丰富纤维蛋白的区域有暗紫红色至浅白色的斑点。随着病程的发展，纤维素性胸膜肺炎可蔓延至整个肺脏。

(3) 亚急性型和慢性型　急性期后期出现，通常由急性型转化而来，多因急性病例经抗生素治疗后未能将病菌完全清除，或由中等毒力血清型菌株感染而引起。临床表现为轻度发热或不发热，一般体温在39.5~40℃，并出现不同程度的自发性或间歇性咳嗽，常有很多隐性感染猪。因食欲减退导致增重降低、生长发育迟缓。病程数天至1周不等。若与其他呼吸道病原混合感染时，可加重患病猪的临床症状。

肺脏可能出现大的干酪样病灶或空洞性坏死灶，空洞内可见坏死碎屑。若继发其他细菌感染，则肺炎病灶转变为脓肿，致使肺脏与胸膜发生纤维素性粘连。肺脏上可见大小不等的结节（常见于膈叶），结节周围包裹有较厚的结缔组织，有的结节在肺内部，有的突出于肺表面，其上因有纤维素附着而与胸壁、心包或肺脏粘连。

3. 实验室诊断

根据流行病学特点、临床症状和病理变化等可作出初步诊断，确诊须进行实验室检查。

（二）防治措施

1. 预防

（1）加强科学的饲养管理，减少应激因素对猪群的影响　猪舍要保持清洁卫生，及时清除粪尿污物，减少有害气体对猪只呼吸道黏膜的刺激与损害；保持干燥，防止潮湿，定期消毒，以减少病原体的繁殖；饲养密度不要过大，给予充足的清洁、安全的饮水和全价营养饲料，增强猪只的抗病能力。加强猪场生物安全措施，采用全进全出饲养方式，从无病猪场引种，新引进的猪须经血清学检测确认为阴性，并隔离饲养一段时间后再混群。

（2）控制病毒性疫病　细菌性疫病经常继发于病毒性疫病，要做好猪场的基础免疫，提高猪群整体免疫水平，可减少呼吸道疫病的继发感染。使用敏感性药物对猪群进行药物预防和治疗。应注意合理交替用药，提高该病的治愈率和减少病原菌的耐药性。

（3）免疫　可用商品化的猪传染性胸膜肺炎灭活疫苗和亚单位疫苗。仔猪一般在5~8周龄时首免，2~3周二免；母猪在产前4周进行免疫接种。可应用包括国内主要流行菌株和猪场分离菌株制成的灭活疫苗进行预防，可取得较好的免疫效果。

2. 治疗

发病早期，根据药敏试验结果，选择头孢噻呋、氟苯尼考、恩诺沙星、红霉素、克林霉素、甲氧苄啶/磺胺类药物和替米考星等有效抗生素治疗，可取得较好的效果。药物治疗对慢性型病猪效果不理想。

十五、猪格拉瑟病

猪格拉瑟病旧称副猪嗜血杆菌病，是由猪格拉瑟菌引起猪的多发性纤维素性浆膜炎和关节炎的统称。该病多发于断奶前后、保育阶段的仔猪和青年猪，临床上以发热、咳嗽、呼吸困难、消瘦、跛行、关节肿胀、多发性浆膜炎和关节炎为特征。

（一）诊断要点

1. 病原与流行特点

猪格拉瑟菌属于巴氏杆菌科、格拉瑟菌属，革兰氏阴性菌，无鞭毛和芽孢，常可形成荚膜，但体外培养时会受到影响。血清型复杂多样，至少可分为15种血清型，另有20%以上的分离菌株尚不能被分型。部分菌株为条件性致病菌。不同血清型菌株的致病力差异较大，交叉免疫力差，给该病的免疫预防带来了很大困难。

猪格拉瑟菌对外界环境的抵抗力不强,在干燥环境中容易死亡,60℃处理5~20分钟可被杀死,4℃可存活7~10天。对常用的消毒剂敏感。

2. 临床症状与病理变化

该病虽四季均可发生,但以早春和深秋天气变化比较大时发生为主。该病在临床上多表现为继发感染,只在与其他病毒或细菌协同时才引发疫病。2周龄至4月龄的仔猪均易感,哺乳仔猪多在断奶后、保育期间发病,临床上5~8周龄的猪多发。发病率一般在10%~15%,严重时死亡率可达50%。

病猪和带菌猪是该病的主要传染源。猪格拉瑟菌为条件性致病菌,常存在于猪的上呼吸道,通常情况下,无症状隐性带菌猪较常见,母猪和育肥猪是主要的带菌者。

该病主要经空气飞沫、直接接触及排泄物传播。多呈地方性流行,相同血清型的不同地方分离株可能毒力不同。当猪群中存在猪繁殖与呼吸综合征、猪圆环病毒病、猪流感或猪支原体肺炎的情况下,该病更容易发生。饲养环境不良时该病多发。断奶、转群、混群或运输也是常见的诱因。

3. 实验室诊断

根据流行特点、临床症状与特征性病理变化可作出初步诊断,确诊须进行实验室检查。

(二) 防治措施

1. 预防

实行"全进全出"的饲养管理制度,减少各种应激因素的影响。猪舍要保持清洁卫生,及时清除粪尿污物,减少有害气体对猪只呼吸道黏膜的刺激与损害;保持干燥,防止潮湿,定期消毒,以减少病原体的繁殖;要注意防寒保温,通风,尽可能避免发生呼吸道感染;饲养密度不要过大,给以充足的清洁、安全的饮水和全价营养饲料,增强猪只的抗病能力;新引进猪群时,应先隔离饲养,并维持2~3个月的适应期,以使那些没有免疫接种但有感染条件饲养的猪群建立起保护性免疫力;避免将不同来源和日龄的猪混群饲养。

2. 免疫

(1) 做好猪场的基础免疫 猪格拉瑟病大多继发于猪繁殖与呼吸综合征、猪圆环病毒病、猪伪狂犬病、猪瘟等病毒性疾病。按程序做好免疫接种工作,保证猪群常年处于良好的免疫状态。

(2) 猪格拉瑟病免疫 疫苗接种是预防猪格拉瑟病的一种有效方法。目前已有用于免疫的商品化猪格拉瑟病疫苗(包括多价疫苗),但由于猪格拉瑟菌的血清型众多，疫苗的免疫效果并不确实。自家苗可以为易感猪群提供良好的保护力，但是，必须利用分型方法确保疫苗中包含的菌株是合适的全身性分离菌株，分离菌株样本的采集应选择全身各器官而不是呼吸系统部位。建议的免疫程序：母猪，初免猪产前40天一免，产前20天二免；经免猪产前30天免疫1次。仔猪，7~30日龄首免，一免后15天进行二免。

3. 治疗

猪格拉瑟菌对氟苯尼考、替米考星、头孢菌素、庆大霉素、磺胺及喹诺酮类等抗生素敏感。选择这些敏感的抗菌药物对猪群进行合理的药物治疗，虽治疗效果不十分理想，但一定程度上可降低发病率和病死率。

十六、猪大肠杆菌病

猪大肠杆菌病是由一些血清型的致病性大肠杆菌引起猪的急性消化道传染病的总称。仔猪黄痢、仔猪白痢和仔猪水肿病是临床上常发的3种疾病，以肠炎、肠毒血症为主要特征。该病在世界各地普遍存在，是导致仔猪死亡的重要原因，对养猪业的危害极大。

（一）诊断要点

1. 病原与流行特点

大肠杆菌属于肠杆菌科、埃希菌属，为革兰氏阴性、两端钝圆的短杆菌，有鞭毛，无芽孢，大多数菌株有荚膜和菌毛。大肠杆菌为需氧或兼性厌氧，最适生长温度为37℃，最适pH值为7.2~7.4。在普通培养基上生长良好，可形成隆起、边缘整齐、光滑、湿润的灰白色菌落。在麦康凯培养基上形成红色菌落，在伊红-亚甲蓝培养基上形成带金属光泽的黑色菌落。大肠杆菌广泛存在于自然界中，尤其是在潮湿、阴暗、寒冷的环境中可存活数月之久，但60℃处理15分钟可将其灭活，对常用的消毒剂敏感。

大肠杆菌的抗原结构较为复杂，主要由菌体抗原、荚膜抗原、鞭毛抗原和菌毛抗原等组成，抗原组合可形成不同血清型的菌株。对猪致病的大肠杆菌主要有：产肠毒素大肠杆菌引起新生仔猪和断奶仔猪腹泻和肠炎；肠致病性大肠杆菌引起仔猪腹泻；产志贺毒素大肠杆菌（包括水肿病大肠杆菌和肠出血性大肠杆菌）可引起仔猪水肿病和人类血便；肠道外致病性大肠杆菌引起菌血症、败血症或局部肠道外感染（如脑膜炎、关节炎等）；其他种类的大肠杆菌，包括造成致死性休克的大肠杆菌、大肠菌群乳腺炎大肠杆菌以及非特异性尿道感染（UTI）大肠杆菌等。

大肠杆菌主要存在于猪的胃肠道和产道中，患病猪和带菌猪是主要传染源。病菌随粪便排出后污染饲料、饮水、土壤、器具、猪舍环境以及母猪的乳头和体表，健康猪通过直接或间接接触后经消化道感染，可短距离经气溶胶传播。大肠杆菌病一年四季均可发生，炎热潮湿的夏季和寒冷的冬季多发。饲养密度过大、通风不良、猪舍温度过低、卫生和消毒不彻底以及应激因素是导致大肠杆菌病发生的重要原因。

不同日龄的猪对不同血清型致病性大肠杆菌的易感性有所不同，造成的发病率、死亡率以及临床症状差异较大。仔猪黄痢多发于0~4日龄仔猪，新生仔猪出生2~3小时后便可发生，可影响单头或整窝仔猪，发病率和死亡率可达80%以上；仔猪白痢多发于10~30日龄仔猪，7日龄以内及30日龄以上的猪很少发病，通常病情较轻，易自愈，病死率较低；仔猪水肿病多发于断奶后1~2周的仔猪，尤其是饲养良好、体格健壮的仔猪易发，发病率为5%~30%，发病突然，病程短，病死率达90%以上。

2. 临床症状与病理变化

（1）仔猪黄痢　仔猪出生时外表健康，无明显临床症状，但数小时后突然发病，病猪排出黄色浆状稀粪，内含凝乳块，有腥臭味，顺肛门流下，仔猪严重脱水，迅速消瘦，眼睛凹陷，最后昏迷而死。急性病例有时见不到腹泻症状便已死亡。

病死猪尸体严重脱水。最显著的病理变化为小肠急性卡他性炎症，十二指肠最为严重，可见肠黏膜肿胀、充血或出血。肠壁变薄，黏膜和浆膜充血、水肿，肠腔内充满腥臭的黄色内容物。胃臌胀，内部充满酸臭的凝乳块，胃黏膜潮红、肿胀，少数病例有出血。肠系膜淋巴结充血肿大，切面多汁。心脏、肝脏和肾脏有坏死灶，重者有出血点。

（2）仔猪白痢　仔猪突然发生腹泻，排出白色、灰白色或黄白色粥状、有腥臭味的稀粪。病猪体温和食欲一般无明显变化，但逐渐消瘦、发育迟缓、拱背、行动迟缓、被毛粗糙不洁。病程2~3天，长者达1周以上，病死率较低，多数能自行康复。

病死猪尸体外表苍白消瘦，胃黏膜潮红肿胀，以幽门部最明显，上附黏液，胃内充有灰白色凝乳块，少数重症病例胃黏膜有出血点。肠黏膜为卡他性炎症变化，肠内容物呈灰白色粥状，有酸臭味，有的病例肠管空虚或充满气体，肠壁薄而透明。重症病例肠黏膜有出血点及部分黏膜表层脱落。肠系膜淋巴结常呈串珠状肿大。

（3）仔猪水肿病　多发生于断奶后的仔猪，营养良好和体格健壮的仔猪突然发病，精神沉郁，眼睑、结膜和脸部水肿、有时水肿可波及颈部与腹部皮下等部位。多数病猪体温无明显变化，心跳急速，病初呼吸快而浅，而后慢而深。神经症状明显，表现为盲目运动或转圈、共济失调，口吐白沫，触之惊叫，叫声嘶哑，进而倒地抽搐，四肢呈游泳状，逐渐发生后躯麻痹，卧地不起，在昏迷状态中死亡。除最急性病例未出现症状便可突然死亡外，多数病猪在3天以内死亡或耐过。

主要病变为多种脏器和组织水肿，胃壁及肠系膜水肿最为典型。胃壁水肿多见于胃大弯和贲门部，严重者水肿可波及幽门和胃底部，水肿多位于胃的肌层与黏膜层之间，呈胶冻样。胃贲门区水肿的黏膜下层以及小肠后端和大肠前端的黏膜有明显出血。肠系膜尤其是结肠系膜通常发生水肿，有时可见小肠系膜和胆囊水肿。肠系膜淋巴结肿胀、水肿和充血。心包、胸腔和腹膜腔有时会出现少量纤维蛋白性积液。有时可观察到不同程度的肺水肿以及喉头水肿、心外膜和心内膜的出血点。

3. 实验室诊断

根据特征性的临床症状、病理变化、发病猪的日龄以及发病率和死亡率等情况，可对仔猪黄痢、仔猪白痢以及猪水肿病作出初步诊断。确诊须进行细菌分离培养与鉴定等实验室检查。

（二）防治措施

1. 预防

（1）加强仔猪的饲养管理　改善饲养卫生条件，用具及食槽应经常清洗，圈舍保持清洁、干燥。在气候多变的春季，要保持猪舍内的温度恒定，在天气骤冷时，要注意防寒保暖。

（2）做好断奶仔猪的饲养管理　仔猪断奶前要提早补料，逐渐增加饲料的饲喂量；断奶后不宜突然更换饲料，要限制高蛋白、高碳水化合物饲料的饲喂，增加日粮中纤维素的含量。

（3）做好母猪临产管理　应对产房进行彻底清扫、冲洗、消毒。换干净垫草。母猪产仔后，对母猪乳头、乳房和腹部皮肤擦洗干净，逐个奶头挤掉几滴奶水后，再让母猪哺乳。平时做好产房及周围环境的清洁卫生与消毒工作，加强怀孕母猪产前、产后的饲养管理与护理，临产前可对母猪外阴部、乳房和腹部进行清洗与消毒；严格执行全进全出饲养方式；确保初生仔猪尽快吃上初乳，以便获得母源抗体，并做好初生仔猪的保暖与防寒工作。

2. 免疫

常用的商品化大肠杆菌疫苗包括基因工程疫苗（K88-K99、K88-LTB、K88-K99-987P）、灭活疫苗（K88、K99、987P三价灭活苗，K88、K99双价基因工程灭活苗）以及 K99-LTB 双基因工程活疫苗。母猪产前 40 天和 15 天各肌内注射免疫 1 次，对仔猪黄痢、仔猪白痢有一定预防效果。此外，用分离自家猪场的主要流行菌株制成自家灭活疫苗，可取得较好的免疫预防效果。

3. 治疗

猪大肠杆菌病应以预防为主，一旦仔猪发病（尤其是仔猪黄痢），通常来不及实施治疗。因此，平时应定期监测猪场流行的大肠杆菌的血清型及对药物的敏感性。应根据药敏试验结果选择有效的抗生素对病猪进行治疗，并给腹泻仔猪补充电解质，防止脱水严重造成死亡，同时对同窝仔猪进行预防性给药。但要考虑轮换用药，以免产生耐药性。

十七、猪副伤寒

猪副伤寒是由某些血清型致病性沙门氏菌引起猪的一种以急性败血症、慢性坏死性肠炎和腹泻为主要临床特征的传染病。该病呈全球分布，对养猪生产危害很大。

（一）诊断要点

1. 病原与流行特点

沙门氏菌属于肠杆菌科、沙门氏菌属，革兰氏阴性杆菌，无荚膜和芽孢，大多数菌株有鞭毛和菌毛。多为需氧或兼性厌氧菌，最适培养温度为 35~37℃，最适 pH 值 6.8~7.8。在普通培养基上生长良好，可形成圆形、光滑、边缘整齐、稍隆起、湿润的小菌落。沙门氏菌可分为不同的血清群和血清型。导致猪副伤寒的主要是猪霍乱沙门氏菌。

沙门氏菌对干燥、腐败、日光等环境因素的抵抗力强，在干燥的环境和污染的水中均能存活 4 个多月，在潮湿和干燥的粪便中可分别存活 3 个月和 6 个月以上。该菌对热的抵抗力不强，60℃ 处理 20 分钟即可被杀灭；直射阳光能将其迅速杀死。猪场常用消毒剂可有效杀灭沙门氏菌。

猪副伤寒主要发生在 6 月龄以下猪，断奶前后的仔猪高发，成年猪很少发病，但可隐性带菌，当饲养管理不当及各种不良因素导致猪体抵抗力降低时，可致内源性感染。病猪及带菌猪是主要传染源。病菌随粪便、尿液等排出体外，污染饲料、饮水、猪舍、食槽、运输工具及周围环境，主要通过粪-口接触等途径感染健康猪，气溶胶也能够近距离传播。

该病一年四季均可发生，但在潮湿多雨的季节多发，常呈散发性，有时呈地方性流行。剧烈应激可诱发该病，且常继发于猪瘟、猪繁殖与呼吸综合征等疫病。主要传染源是病猪及带毒猪，通过粪尿排出病原菌，污染外界环境。仔猪通过消化道感染发病。该病没有明显季节性，在冬春季节，气候寒冷、气温多变时容易发生。仔猪饲养管理不当、环境卫生差、仔猪抵抗力降低等是该病的诱发因素。

2. 临床症状与病理变化

仔猪感染后主要呈现急性败血症型和慢性坏死性肠炎型两种临床表现类型。

（1）败血症型　急性型常呈败血症变化。病初，病猪表现为食欲不振、嗜睡、发热至40.5～41.6℃、寒战、不愿活动、扎堆，伴有咳嗽和轻微呼吸困难。发病3～4天后，可见到腹泻症状、排出淡黄色恶臭的水样粪便，偶尔可观察到神经症状。病猪的鼻端、耳、颈、腹及四肢内侧皮肤出现紫斑，病猪迅速衰竭而死。

病死猪的鼻、耳、颈、腹、尾及四肢等部位的皮肤发绀；淋巴结（尤其是肝脏、胃淋巴结和肠系膜淋巴结）肿大、湿润、充血；脾脏肿大、呈深紫色、质地松软；肝脏轻微肿大、实质表面散在大量直径1～2毫米的粉红色坏死灶；胆囊壁变厚、水肿；肾脏皮质有点状出血和斑状淤血；肺脏呈现急性间质性肺炎病变，轻度变硬、伴有小叶间充血和多灶性淤斑；胃黏膜显著充血、胃底黏膜呈深紫色。此外，在患病后存活数天的猪，常见耳尖皮肤梗死、干燥、呈深紫色，偶尔局部脱落；黄疸异常严重，可见支气管肺炎，由于脓性渗出物而使肺部呈实变。

（2）坏死性肠炎型　慢性型多呈坏死性肠炎表现。病初，主要表现水样下痢，粪便为灰白、淡黄、黄绿、灰绿或污黑色，恶臭，常混有黏液、黏膜或血液，并在数天内迅速蔓延至同栏多数仔猪。腹泻通常持续3～7天，并反复2～3次。严重病例肛门失禁，粪便自然流出，污染尾部及整个后躯，有的病例咳嗽时，粪水呈喷射状排出。病猪消瘦、脱水、衰弱、被毛粗乱。部分猪只腹部皮肤可见弥散性湿疹，少数猪在腹泻数天后发生死亡。耐过猪因生长发育不良而成为僵猪。

主要病理变化为肠炎，常见于回肠、盲肠和结肠。肠壁增厚水肿，黏膜呈红色、粗糙不平的颗粒状外观，并可见弥散性或融合性的糜烂和堤状溃疡灶，并覆盖一层糠麸样坏死伪膜（灰黄色纤维蛋白坏死性碎片）。慢性病变中可清晰观察到纽扣状溃疡灶。肠系膜淋巴结肿大、充血。

3. 实验室诊断

根据流行病学、临床症状、病理变化可作出初步诊断，确诊需要依靠实验室检测。

（二）防治措施

1. 预防

加强饲养管理，搞好环境卫生和消毒工作；保持合理的饲养密度、干燥舒适的猪舍环境、适宜的温度以及良好通风；严格执行全进全出的饲养方式；减少断奶、转群等造成的应激，增强仔猪的抵抗力。

2. 免疫

该病常发地区或猪场，可用商品化的仔猪副伤寒活疫苗对 1 月龄以上哺乳或断乳健康仔猪进行免疫接种，按瓶签注明的头份口服或注射，但瓶签注明限于口服者不得注射。口服，按瓶签注明头份，临用前用冷开水稀释为每头份 5~10 毫升，给猪灌服，或稀释后均匀地拌入少量新鲜冷饲料中，让猪自行采食。注射，按瓶签注明的头份，用 20%氢氧化铝胶生理盐水稀释为每头份 1 毫升，耳后浅层肌内注射。

3. 治疗

及时隔离患病猪，对污染的圈舍及环境彻底消毒，粪便堆积发酵。病死猪进行深埋等无公害化处理，及时淘汰耐过的僵猪。根据临床分离菌株的药敏试验结果，选择丁胺卡那霉素、庆大霉素、硫酸安普霉素、头孢噻呋、甲氧苄啶、磺胺类抗菌药物等相对比较敏感的药物，对患病猪进行适当治疗。

十八、仔猪梭菌性肠炎

仔猪梭菌性肠炎又称传染性坏死性肠炎，俗称仔猪红痢，是由 C 型产气荚膜梭菌引起 3 日龄以内仔猪的一种高度致死性肠毒血症。

（一）诊断要点

1. 病原与流行特点

该病的病原为 C 型产气荚膜梭菌，革兰氏染色阳性。菌体短粗、两端钝圆，单个、成对或短链排列。可形成大于菌体宽度的芽孢。无鞭毛，在动物体内和含血清的培养基中能形成荚膜。厌氧要求不严格，在血平板上形成的菌落呈圆形、边缘整齐、表面光滑隆起，周围有双层溶血环。C 型产气荚膜梭菌可产生 α 毒素和 β 毒素，β 毒素是其主要的毒力因子，可引起仔猪肠毒血症和坏死性肠炎。

C 型产气荚膜梭菌广泛存在于自然界；80℃加热 30 分钟、100℃数分钟可被杀死；该菌在猪体内会产生大量芽孢，从而耐受高温、消毒剂和紫外线等。

C 型产气荚膜梭菌是猪肠道正常微生物群落之一，健康母猪可通过粪便排菌而污染周围环境、猪舍地面、垫草、用具和运动场，周围的土壤、下水道等均存在此菌。新生仔猪主要通过接触被污染的母猪体表和乳头、粪便、泥土或垫草，食入病原菌芽孢而感染发病。同窝感染仔猪之间可水平传播。

冬、春季多发。感染C型产气荚膜梭菌的新生仔猪最早可于出生后12小时发病，3日龄仔猪最常见，1周龄以上的仔猪很少发病。在同一猪群中，各窝仔猪的发病率有所不同，最高可达100%，病死率50%~90%。

2. 临床症状与病理变化

该病发病急、病程短、发病率和死亡率极高，常造成初生仔猪整窝死亡，经济损失很大。其特征是排红色粪便、小肠黏膜弥漫性出血和坏死。

临床上，仔猪梭菌性肠炎可分为最急性型、急性型、亚急性型和慢性型。

最急性型发生在仔猪出生后数小时至1~2天，发病后数小时至2天可死亡。患病仔猪常突然不吃奶、精神沉郁，在虚脱或昏迷、抽搐状态下死亡，死前见不到腹泻症状。

急性型是常见的临床病型。患病仔猪不吃奶、精神沉郁、离群独处、怕冷、四肢无力、行走摇摆；腹泻，排灰黄或灰绿色稀粪，后变为红褐色糊状，故称红痢；粪便恶臭，常混有坏死组织碎片及多量小气泡；体温不高，很少至41℃以上。患病仔猪大多死亡，可出现整窝仔猪死亡。

亚急性型患病仔猪持续下痢，病初排黄色软粪，后变为水样稀便，内含坏死组织碎片。患病仔猪消瘦、虚弱、脱水，最后死亡。病程通常5~7天。

慢性型患病仔猪多表现间歇性或持续性腹泻，病程1~2周或以上。排黄灰色、黏糊状粪便，尾部及肛门周围有粪污沾附。逐渐消瘦，生长发育停滞，最后死亡或被淘汰。

不同病程死亡的仔猪病理变化基本相似，小肠黏膜弥漫性出血和坏死，但病变严重程度有差异。典型的病理变化在空肠，有的可波及回肠。剖检可见小肠段（多数在空肠）呈深红至黑紫红色，与正常肠段两端界线明显。肠腔内有红黄色或暗红色内容物，混杂大量气泡，肠黏膜潮红、肿胀、出血，甚至出现灰黄色麸皮样坏死。病程稍长的病例以肠壁坏死性病变为主，肠壁变厚，肠黏膜上附有黄色或灰色坏死假膜。肠系膜淋巴结肿大或出血。腹腔内有大量红黄色积液。有的病例可见胸水及心包液增多，心外膜出血。肝脏淤血或出血，色泽深浅不均，质较脆；脾脏边缘和肾皮质部有小出血点。

3. 实验室诊断

可根据新生仔猪排红色粪便、迅速死亡，小肠黏膜弥漫性出血和坏死，对仔猪梭菌性肠炎作出初步诊断。确诊须进行实验室检查。

(二) 防治措施

1. 预防

搞好猪舍及周围环境的清洁卫生及消毒工作，特别是产房的清洗与消毒。临产前用清水清洗母猪体表，用0.1%高锰酸钾液擦洗母猪乳头，可以减少该病的发生。在仔猪梭菌性肠炎流行的猪场，可给初生仔猪口服抗菌药物（氨苄西林或阿莫西林）进行预防，连用2~3天。抗C型产气荚膜梭菌血清可用于该病的预防和发病仔猪的治疗。

2. 疫苗免疫

用仔猪红痢灭活疫苗免疫妊娠后期母猪，使新生仔猪通过初乳获得预防仔猪红痢的母源抗体，对仔猪的保护力可达100%。可在母猪分娩前30天和15天各肌内注射1次，每次5~10毫升。如前胎已接种过本品，可于分娩前15天左右接种1次即可，剂量为3~5毫升。

十九、猪附红细胞体病

猪附红细胞体病是由猪嗜血支原体感染引起的一种以急性黄疸性贫血和发热为特征的传染病。

（一）诊断要点

1. 病原与流行特点

猪嗜血支原体曾被称为附红细胞体，归为支原体科的附红细胞体。现归类于支原体科、支原体属。其形态多样，多呈环形、球形和椭圆形；少数呈杆状、月牙状、顿号形、串珠状等；耐低温，-37℃下在加15%甘油的血液中可保存80天，5℃下在抗凝血中可保存15天，冻干状态可存活2年。但对干燥、化学药品和常规消毒剂比较敏感，0.5%石炭酸37℃处理3小时可将其杀死。

家猪对猪嗜血支原体易感，不感染野猪。各种品种、性别、年龄均可感染。临床上，大多呈隐性经过，但在猪群抵抗力下降时可表现出临床症状或暴发。仔猪和母猪多见，种猪患病率高于哺乳仔猪、保育和生长育肥猪，哺乳仔猪的发病率和死亡率较高。病猪和隐性感染带菌猪是该病的主要传染源。在饲养管理差、营养不良、温度突变或并发其他疾病时，隐性感染带菌猪可出现明显症状。耐过猪可长期携带猪嗜血支原体而成为传染源。可经胎盘垂直传播，也可经污染的注器和手术器械、血液、污染精液、吸血昆虫（如蚊）叮咬等多种途径水平传播。该病一年四季都可发生，但多发生于夏、秋和雨水较多的季节，以及气候易变的冬、春季节。气候恶劣、饲养管理不善、疾病等应激因素均能导致病情加重,疫情传播面积扩大,经济损失增加。猪附红细胞体病可继发于其他疾病,也可与一些疾病合并发生。

2. 临床症状与病理变化

该病的潜伏期一般为6~10天。

(1) 仔猪　发病时常呈急性经过,临床症状明显,发病率和死亡率较高。5日龄以内仔猪主要表现为皮肤苍白、黄疸,4周龄猪则以贫血为主,偶尔可见黄疸。病猪精神不振、食欲下降或废绝,反应迟钝、步态不稳、消化不良,发热到42℃,四肢、耳廓边缘和尾发绀。感染持续时间较长时,耳可能发生坏死。耐过仔猪因生长不良而成为僵猪,并可能再次感染。慢性感染猪表现为消瘦、皮肤苍白或灰白色,有的病例出现荨麻疹型变态反应,可见腹部皮肤黄染,耳、尾、腹部下出血和淤血点。

(2) 育肥猪　大多呈典型的溶血性黄疸,贫血较少见,死亡率较低。可见病猪皮肤潮红,毛孔处有针尖大小的红点,尤其以耳部皮肤明显,体温升高至40℃以上,精神不振、食欲下降。

(3) 母猪　呈急性或慢性经过,常见于母猪临产或分娩后3~4天。急性期母猪表现出食欲不振、精神萎靡,持续高热可达42℃,贫血,黏膜苍白,乳房或外阴水肿可持续1~3天,泌乳量下降。可发生繁殖障碍,表现为早产、产弱仔和死胎;受胎率降低,不发情或发情不规律。

该病典型的病理变化是黄疸、贫血。剖检病死猪,全身皮肤、黏膜、脂肪和脏器显著黄染,肌肉色泽变淡,血液稀薄如水、凝固不良。全身淋巴结肿大、黄染、切面外翻,有液体渗出。胸腔、腹腔及心包积液。肝肿、质脆、呈土黄色或黄棕色。胆囊肿大、胆汁浓稠。脾脏肿大、质脆。肾脏肿大、苍白或呈土黄色,包膜下有出血斑。膀胱黏膜有少量出血点,尿液呈浓茶样。肺脏淤血、水肿。心外膜和心冠脂肪出血、黄染,有少量针尖大出血点,心肌苍白松软。软脑膜充血,脑实质松软,有针尖大细小出血点,脑室积液。

3. 实验室诊断

根据流行病学、临床症状和病理变化可作出初步诊断,但确诊须进行实验室检查。

(二) 防治措施

1. 预防

目前尚无有效的疫苗。加强猪群的日常饲养管理。饲喂高营养的全价料,保持猪群的健康;保持猪舍良好的温度、湿度和通风;消除应激因素,特别是在该病的高发季节,应扑灭蜱、虱子、蚤、螫蝇等吸血昆虫,断绝其与动物接触。对注射针头、注射器应严格进行消毒。无论疫苗接种，还是治疗注射，应保证每头猪1个针头。母猪接产时应严格消毒。加强环境卫生消毒，保持猪舍的清洁卫生。粪便及时清扫，定期消毒，定期驱虫，减少猪群的感染机会和降低猪群的感染率。

可定期在饲料中添加预防量的土霉素、四环素、强力霉素、金霉素，对该病有很好的预防效果。每1 000千克饲料中添加金霉素预混剂400~600克混饲，连续7天，可预防大猪群发生该病；分娩前给母猪肌内注射土霉素注射液（10~20毫克/千克体重），可防止母猪发病；对1日龄仔猪注射土霉素注射液50毫克/头，可防止仔猪发生附红细胞体病。

2. 治疗

对发病猪应及早进行治疗，可收到较好的效果。土霉素是治疗首选的抗生素，采取注射给药，10~20毫克/千克体重。可每天给母猪群投喂20%盐酸金霉素可溶性粉22毫克/千克体重，连用2周；也可使用金霉素预混剂400~600克混饲，连用7天。

二十、猪波氏菌病

猪波氏菌病是由支气管败血波氏菌引起猪的一种慢性呼吸道传染病，即非进行性萎缩性鼻炎。该病呈世界性分布，给养猪业造成较大经济损失。

（一）诊断要点

1. 病原与流行特点

支气管败血波氏菌为革兰氏阴性球杆菌，散在或成对排列，偶见短链。不产生芽孢，有周鞭毛，能运动，可两极着色。为需氧菌，培养基中加入血液或血清有助于该菌生长，在鲜血培养基上可形成β溶血。支气管败血波氏菌对外界环境的抵抗力不强，对一般消毒药均敏感。

支气管败血波氏菌定植于鼻腔，可促进产毒素多杀性巴氏杆菌菌株的定植，导致严重的进行性萎缩性鼻炎（即猪传染性萎缩性鼻炎）。此外，支气管败血波氏菌还可致幼龄仔猪的坏死性、出血性支气管肺炎；也是猪呼吸道疾病综合征的机会病原菌。

各日龄段的猪均可感染支气管败血波氏菌，以2~5月龄的猪最为常见。病猪和带菌猪是主要传染源，通过气溶胶经飞沫传播，呼吸道是主要感染途径。引入的带菌猪是日龄更大猪的传染源，新购进的带菌种猪是猪场的重要传染源之一。昆虫、污染物品与用具以及饲养管理人员有机械传播作用。饲养管理条件差，如猪舍潮湿、寒冷、通风不良、饲养密度大、拥挤、营养缺乏等常诱发该病。

该病可增强猪链球菌、猪格拉瑟菌在呼吸道的定植,并与猪繁殖与呼吸综合征病毒、猪流感病毒等相互作用,增加猪呼吸道疾病的严重程度。

2. 临床症状与病理变化

出生后数天至数周感染的仔猪可发生鼻炎,随后引起鼻甲骨萎缩。一些病猪因继发感染可导致脑炎,鼻甲骨萎缩的猪往往同时发生肺炎。出现鼻炎的仔猪会连续或间断性打喷嚏,呼吸有鼾声;常用前肢搔抓鼻部,或鼻端拱地,或在猪舍墙壁、食槽边缘摩擦鼻部,并可留下血迹;鼻流出的分泌物,初期呈透明黏液样,以后变为脓性黏液,甚至血样分泌物,或出现不同程度的鼻出血;病猪眼结膜发炎、不断流泪,眼眶下部皮肤上出现褐色或黑色泪斑。多数病猪会引起鼻甲骨萎缩,可见猪鼻缩短、向上翘起,下颌伸长,上下门齿错开,不能正常咬合;如一侧鼻腔病变较严重时,可造成鼻歪向患侧,甚至成45°歪斜,头形发生改变。有的病例的鼻炎症状可逐渐消失,不出现鼻甲骨萎缩。病猪体温正常,但生长发育迟滞,育肥时间延长。

日龄较大的猪感染后,可能不发生或仅产生轻微的鼻甲骨萎缩,一般表现为鼻炎,症状消退后可成为带菌猪。

病理变化多局限于鼻腔和邻近组织。早期可见鼻黏膜及额窦充血和水肿,积有大量黏液性、脓性甚至干酪性渗出物。最特征的病变是鼻腔软骨和鼻甲骨的软化、萎缩。大多数病例以下鼻甲骨的下卷曲受损害最为常见,鼻甲骨上下卷曲及鼻中隔失去原有的形状,呈现弯曲或萎缩。鼻甲骨严重萎缩时,上下鼻道的界线消失;鼻甲骨结构完全消失时常形成空洞。

3. 实验室诊断

根据典型的临床症状可作出诊断。患病早期或症状较轻的病例须结合实验室诊断。

(二) 防治措施

1. 预防

加强对引进种猪的检疫,避免引入带菌猪;坚持自繁自养,构建阴性种猪群;及时淘汰和清除病猪;改善饲养管理,做好清洁卫生工作。

2. 免疫

可使用猪萎缩性鼻炎灭活疫苗(波氏杆菌 JB_5 株)对健康猪进行免疫预防。推荐免疫程序为:妊娠母猪在分娩前6周和2周各免疫1次;仔猪在4周龄左右免疫。

猪萎缩性鼻炎灭活疫苗（支气管败血波氏杆菌 833CER 株+D 型多杀性巴氏杆菌毒素）可用于接种母猪和后备母猪，预防所产仔猪由支气管败血波氏杆菌和多杀性巴氏杆菌引起的进行性和非进行性猪萎缩性鼻炎。用于母猪和后备母猪，颈部肌内注射，每头每次接种 1 头份（2 毫升）。推荐采用下列接种程序：基础免疫，未曾接种过该疫苗的母猪和后备母猪须进行 2 次接种，在预产期前 6~8 周首免，间隔 3~4 周再接种 1 次。加强免疫，以后每次分娩前 3~4 周再接种 1 次。

3. 治疗

应根据药敏试验结果，选择敏感抗生素对发病猪进行治疗。

二十一、猪巴氏杆菌病

猪巴氏杆菌病是由多杀性巴氏杆菌引起猪的一种急性或散发性和继发性传染病，又称猪肺疫。该病呈全世界分布，严重影响生猪健康。此外，多杀性巴氏杆菌被认为是猪呼吸道疾病综合征（PRDC）中最常见且危害最为严重的病原菌。

（一）诊断要点

1. 病原与流行特点

多杀性巴氏杆菌为革兰氏阴性球杆菌，无鞭毛，不形成芽孢。新分离的强毒菌株有荚膜，体外培养时，荚膜迅速消失。兼性厌氧，在血液琼脂平板上可形成湿润、光滑、边缘整齐的圆形露珠样灰白色小菌落、不溶血，在麦康凯和含胆盐的培养基上不生长。巴氏杆菌多种血清型。猪源巴氏杆菌分离株主要是 A 型、B 型和 D 型。肺炎通常由条件致病性多杀性巴氏杆菌所致，菌株主要为 A 型；从进行性萎缩性鼻炎（猪传染性萎缩性鼻炎）病猪分离的主要是 D 型；致猪急性败血症的是 B 型，但也有关于与 D 型和 A 型相关的报道。

多杀性巴氏杆菌对外界环境的抵抗力不强，对常用的消毒剂敏感。阳光直射 10~15 分钟可被杀死，60℃加热 10 分钟会被灭活。

多杀性巴氏杆菌对多种动物和人都有致病性，具有一定的公共卫生意义。健康猪上呼吸道常带菌，从猪的鼻腔或扁桃体可检测和分离到巴氏杆菌。病猪为主要传染源。多杀性巴氏杆菌随病猪的分泌物、排泄物以及尸体的内脏和血液等污染周围环境，健康猪主要经消化道和呼吸道感染，气溶胶可引起传播。

先感染支气管败血波氏菌被认为是猪发生进行性萎缩性鼻炎的诱因。出生数周的仔猪感染产毒素型多杀性巴氏杆菌可引起严重的进行性萎缩性鼻炎，但 16 周龄猪感染仅出现鼻甲骨轻度或中度病变。饲养条件、猪舍环境以及管理因素可影响进行性萎缩性鼻炎的严重程度。肺炎的发生与猪群高密度养殖以及猪舍空气质量不良有关，饲养管理不良、卫生条件差、饲料和环境突然改变、长途运输等可诱发。秋末春初、气候骤变时节以及潮湿闷热及多雨季节多发。临床上，常继发于慢性猪瘟、仔猪副伤寒和猪支原体肺炎等传染病。

2. 临床症状与病理变化

该病的临床特征是急性败血症、进行性萎缩性鼻炎和肺炎。

（1）急性败血型　发病突然、病程急、发病率和死亡率高。高热、严重呼吸困难、耳和腹部发绀、厌食、虚弱；颈腹部水肿和出血，甚至坏死。

皮肤出血、呈暗红色，全身黏膜和浆膜有明显的出血点；咽喉部及周围组织、气管水肿，黏膜因炎性充血、水肿而增厚，周围组织有明显的黄红色出血性胶冻样浸润；淋巴结肿大、切面红色、坏死；心外膜出血，胸腔及心包积液并有纤维素样渗出；肺充血、水肿；脾脏点状出血；胃肠黏膜卡他性或出血性炎症。

（2）进行性萎缩性鼻炎　患病猪表现为打喷嚏、鼻眼部有水样或黏稠分泌物、泪痕、鼻出血；4~12周龄病猪出现鼻吻畸形、上颌短小、头骨两侧畸形。严重病例生长迟缓和饲料利用率低下。病理变化局限于鼻腔及邻近的头骨，鼻甲骨发生不同程度的萎缩是其特征性病变，严重病例可发展为整个鼻甲骨缺失及鼻中隔偏移。鼻腔内可见脓性渗出物，偶尔可见出血。

（3）肺炎　多发生于生长育肥猪。如果存在多种微生物感染，可呈现高发病率和不同程度的死亡率。临床症状表现为咳嗽、间歇性发热、精神沉郁、厌食、呼吸困难；严重病例耳尖出现发绀。

肺脏间质水肿、增宽，病变部质度坚实如肝，切面呈大理石样外观。支气管内充满分泌物。胸腔和心包内积有多量淡红色混有纤维素的混浊液体。胸膜和心包膜粗糙无光，上附着纤维素，甚至心包和胸膜或者肺与胸膜发生粘连。胸部淋巴结肿大或出血。慢性病例消瘦、贫血，肺炎病变陈旧，肺组织可见坏死或干酪样物，被结缔组织包围；胸膜增厚，甚至与周围邻近组织发生粘连。支气管、纵隔和肠系膜淋巴结出现干酪样变化。

3. 实验室诊断

根据流行特点、临床症状和病理变化能作出初步诊断，确诊须进行实验室检查。

（二）防治措施

1. 预防

猪巴氏杆菌病的发生通常与一些不良诱因有关，要在加强猪群饲养管理的同时，尽量避免产生各种应激因素。

2. 免疫

目前，我国规模化猪场很少采用疫苗免疫来控制猪巴氏杆菌病。如需免疫，可使用猪圆环病毒 2 型重组杆状病毒、猪肺炎支原体二联灭活疫苗（KQ株+XJ03 株）进行接种。

3. 治疗

磺胺类、四环素类、氨苄西林、头孢噻呋、恩诺沙星和托拉霉素等抗菌药物可用于猪巴氏杆菌病的治疗。金霉素和替米考星可以起到预防作用。

二十二、猪痢疾

猪痢疾是由强溶血性短螺旋体引起的一种猪的肠道传染病，又称血痢。该病对养猪生产的危害很大，可致严重的经济损失。

（一）诊断要点

1. 病原与流行特点

该病病原为猪痢疾短螺旋体，革兰氏阴性厌氧菌，对培养条件要求较严格。在鲜血琼脂平板上可见明显的 β 溶血。对外界环境抵抗力较强，在密闭的猪舍粪尿池中可存活 30 天，粪便中 5℃下可存活 61 天、25℃下存活 7 天、土壤中 4℃下可存活 102 天。粪便经干燥处理可快速杀灭猪痢疾短螺旋体。对阳光照射、热、干燥、常用的消毒药敏感，酚类化合物和次氯酸钠最有效。

猪痢疾短螺旋体可自然感染猪，仅致猪发病。不同品种、年龄的猪均可感染，以 2~3 月龄猪多发。病猪和带菌猪是主要的传染源。康复猪带菌率高，带菌时间可长达数月，粪便可排出大量病菌，从而污染饲料、饮水、猪舍、饲槽、用具、运输工具及周围环境等。健康猪通过摄入污染的饲料和饮水经消化道感染。引入的带菌种猪和猪场中的鼠、犬、蝇等媒介可造成疫情传播。该病无明显季节性。流行初期多呈最急性和急性，病死率高；其后呈亚急性和慢性而影响猪的生长发育。饲养管理不良、饲料中维生素和矿物质缺乏、运输、寒冷、过热等应激因素可促进疾病发生并加重病情。

2. 临床症状与病理变化

该病潜伏期为 3 天至 2 个月，自然感染多为 1~2 周。临床上，可分为最急性型、急性型、亚急性型和慢性型，急性型以出血性下痢为主，亚急性和慢性以黏液性腹泻为主。

（1）最急性型　病猪见不到腹泻等明显症状就突然死亡。

（2）急性型　病猪表现为程度不同的腹泻。先为软粪，渐变为黄色稀粪，混有黏液或血液。病情严重时，粪便呈红色糊状，内有大量黏液、血块及脓性分泌物。有的粪便呈灰色、褐色甚至绿色糊状，有时有很多小气泡，并混有黏液及纤维素性坏死伪膜。病猪精神不振、厌食、喜饮水、弓背、脱水、行走摇摆、腹部蜷缩、腹痛、用后肢踢腹、被毛粗乱无光、迅速消瘦，后期排粪失禁。肛门周围及尾根被粪便沾污，起立无力，极度衰弱，最后死亡。大部分病猪体温40~40.5℃。

（3）亚急性型和慢性型　症状较轻。病猪下痢，粪便中混有较多黏液和坏死组织碎片，较少见血液。病期较长，进行性消瘦、生长停滞、发育不良。部分病例可自然康复，但可复发，甚至死亡。

该病病理变化的特征是大肠黏膜卡他性、出血性及坏死性炎症。主要病变局限于结肠和盲肠。急性病例可见大肠黏液性和出血性类症，肠管松弛，肠壁水肿而增厚，肠黏膜肿胀、充血和出血、肠腔内充满红色、暗红色或浓茶色的黏液和血液。病程稍长者可见坏死性大肠炎，黏膜表面有点状、片状或弥漫性坏死，与渗出的纤维素构成豆腐渣样伪膜，剥去伪膜后露出浅表烂面。肠内蓄积有大量黏液和坏死组织碎片。肠系膜淋巴结肿大。

3. **实验室诊断**

依据流行病学、临床症状及病理变化可作出初步诊断。确诊需要对猪结肠黏膜或粪便中强 β 溶血性短螺旋体进行检测。

（二）防治措施

严禁从有疫病的猪场购入带菌种猪，坚持自繁自养。做好猪舍及环境的清洁卫生和消毒，及时清扫圈舍，并对粪便进行无害化处理。防鼠灭蝇，消毒猪舍须空舍干燥1个月后方可使用。新霉素、林可霉素、泰乐菌素、土霉素均可用于发病猪的治疗，但治疗后易复发。因此，一旦发现病猪，应全部淘汰，并采取净化措施进行根除。

二十三、猪蛔虫病

猪蛔虫病是由猪蛔虫寄生在猪的小肠中而引起的危害养猪业的一种消化道线虫病，呈世界性流行。

（一）诊断要点

1. **病原与流行特点**

猪蛔虫是寄生于小肠肠腔或胆管中最大的寄生虫。虫体为淡红色或淡黄色，雌虫会排出数以万计的生命力强的虫卵，有猪的地方，环境都可能受到严重污染。猪蛔虫与人蛔虫同一个属，但为不同种，可以交叉传播。

由于猪蛔虫的生活史简单，其发育过程不需要中间宿主；蛔虫卵对外界环境的适应能力强，在土壤中可存活数月甚至数年；猪蛔虫的繁殖力强，导致地面饲养的规模化猪场蛔虫病感染率较高，危害普遍。当前，随着规模化猪场限位栏的普遍使用，猪几乎没有与地面土壤直接接触的机会，蛔虫病的发病率也随之得到很大改观，发病率较低。

该病四季均可发生，与饲养管理条件、环境卫生状况密切相关。猪群饲养密度大、卫生条件差、饲料营养不均衡等，均可导致该病发生，尤以3~5月龄仔猪更易大批感染，且病症严重，常有死亡；大部分患病猪生长发育停滞，成为僵猪。

2. 临床症状与病理变化

猪蛔虫病主要危害3~5月龄的猪，传统散养猪和规模化养猪场均可发生，特别是育肥猪和母猪。

大量幼虫移行至肺时可引起蛔虫性肺炎，病猪表现精神沉郁，食欲减退或不食、咳嗽、呼吸加快、体温升高。幼虫移行还可导致嗜酸性粒细胞增多，可出现荨麻疹和兴奋、痉挛、角弓反张等神经症状。成虫寄生在小肠时，机械性地刺激肠黏膜，引起腹痛；蛔虫数量较多时常聚集成团，堵塞肠道，甚至可引起肠破裂；如果蛔虫从小肠进入胆管，还可造成胆管堵塞，引起黄疸等症状，在肝脏蠕动时可在表面见到云雾状痕迹。此外，成虫夺取宿主大量的营养，使仔猪发育不良、生长缓慢、被毛粗乱，形成僵猪，降低饲料报酬。猪蛔虫感染还可降低猪对其他疫病疫苗接种的免疫应答。

病猪剖检可见胃内或小肠内蛔虫，寄生于小肠的成虫机械性地刺激肠黏膜，引起腹痛，小肠黏膜卡他性炎症；蛔虫数量多时常凝集成团、堵塞肠道，导致肠破裂，可见腹腔积血。有时蛔虫可进入胆管，造成胆管堵塞，引起黄疸等症状。

3. 虫卵检查

猪蛔虫雌虫产卵量极大，采用粪便漂浮法发现典型的蛔虫卵，即可确诊。正常的受精卵为短椭圆形，黄褐色，卵壳内有一个受精的卵细胞，两端有半月形空隙，卵壳表面有起伏不平的蛋白质膜，通常比较整齐。有时粪便中可见到未受精卵，形态偏长、蛋白质膜常不整齐、卵壳内充满颗粒和两端无空隙。

(二) 防治措施

1. 预防

保持环境、饲料、饮水清洁，讲究卫生。猪舍内要清洁干燥，通风透光，定期消毒，运动场干净整洁，土质地面可于春秋铲除表土，更换新土，使用垫草的要定期按时更换。大、小猪实行分群饲养。引进猪先进行隔离饲养，进行1~2次驱虫后再并群饲养。饲料现用现配，饮水保持清洁，避免被粪便污染。粪便处理场要远离猪舍，粪便和垫草运到处理场后要进行堆积发酵或挖坑沤肥等生物热处理，以杀死虫卵。

提高猪群健康水平。日粮全价、营养平衡，保证仔猪体质健壮，增强机体抗病能力。

规模化猪场建议种猪群每3个月驱虫1次，仔猪60日龄驱虫1次。驱线虫药常用的有很多，如苯并咪唑类的阿苯达唑、奥芬达唑、芬苯达唑、甲苯达唑、氟苯达唑等，驱虫谱广，驱虫效果好，毒性低，甚至还有一定的杀灭幼虫和虫卵的作用；抗生素类阿维菌素、伊维菌素等。

2. 治疗

常用治疗药物有：阿苯达唑（阿苯达唑片、阿苯达唑粉、阿苯达唑混悬液阿苯达唑颗粒等），内服，一次量，5~10毫克/千克体重；芬苯达唑（芬苯达唑片、芬苯达唑粉、芬苯达唑颗粒）内服，一次量，5~7.5毫克/千克体重；芬苯达唑伊维菌素片，内服，一次量，5.25~7.875毫克/千克体重。

伊维菌素片（溶液），内服，一次量，0.3毫克/千克体重；伊维菌素预混剂，混饲，每1 000千克饲料2克，连用7天；伊维菌素注射液，皮下注射，一次量，0.3毫克/千克体重；阿维菌素片（粉），内服，一次量，0.3毫克/千克体重；阿维菌素注射液，皮下注射，一次量，0.3毫克/千克体重；0.5%阿维菌素透皮溶液，浇注或涂擦，一次量，0.1毫升/千克体重。

二十四、猪球虫病

猪球虫病是一种由艾美耳属和等孢属球虫引起的仔猪消化道疾病，腹泻，消瘦及发育受阻。成年猪多为带虫者。

（一）诊断要点

1. 病原与流行病学

艾美耳属和等孢属球虫虫体以未孢子化卵囊传播，但必须经过孢子化的发育过程，才具有感染力。球虫病通常影响仔猪，成年猪是带虫者。以6~15日龄的仔猪多发，但成年猪常发生混合球虫感染。主要发生于8—9月。

2. 临床症状与病理变化

腹泻，持续4~6天，粪便呈水样或糊状，显黄色至白色，偶尔由于潜血而呈棕色。有的病例腹泻是受自身限制的，其主要临床表现为消瘦及发育受阻。虽然发病率一般较高（50%～75%），但死亡率变化较大，有些病例低，有的则可高达75%，死亡率的这种差异可能是由于猪吞食孢子化卵囊的数量和猪场环境条件的差别，以及同时存在其他疾病的问题所致。

该病明显的病理变化是空肠和回肠纤维素性坏死性固膜，大肠一般无病变。

（二）防治措施

1. 预防

搞好环境卫生，产房保持清洁，产仔前及时清除母猪粪便，并用漂白粉（浓度至少为50%）或氨水消毒数小时以上或熏蒸。限制饲养人员进入产房，以防止由鞋或衣服带入卵囊；也应严防宠物进入产房，因其爪子可携带卵囊而导致卵囊在产房中散布。灭鼠，以防鼠类机械性传播卵囊。在每次分娩后应对猪圈再次消毒，以防新生仔猪感染球虫病。

可使用百球清（5%托曲珠利混悬液）预防，3～5日龄仔猪，20毫克/千克体重，口服。

2. 治疗

用百球清治疗，可减轻仔猪球虫病临床症状，降低死亡率。

二十五、猪疥螨病

猪疥螨病是由螨目、疥螨科的猪疥螨所引起猪的一种外寄生虫病。该病可致猪群生长发育不良、饲料转化率降低和母猪繁殖能力下降。

（一）诊断要点

1. 病原与流行特点

猪疥螨成虫呈圆形，体长约0.5毫米，肉眼难见到。疥螨终生寄生于皮肤，其生活史包括卵、幼虫、稚虫（若虫）和成虫4个阶段。雌雄虫在皮肤表面交配后，在皮肤表皮层的上2/3处挖掘成5～15毫米隧道，雌虫边挖隧道边产卵，通常每天产1～3个，可持续4～5周，一生可产卵40～50个，其后雌虫死亡。虫卵经3～4天孵出幼虫，蜕皮为稚虫，再蜕皮为成虫，整个过程均在隧道内完成，然后成虫通过孔道到达表皮，在宿主的皮肤表面雌雄虫交配，重新开始下一个生活史的循环。从卵发育为成虫须8～15天。螨在猪体外无繁殖能力，但在7～18℃和相对湿度为65%～75%的条件下可存活至12天。

猪疥螨病呈世界性分布，流行广泛。疥螨的传播主要是通过直接接触感染，对规模化猪场的危害较大。阴湿寒冷的冬季利于疥螨的生长发育，疥螨病常较严重发生。而在干燥、空气流通、阳光充足的夏季，大多数螨虫死亡，病势较轻，但感染猪仍是带虫者，可引起此病散播。大多数猪只疥螨主要集中于耳部，经产母猪角化过度的耳部是猪场疥螨的主要传染源，哺乳仔猪时常受到感染。种公猪也是重要的传染源。

2. 临床症状与病理变化

瘙痒是疥螨病最常见的临床症状，全身瘙痒发生于感染后 2~11 周，猪只生长受到影响，逐渐消瘦，甚至死亡。以仔猪发病最为严重。猪疥螨病通常起始于头部、眼下窝、颊及耳部，可进一步蔓延至背部、躯干两侧及后肢内侧。病情严重时，患部脱毛、皮肤结缔组织增生和角化过度。擦伤皮肤可形成结节、水疱或脓疮，最终可结成痂皮。疥螨可引起过敏反应，表现为皮肤的局灶性红斑丘疹，严重影响猪的生长发育和饲料转化率。

3. 实验室诊断

猪群中出现瘙痒、蹭痒的猪只，猪耳部等的皮肤厚痂和存在松散皮屑以及皮肤红色丘疹，应怀疑疥螨病。确诊须进行虫体检查。用刀片在患病皮肤与健康皮肤交界处刮取皮屑，或刮取 1~2 厘米猪耳内侧的结痂，滴加少量的甘油水等量混合液或液体石蜡，经低倍镜检查，可发现活螨。此外，可将刮取的皮屑放入试管中，加入 5%~10% 的氢氧化钠（或氢氧化钾）溶液、浸泡 2 小时或煮沸数分钟，然后低速离心，取沉渣镜检虫体。另一种方法是在耳部刮取病料放在培养皿中，低温下培养过夜，疥螨会大量出现或附着于培养皿的底部。

（二）防治措施

1. 预防

保持猪舍透光、干燥和通风。用 10%~20% 石灰乳、5% 热氢氧化钠溶液或 20% 草木灰水等对猪舍及用具进行消毒；仔细检查引进和购入的猪只，避免将感染猪或带虫猪引入猪场；用伊维菌素注射液皮下注射，或多拉菌素注射液肌内注射，一次量，均按 0.3 毫克/千克体重，进行定期驱虫。在规模化猪场，首先应对全场猪驱虫，以后公猪至少用药 2 次；母猪产前 1~2 周驱虫 1 次；仔猪转群时用药 1 次；后备猪于配种前用药 1 次；新进的猪只在用药后再与其他猪混群饲养。

采取相应的生物安全措施和全进全出的饲养制度，定期对猪群实施驱虫计划以及正确执行药物的使用程序，可以在猪场实现疥螨的净化。

2. 治疗

可使用双甲脒溶液，药浴、喷洒或涂擦，配成 0.025%~0.05% 溶液。也可使用伊维菌素、多拉菌素等。

二十六、猪姜片吸虫病

姜片吸虫病是由片形科姜片属的布氏姜片吸虫寄生于猪小肠内引起的一种吸虫病。该病主要流行于亚洲的温带和亚热带地区，在我国主要分布在长江流域以南各省。随着饲料商品化生产以及饲养管理方法的改善，不再直接采用新鲜的水生植物喂猪，因而许多地区猪姜片吸虫病的感染率明显下降。

（一）诊断要点

1. 病原与流行特点

姜片吸虫新鲜时为肉红色，肥厚，是吸虫类中最大的一种，形似斜切的姜片，故称姜片吸虫。卵比较大，淡黄色，长椭圆形或卵圆形，卵壳很薄，有卵盖。卵内含有一个卵细胞。姜片吸虫需要一个中间宿主扁卷螺，并以水生植物为媒介物完成其发育史。猪吞食含有囊蚴的水生植物或成熟的尾蚴而遭到感染。

姜片吸虫病是地方性流行病，主要发生于以水生饲料喂猪的地区。人常因生食菱角等水生植物而感染。

2. 临床症状与病理变化

幼猪发育不良，被毛稀疏无光泽；精神沉郁，低头，流口涎，眼结膜苍白，呆滞。食欲减退，消化不良，但有时有饥饿感。有下痢症状，粪便稀薄，混有黏液。黏膜苍白，呆滞。

姜片吸虫吸附在十二指肠及空肠上段黏膜上，肠黏膜有炎症、水肿、点状出血及溃疡。大量寄生时可引起肠管阻塞。

（二）防治措施

1. 定期进行驱虫

每年对猪进行两次预防驱虫，可减少传染源，驱虫后的粪便应集中处理，达到灭虫、灭卵的要求。可用精制敌百虫片（粉），内服，一次量，80～100毫克/千克体重。

2. 加强粪便管理

养猪场应建立贮粪池，猪粪应堆肥发酵，杀死虫卵后，再作肥料。应杜绝舍内的粪尿直接流入水生饲料池塘内，也要防止虫卵因雨水、排灌等情况而流入池塘内，以免扁卷螺受到毛蚴的感染。

3. 消灭中间宿主扁卷螺

根据扁卷螺不耐旱的生物学特性，于每年秋、冬季节，通过挖塘泥晒干积肥来杀灭它。低硅地区或塘水不易排干时，可采用化学药物灭螺。灭螺时间选在 5—6 月，即在螺已大量繁殖，而姜片吸虫尾蚴尚未发育成熟之前将螺灭掉，据试验，50~100 毫克/千克浓度茶籽饼或 5 毫克/千克浓度的硫酸铜，现场施用可杀灭绝大多数扁卷螺，施药前要做好塘水测量、截流等准备工作。也可采用生物学灭螺的办法：定期向池塘放养鸭或在池塘内养鱼，不但嗜吃螺类的黑鲩鱼（青鱼）能吞食大量扁卷螺，杂食性的罗非鱼（非洲鲫鱼）和鲤鱼也吞食扁卷螺。

4. 合理处理水生植物饲料

将附在水生植物上的囊蚴杀灭，是防止猪感染姜片吸虫的一种有效措施。虽然有自然晒干、阳光照射和煮沸等多种方法，但实际应用时都有一定困难，并难以杀灭所有的囊蚴，仅青贮发酵是较好的方法。据试验，水生饲料青贮发酵 1 个月以后，囊蚴可全部被杀死，用来喂猪无一发生感染。

二十七、猪弓形虫病

弓形虫病是由刚地弓形虫引起的一种重要人兽共患病，人和温血动物的感染率都很高。我国猪弓形虫病分布较广，为防止其可能引发的公共卫生问题，这一问题值得重视。

（一）诊断要点

1. 病原与流行特点

目前公认全球各地的人和动物的刚地弓形虫只有 1 个种和 1 个血清型，但有不同的虫株以及基因型。作为中间宿主，猪（或人）因食入被弓形虫孢子化卵囊污染的食物和水，或食用含有组织包囊的肉而感染。猫（包括其他猫科动物）是唯一能随粪便排出弓形虫卵囊的动物，被认为是弓形虫的终末宿主，在弓形虫传播给猪和其他动物的过程中具有重要意义。在许多国家和地区，猪肉（被包囊污染的生肉或未煮熟的肉）被认为是人感染刚地弓形虫的一个主要来源。

猫在断奶后通过食入被感染的动物（啮齿动物、鸟类）而感染弓形虫，因此对猪场而言，被感染的幼猫被认为是弓形虫的主要来源。被包囊污染的饲料、饮水或土壤以及感染的啮齿动物也是传染来源。经口感染是主要途径，也可经损伤的皮肤和黏膜感染。胎盘感染是先天性感染的主要原因，但猪的先天性弓形虫感染率低于 0.01%。猪弓形虫病一年四季均可发生，但一般以夏秋季多发。我国大部分地区猪的发病季节在每年的 5—10 月。各种日龄的猪均可感染，但以中小猪发病严重。

2. 临床症状与病理变化

中小猪发病多呈急性经过，发病率可高达60%以上，病死率可达64%。发病猪突然废食、精神沉郁；体温升高至41℃以上、并稽留7~10天；呼吸急促、呈腹式或犬坐式呼吸，呼吸困难，常有舌尖外露表现，眼有浆液性或脓性分泌物。病猪常出现便秘，有的在发病后期出现腹泻，尿呈橘黄色。随着病程延长，可见神经症状、后肢麻痹；患病猪耳翼、鼻端、下肢、股内侧、下腹等处出现紫红斑或小点出血、有的病猪耳壳上形成痂皮，耳尖发生干性坏死。有的病猪耐过急性期可转为慢性而成为僵猪。妊娠母猪可发生流产或产死胎、弱仔、出生后存活仔猪可出现腹泻、共济失调、震颤或咳嗽等症状。

急性病例可见淋巴结、肝、肺和心脏等器官肿大，并有出血点和坏死灶；肠道重度充血，常可见肠黏膜上扁豆大小的坏死灶；肠腔和腹腔内有多量渗出液。显微病理组织学变化主要表现为网状内皮细胞增生和血管结缔组织细胞坏死。慢性病例常见于年龄大的猪只，可见各脏器的水肿和散在的坏死灶。亚临床感染的病理变化主要是脑组织内可见有包囊，有时可见神经胶质增生性和肉芽肿性脑炎。

3. 实验室诊断

根据流行特点、临床症状和病理变化可作出初步诊断，确诊须进行病原检查、动物接种、抗体检测等实验室检查。

（二）防治措施

1. 预防

加强猪场的饲养管理，严禁猪场养猫，防止猫进入猪舍、饲料间，防止猪场饮水、饲料以及环境受到猫粪污染；控制和消灭鼠等啮齿动物；死亡猪应立即移走和无害化处理；禁止用餐厨剩余物或泔水喂猪。

2. 治疗

可采用磺胺类药物治疗急性病例。发病初期应及时用药，如用药较晚，虽可使患猪的临床症状消失，但不能抑制虫体进入组织形成包囊，病猪成为带虫者。常用的磺胺药有：磺胺嘧啶片（或磺胺二甲嘧啶片），首次量0.14~0.2克/千克体重，维持量0.07~0.1克/千克体重，拌料投喂，2次/天，连用3~5天；或静脉注射磺胺嘧啶钠注射液（或磺胺二甲嘧啶钠注射液），50~100毫克/千克体重，2~3次/天，连用2~3天。

第二节 猪常见普通病的诊断与防治

一、仔猪低血糖症

仔猪低血糖症见于1周龄以内的新生仔猪，由于血糖含量低而出现神经症状，继而昏迷死亡。

（一）病因

该病的病因较为复杂，属于仔猪方面的是由于仔猪在胚胎期间吸收不好，产出即为弱仔，或患有肠道疾病、先天性震颤而造成无力吮奶。属于母猪方面的是由于母猪在怀孕后期饲养管理不当，产后感染而发生子宫炎等疾病，引起缺奶或无奶，也可能因母猪年老体弱，产仔过多，而造成供奶不足。

（二）诊断要点

仔猪多半在出生后第2天开始发病，也有的在第3天或第4天出现症状，个别可延至1周龄。仔猪突然出现四肢绵软无力，步态不稳，卧地不起并呈现阵发性神经症状，头部后仰，四肢做游泳动作。有时四肢伸直，眼球不能活动，瞳孔散大，口角流出少量白沫。肢体瘫软，可以随意摆动，体表感觉迟钝或消失。

病猪的体温不高，甚至稍低。大部分病猪在出现症状2~3小时即可死亡，少数拖延至1天以上，发病仔猪几乎100%致死，1窝仔猪中只要见到1头病猪，在1天内都可相继死亡。

该病的剖检病变以肝脏最为典型，呈橙黄色，若肝脏血量较多时则黄中带红色。切开肝脏，血液流出后肝呈淡黄色，质地极柔轻，稍碰即破，胆囊肿大，内充盈淡黄色半透明的胆汁。其次为肾，呈淡土黄色，表面常有散在针尖大的红色小点，髓质暗红，与皮质分界清楚。膀胱黏膜也可见到小点状出血。

（三）防治

加强怀孕后期母猪的饲养管理，确保在怀孕期内提供给胎儿足够的营养，产后有大量的奶水，满足仔猪营养的需要。尽快给仔猪补糖，每隔5~6小时腹腔注射5%葡萄糖注射液15~20毫升，也可口服20%葡萄糖或喂饮糖水，连用2~3天，效果良好。

二、仔猪贫血

仔猪贫血是指半月至1月龄哺乳仔猪所发生的一种营养性贫血。主要原因是缺铁，多发生于寒冷的冬末、春初季节的舍饲仔猪，特别是猪舍为木板或水泥地面而又不采取补铁措施的猪场内，常大批发生，造成严重的损失。

（一）病因

该病主要是由于铁的需要量供应不足所致。半个月至 1 个月的哺乳仔猪生长发育很快，随着体重增加，全血量也相应增加，如果铁供应不足，就会影响血红蛋白的合成而发生贫血，因此，该病又称为缺铁性贫血。正常情况下，仔猪也有一个生理性贫血期，若铁的供应及时而充足，则仔猪易于度过此期。放牧的母猪及仔猪，可以从青草及土壤中得到一定量的铁，而长期在水泥、木板地面的猪舍内饲养的仔猪，由于不能与土壤接触，失去了对铁的摄取来源，则难以度过生理性贫血期，因而发生重剧的缺铁性贫血。该病冬春季节发生于 2~4 周龄仔猪，且多群发。

（二）诊断要点

病猪精神沉郁、离群伏卧、食欲减退、营养不良、被毛逆立、体温不高。可视黏膜呈淡蔷薇色，轻度黄染。严重者黏膜苍白，光照耳壳呈灰白色，几乎见不到明显的血管，针刺也很少出血，呼吸、脉搏均增加，可听到心内杂音，稍加运动，则心悸亢进，喘息不止。有的仔猪，外观很肥胖，生长发育也较快，可在奔跑中突然死亡，剖检见典型贫血变化。

病理剖解，可见皮肤及黏膜显著苍白，有时轻度黄染，病程长的病猪多呈消瘦，胸腹腔积有浆液性及纤维蛋白性液体。实质脏器脂肪变性，血液稀薄，肌肉色淡，心脏扩张，胃肠和肺常有炎性病变。

血液检查，血液色淡而稀薄，不易凝固。红细胞数减少至每升 3 万亿个，血红蛋白量降低，每升血液可低至 40 克以下。

血片观察：红细胞着色浅，中央淡染区明显扩大，红细胞大小不均，而以小的居多，出现一定数量的梨形、半月形、镰刀形等异形红细胞。

（三）防治

1. 预防

主要加强哺乳母猪的饲养管理，多喂富含蛋白质、无机盐和维生素的饲料。最好让仔猪随同母猪到舍外活动或放牧，也可在猪舍内放置土盘，装填红土或深层干燥泥土，任仔猪自由拱食。

北方如无保温设备，应尽量避免母猪在寒冷季节产仔。在水泥地面的猪舍内长期舍饲仔猪时，必须从仔猪生后 3~5 天即开始补加铁剂。补铁方法是将上述铁铜合剂洒在粒料或土盘内，或涂于母猪乳头上，或逐头按量灌服。对育种用的仔猪,可于生后 8 天肌内注射右旋糖酐铁 2 毫升(每毫升含铁 50 毫克),或铁钴注射液 2 毫升,预防效果确实可靠。

2. 治疗

有效的方法是补铁。常用的处方有:硫酸亚铁 2.5 克,硫酸铜 1 克,水 1 000 毫升。每千克体重 0.25 毫升,用汤匙灌服,每天 1 次,连服 7~10 天;也可用硫酸亚铁 0.1 千克、硫酸铜 2.11 千克,磨成细末后混于 5 千克细沙中,撒在猪舍内,任仔猪自由舔食;焦磷酸铁,每天内服 30 毫克,连服 1~2 周。还原铁对胃肠几乎无刺激性,可一次内服 500~1 000 毫克,1 周 1 次。如能结合补给氯化钴每次 50 毫克或维生素 B_{12},每次 0.3~0.4 毫克配合应用叶酸 5~10 毫克,则效果更好;注射铁制剂,如:右旋糖酐铁注射液,肌内注射,一次量 0.67~1.33 毫升,必要时隔 7 天再半量注射 1 次。

三、矿物元素代谢障碍

(一) 钙、磷缺乏症

1. 病因

钙、磷缺乏是由于饲料中钙、磷不足,或二者比例不当,或维生素 D 缺乏,或饲料中碱过多,或饲料中含过多的植酸、草酸、鞣酸、脂肪酸等使钙变为不溶性钙盐,或饲料中含过多的金属离子(如镁、铁、铜、锰、铝)与磷酸根形成不溶性的磷酸盐复合物等,均会影响钙、磷的吸收,或机体存在影响钙、磷吸收的疾病。临床上以消化紊乱、异食癖、骨骼弯曲为主要特征。

2. 诊断要点

(1) 小猪佝偻病　早期表现食欲不振、精神沉郁、消化紊乱、不愿站立,以后生长发育迟缓、异食癖、跛行及骨骼变形,面部、躯干和四肢骨骼变形,面骨肿胀,弓背,罗圈腿或八字腿。下颌骨增厚,齿形不规则、凹凸不平。肢关节增大,胸骨弯曲成"S"形。肋骨与肋软骨间及肋骨头与胸椎间有球形扩大,排列成串珠状。骨与软骨的分界线极不整齐,呈锯齿状。软骨骨钙化障碍时,骨骼软骨过度增生,该部体积增大,可形成"佝偻珠"。成骨的钙盐减少,可因钙盐脱出变为头骨组织或发生陷窝性吸收变化。

(2) 成年猪的骨软症　多见于母猪,初表现异食为主的消化机能紊乱,后主要是表现运动障碍。眼观跛行,骨骼变形,表现上颌骨肿胀,脊柱弓起或下凹,骨盆骨变形,尾椎骨变形、萎缩或消失,肋骨与肋软骨结合部肿胀,易折断。骨干部质地柔软易折断,骨干部、头和骨盆扁骨增厚变形,牙齿松动、脱落。甲状旁腺常肿大,弥漫性增生。

根据发病动物的年龄、胎次，调查饲料种类和配方以及临床症状是否有骨骼、关节异常，异食癖等可作出诊断，另外还可结合补充钙、磷和维生素D制剂后的治疗效果帮助诊断。

3. 防治

（1）佝偻病　加强护理，调整日粮组成，补充维生素D和钙、磷，适当运动，多晒太阳。有效的药物制剂：鱼肝油、浓缩鱼肝油、维生素D胶性钙注射液、维生素AD注射液、维生素D_3注射液。常用钙剂有蛋壳粉、牡蛎粉、骨粉、碳酸钙、乳酸钙、10%葡萄糖酸钙溶液、10%氯化钙注射液、鱼粉。

（2）骨软症　调整日粮组成。在骨软病流行地区，增喂麦麸、米糠、豆饼等富含磷的饲料。国外采用牧地施加磷肥或饮水中添加磷酸盐，防止群发性骨软病。补充磷制剂如骨粉，配合应用20%磷酸二氢钠溶液，或3%次磷酸钙溶液，或磷酸二氢钠粉。

（二）母猪生产瘫痪

母猪生产瘫痪又称母猪瘫痪、乳热症或低血钙症，中兽医称为产后风瘫。包括产前瘫痪和产后瘫痪，是母猪在产前产后，以四肢肌肉松弛、低血钙为特征的疾病。

1. 病因

主要原因是钙磷等营养性障碍。

引起血钙降低的原因可能与以下几种因素有关：分娩前后大量血钙进入初乳，血中流失的钙不能迅速得到补充，致使血钙急剧下降；怀孕后期，钙摄入严重不足；分娩应激和肠道吸收钙量减少；饲料钙磷比例不当或缺乏，维生素D缺乏，低镁日粮等可加速低血钙发生。此外，饲养管理不当，产后护理不好，母猪年老体弱，运动缺乏等，也可发病。

2. 诊断要点

产前瘫痪时母猪长期卧地，后肢起立困难，检查局部无任何病理变化，知觉反射、食欲、呼吸、体温等均无明显变化，强行起立后步态不稳，并且后躯摇摆，终至不能起立。

母猪产后瘫痪见于产后数小时至2~5天，也有产后15天内发病者。病初表现为轻度不安，食欲减退，体温正常或偏低，随即发展为精神极度沉郁，食欲废绝，呈昏睡状态，长期卧地不能起立。反射减弱，奶少甚至完全无奶，有时病猪伏卧不让仔猪吃奶。

根据发病史及临床症状，可作出诊断。

3. 防治

（1）预防　科学饲养，保持日粮钙、磷比例适当，增加光照，适当增加运动，均有一定的预防作用。

（2）治疗　该病的治疗方法是钙疗法和对症疗法。静脉注射10%葡萄糖酸钙溶液200毫升，有较好的疗效。静脉注射速度宜缓慢，同时注意心脏情况，注射后如效果不见好转，6小时后可重复注射，但最多不得超过3次，因用药过多，可能产生副作用。如已用过3次糖钙疗法病情不见好转，可能是钙的剂量不足，也可能是其他疾病。肌内注射维生素 D_3 5毫升，或维丁胶钙10毫升，每天1次，连用3~4天。在治疗的同时，病猪要喂适量的骨粉、蛋壳粉、碳酸钙、鱼粉。

（三）硒缺乏症

硒缺乏症是由于饲料中硒含量不足所引起的营养代谢障碍综合征，主要以骨骼肌、心肌及肝脏变质性病变为基本特征。猪主要病型有仔猪白肌病、仔猪肝坏死和桑葚心等。一年四季都可发生，以仔猪发病为主，多见于冬末春初。

1. 病因

主要原因是饲料中硒的含量不足。我国由东北斜向西南走向的狭窄地带，包括黑龙江、河北、山东、山西、陕西、贵州等10多个省，普遍低硒，而以黑龙江省、四川省最严重。因土壤内硒含量低，直接影响农作物的硒含量。植物性饲料的适宜含硒量为0.1毫克/千克，当土壤含硒量低于0.5毫克/千克，植物性饲料含硒量低于0.05毫克/千克时，便可引起动物发病。此外，酸性土壤也可阻碍硒的利用，而使农作物含硒量减少。

2. 诊断要点

（1）仔猪白肌病　一般多发生于生后20天左右的仔猪，成猪少发。患病仔猪一般营养良好，身体健壮而突然发病，体温一般无变化，食欲减退，精神不振，呼吸促迫，常突然死亡。病程稍长者，可见后肢强硬，弓背。行走摇晃，肌肉发抖，步幅短而呈痛苦状；有时两前肢跪地移动，后躯麻痹。部分仔猪出现转圈运动或头向侧转。最后呼吸困难，心脏衰弱而死亡。

死后剖检变化：骨骼肌和心肌有特征性变化，骨骼肌特别是后躯臀部和股部肌肉色淡，呈灰白色条纹，膈肌呈放射状条纹。切面粗糙不平，有坏死灶。心包积水，心肌色淡，尤以左心肌变性最为明显。

（2）仔猪肝坏死　急性病例多见于营养良好、生长迅速的仔猪，以3~15周龄猪多发，常突然发病死亡。慢性病例的病程3~7天或更长，出现水肿不食，呕吐，腹泻与便秘交替，运动障碍，抽搐，尖叫，呼吸困难，心跳加快。

有的病猪呈现黄疸，个别病猪在耳、头、背部出现坏疽，体温一般不高。

死后剖检变化：皮下组织和内脏黄染，急性病例的肝脏呈紫黑色，肿大1~2倍，质脆易碎，呈豆腐渣样。慢性病例的肝脏表面凹凸不平，正常肝小叶和坏死肝小叶混合存在，体积缩小，质地变硬。

（3）猪桑葚心　病猪常无先兆病状而突然死亡。有的病猪精神沉郁，黏膜紫绀，躺卧，强迫运动常立即死亡。体温无变化，心跳加快，心律失常。粪便一般正常。有的病猪，两腿间的皮肤可出现形态和大小不一的紫色斑点，甚至全身出现斑点。

死后剖检变化：尸体营养良好，各体腔均充满大量液体，并含纤维蛋白块。肝脏增大呈斑驳状，切面呈槟榔样红黄相间。心外膜及心内膜常呈线状出血，沿肌纤维方向扩散。肺水肿，肺间质增宽，呈胶冻状。

3. 防治

（1）预防　猪对硒的需要量不能低于日粮的0.1毫克/千克，允许量为0.25毫克/千克，不得超过5~8毫克/千克。维生素E的需要量：4.5~14千克的仔猪以及怀孕母猪和泌乳母猪为每千克饲料22国际单位；一般猪14~54千克体重时每千克饲料加维生素E 11国际单位。平时应注意饲料搭配和有关添加剂的应用，满足猪对硒和维生素E的需要。麸皮、豆类、苜蓿和青绿饲料含较多的硒和维生素E，要适当选择饲喂。

缺硒地区的妊娠母猪，产前15~25天及仔猪生后第2天起，每30天肌内注射0.1%亚硒酸钠注射液1次，母猪3~5毫升，仔猪1毫升；也可在母猪产前10~15天喂给适量的硒和维生素E制剂，均有一定的预防效果。

（2）治疗　患病仔猪，肌内注射亚硒酸钠维生素E注射液1~3毫升（每毫升含硒1毫克，维生素E 50单位）。也可用0.1%亚硒酸钠注射液皮下或肌内注射，每次2~4毫升，隔20天再注射1次。配合应用维生素E 50~100毫克肌内注射，效果更佳。成年猪10~15毫升，肌内注射。

（四）锌缺乏症

猪的锌缺乏症也称角化不全症，是由于日粮中锌绝对或相对缺乏而引起的一种营养代谢病，以食欲不振、生长迟缓、脱毛、皮肤痂皮增生、皲裂为特征。该病在养猪业中危害甚大。

1. 病因

（1）原发性缺锌　主要原因是饲料中缺锌，中国约30%的地区属缺锌区，土壤、水中缺锌，造成植物饲料中锌的含量不足，或者有效态锌含量少于正常。

(2) 继发性缺锌　因为饲料存在干扰锌吸收利用的因素，已发现如钙、碘、铜、铁、锰、钼等，均可干扰饲料锌的吸收和利用。高钙日粮，尤其是钙，通过吸收竞争而干扰锌的利用，诱发缺锌症。饲料中植酸、氨基酸、纤维素、糖的复合物、维生素 D 过多，不饱和脂肪酸缺乏，以及猪患有慢性消耗性疾病时，均可影响锌的吸收而造成锌的缺乏。

2. 诊断要点

(1) 流行特点　猪场的种公猪、母猪、生产和后备母猪、仔猪等均可患病。种公猪、母猪发病率高，而仔猪发病率低，由此证明，该病随年龄增大，发病率增高。经了解，农民散养猪和猪舍结构简单的猪只不发病，生活在水泥地砖圈舍的猪只发病。该病无季节性。

(2) 临床症状　猪只生长发育缓慢乃至停滞，生产性能减退，繁殖机能异常，骨骼发育障碍，皮肤角化不全；被毛异常，创伤愈合缓慢，免疫功能缺陷以及胚胎畸形。病初便秘，以后呕吐腹泻，排出黄色水样液体，但无异常臭味，猪只腹下、背部、股内侧和四肢关节等部位的皮肤发生对称性红斑，继而发展为直径 3~5 毫米的丘疹，很快表皮变厚，有数厘米深的裂隙，增厚的表皮上覆盖以容易剥离的鳞屑。临床上动物没有痒感，但常继发皮下脓肿。病猪生长缓慢，被毛粗糙无光泽，全身脱毛，个别变成无毛猪。脱毛区皮肤上常覆盖一层灰白色，严重缺锌病例，母猪出现假发情，屡配不孕，产仔数减少，新生仔猪成活率降低，弱胎和死胎增加。公猪睾丸发育及第二性征的形成缓慢，精子缺乏。遭受外伤的猪只，伤口愈合缓慢，而补锌则可迅速愈合。

3. 防治

(1) 预防　按饲养标准的补锌量，每吨饲料内加硫酸锌或碳酸锌 180 克，也可饲喂葡萄糖酸锌，具有预防效果。

(2) 治疗　每天 1 次肌内注射碳酸锌 2~4 毫克/千克体重，连续使用 10 天，1 个疗程即可见效。内服硫酸锌 0.2~0.5 克/头，对皮肤角化不全和因锌缺乏引起的皮肤损伤，数日后即可见效，经过数周治疗，损伤可完全恢复。饲料中加入 0.02%的硫酸锌、碳酸锌、氧化锌对该病兼有治疗和预防作用。但一定注意其含量不得超过 0.1%，否则会引起锌中毒。

(五) 碘缺乏症

猪碘缺乏症又称为甲状腺肿，是碘绝对或相对不足而引起的以甲状腺机能减退和甲状腺肿大为病理特征的慢性营养缺乏症。

1. 病因

(1) 原发性碘缺乏　猪摄入碘不足可直接诱发原发性碘缺乏。动物体内的碘来自饲料和饮水,饲料和饮水中碘的含量又与土壤密切相关。这种情况多发生于远离海洋的沙漠土、灰化土、沼泽地区以及高山、盆地、水质过软或过硬的地带以及土壤富含钙质而腐殖质缺少的地带。

(2) 继发性碘缺乏　主要是某些化学物质或致甲状腺肿物质可影响碘的吸收,干扰碘与酪蛋白结合,从而诱发继发性碘缺乏症,如芜菁、甘蓝、油菜、油菜籽饼、亚麻籽饼等含有阻止或降低甲状腺聚碘作用的硫氰酸盐、硝酸盐。植物中致甲状腺肿素、硫脲及硫脲嘧啶也可干扰酪氨酸碘化过程,引起动物发病。

2. 诊断要点

(1) 临床症状　猪碘缺乏症表现为甲状腺明显肿大,生长发育缓慢,被毛生长不良,消瘦贫血。繁殖能力下降,母猪发生胎儿吸收、流产、死产或所产仔猪衰弱、无毛；部分新生仔猪水肿,皮肤增厚,颈部粗大,存活仔猪嗜睡,生长发育缓慢,死后剖检可见甲状腺异常肿大。临诊病理学检查,血清蛋白结合碘、尿碘及甲状腺碘含量普遍降低。

(2) 鉴别诊断　根据饲料缺碘的病史,临床症状见甲状腺肿大、生长发育迟缓、繁殖性能减退、被毛生长不良可作出诊断。必要时进行实验室检查,测定饲料、饮水或食盐的含碘量,测定血清蛋白结合碘含量,测定尿碘量等。

3. 防治

(1) 预防　减少饲喂致甲状腺肿的植物饲料；饲料中添加碘盐；妊娠母猪60日龄时,每月在饲料或饮水中加入碘化钾0.5~1克,或每周在颈部皮肤上涂抹3%碘酊10毫升。

(2) 治疗　饲料中加喂碘盐(10千克食盐中加碘化钾1克)。每天口服碘化钠或碘化钾,剂量为0.5~2克,连用数天。

(六) 锰缺乏

锰缺乏症是饲料中锰含量绝对或相对不足引起的一种营养缺乏病,临床特征为骨骼畸形、繁殖机能障碍及新生仔猪运动失调。

1. 病因

(1) 原发性锰缺乏　主要是由于饲料中锰含量不足所引起。在缺锰地区,植物性饲料中锰含量较低,从而使该病的发病率较高。中国缺乏锰土壤多分布于北方地区。以玉米、大麦和大豆作为基础日粮时,因锰含量低也可引起锰缺乏。

(2) 继发性锰缺乏　饲料中钙、磷、铁、钴及植酸盐含量过高,可影响机体对锰的吸收利用,这是因为锰与铁、钴在肠道内有共同的吸收部位,饲料中铁和钴含量过高可引起竞争性抑制锰的吸收。

2. 诊断要点

缺锰主要表现为生长发育受阻、骨骼畸形、繁殖机能障碍、新生仔猪运动失调以及类脂和糖代谢扰乱等症状。具体表现为母猪乳腺发育不良、发情期延长、不易受胎,出现流产、死胎、弱胎。新生仔猪弱小、呻吟震颤、站立困难、行走蹒跚、断乳仔猪生长缓慢、饲料利用率降低、体脂沉积减少、管状骨变短、骨骺端增厚,临床可见步态强拘或跛行。有的表现出类似佝偻病的症状。

剖检,腿骨较正常,骨短而粗。

实验室检查,血锰含量低于正常。

3. 防治

正常情况下,运动对锰的需要量,每天每千克体重平均为0.3毫克。对于缺锰地区患病猪只,通过改善饲养合理调配日粮,给予富锰饲料,可有效地达到治疗和预防该病的目的。预防用量为每100千克饲料中加12~24克硫酸锰或用1:3 000高锰酸钾液作饮水,在猪的日粮中含锰20~25毫克/千克便可预防该病。

四、维生素缺乏症

维生素是保证猪只生长、发育和各种生理活动所必需的有特殊作用的一类有机化合物。它是维护猪体组织结构、维持正常生理机能、调节物质代谢,保证生长发育、增强抗病能力、获得健康的后代等不可缺少的物质。因为维生素大多参与组成生命代谢有重要关系的各种代谢酶,所以猪对维生素的需要量虽然不大,但缺乏时可引起各种代谢紊乱或疾病。特别是今天,我国的养猪正从个体分散的传统模式,向集中化、专业化甚至机械化方向发展,而猪的饲料几乎都为配合饲料,以精饲料为主,很少或完全不喂给青绿饲料,所以在饲料中缺乏维生素时,常可造成维生素缺乏症。

维生素种类很多,根据它们溶解性的不同,可分为两大类,一类为脂溶性维生素,如维生素A、维生素D、维生素E、维生素K等;另一类为水溶性维生素,如维生素B_1、维生素B_2、维生素B_6、维生素B_{12}、维生素C、维生素PP、叶酸、泛酸、生物素等。

维生素广泛存于绿色植物的茎叶、谷类胚芽、麦麸、米糠、鱼肝油等食物中,因此,喂猪的饲料应多样化。常年保持喂给一定量的青绿饲料或青贮饲料,是预防维生素缺乏和营养不足的重要措施。在如今的精饲料中,合理使用多维是预防集约化、机械化、规模化养猪维生素缺乏症的最有效的方法。

（一）病因

引起维生素缺乏的原因，主要有内源性和外源性两种情况。

1. 内源性

是指虽然供给或采食了足够的维生素，但由于猪的各种胃肠道病或其他疾病，引起猪食欲减退、腹泻、胃肠功能紊乱，这些症状进而影响了维生素的吸收和利用。如脂溶性维生素需要借助于胆汁分泌和脂肪的存在，方能良好地吸收；当猪患消化道疾病时，常可妨碍它们的吸收。

哺乳仔猪、断奶仔猪、妊娠母猪、带乳母猪及猪患高烧等，都对维生素的需要量大为增加，此时如果还是按一般需要量或不能正常供给（缺乏），因不能满足机体的需要，亦能引起维生素的缺乏。

2. 外源性

主要是指饲料中维生素供应不足，猪从外界得不到足够的维生素。尤其是饲养条件较好的猪场，完全喂给猪精饲料，这时如在配方中未添加维生素，或饲料保管不当，如过期、暴晒、潮湿变质等使其中维生素破坏而引起缺乏。另外，目前一些多维产品的缺项、含量不足，或本身过期、失效等，亦可导致维生素缺乏。

（1）维生素 A 缺乏　缺乏粗饲料或长期缺乏青饲料的猪场，容易发生此病。饲料调制不当，遭受日光暴晒、酸败、氧化的破坏，易使胡萝卜素丧失。猪舍内阳光不足，空气不流通，猪只缺乏运动，以及慢性消化系统疾病等，都可能促使该病的发生。仔猪发病较多。病因就是内源性和外源性两种。

（2）维生素 D 缺乏　维生素 D 缺乏常发生佝偻病，其主要原因是饲料配比不当，长期喂给猪单一饲料，如酒糟、糖渣、豆腐渣、甜菜渣等，以致钙、磷和维生素 D 不足或缺乏，或是钙、磷比例不合适，猪舍阴暗，缺乏阳光照射。怀孕母猪的维生素和矿物质供给不足时，所产仔猪可发生先天性佝偻病。此外，某些慢性胃肠病、寄生虫病及先天发育不良等因素，会影响猪对饲料中钙、磷及维生素 D 的吸收和利用，也可诱发该病。

（3）维生素 E 缺乏　体内不饱和脂肪酸增多，长期饲喂含有大量不饱和脂肪酸（亚油酸、花生四烯酸）或酸败的脂肪类（陈旧、变质的动植物油或鱼肝油）以及霉变的饲料等；饲料中含大量维生素 E 的拮抗物质，可引起相对性缺乏症；在日粮组成中，含硫氨基酸（蛋氨酸、胱氨酸、半胱氨酸）或微量元素硒缺乏，可促进发病；母乳量不足或乳中维生素 E 的含量低下，以及断奶过早是引起仔猪发病的主要原因。

(4) 维生素 B_1 缺乏　原发性维生素 B_1 缺乏，多因饲料中硫胺素含量不足，动物体内不能贮存硫胺素，只能从饲料中获取，当动物长期缺乏青绿饲料而谷类饲料又不足时，则影响母猪泌乳、妊娠、仔猪生长发育，出现慢性消耗性疾病及发热过程；继发性维生素 B_1 缺乏是由于饲料中存在干扰硫胺素作用的物质，如患慢性腹泻等。

(5) 维生素 B_2 缺乏　饲料中维生素 B_2 含量不足，如长期单纯饲喂谷物及其副产品，而缺乏青草、苜蓿、番茄、甘蓝、酵母、动物肝脑肾等富含核黄素的饲料；动物对维生素 B_2 的需求增加，机体供应相对不足；饲料的加工调制、储存方法不当也可造成维生素 B_2 的破坏；动物患胃肠道疾病，影响了机体对维生素 B_2 的吸收，可继发该病。

(二) 诊断要点

1. 维生素 A 缺乏

怀孕母猪患病时，易发生流产、早产、死胎或产畸形胎。所生仔猪体质衰弱，生活力不强，极易患病，如气管炎、肠炎和肺炎等，也可引起死亡。公猪患病后，性欲下降，精子活动下降，甚至排死精。

仔猪患病多表现皮肤粗糙，皮屑增多，耳尖干枯，背毛粗乱，无光泽，视力减弱或出现夜盲症的现象（猪不明显）。有的猪行走不便，盲目行动，碰墙和撞障碍物等。严重时出现干眼病，眼角膜及结膜干燥，发炎，甚至角膜软化、穿孔。仔猪还常出现神经症状，视力听觉障碍，走路摇摆不稳，共济失调，转圈，痉挛，后躯麻痹，甚至瘫痪。

2. 维生素 D 缺乏

病初食欲减退，消化不良，发育缓慢，不愿起立和跑动，经常躺卧。有啃咬食槽、墙壁、泥土、垫草、砖块、破布、瓦片、粪便等异食的表现，故容易出现消化不良症状。如果病情继续发展，可以看到病猪行走摇摆、强拘、起立、卧下均很吃力，常呈犬坐姿势。若强迫猪只走动时，常常发出痛苦的叫声，四肢发软，无力支撑身体，用前肢爬行，有时两前肢交叉站立。最严重时，骨骼发生变形，面骨肿胀，关节变形、粗大，肋骨有念珠状肿，并向内弯曲，胸廓扁平狭小，甚至脊背弯曲，或向上凸和下凹。此时病猪进食紊乱，消瘦，常并发其他疾病而死。有的仔猪有神经症状，表现为阵发性痉挛。母猪患该病时，易发生瘫痪，尤其在产后。

3. 维生素 E 缺乏

缺乏维生素 E 时仔猪成活率低，母猪不易受孕且易流产，公猪精液品质低、性欲不强、运动失调。

4. 维生素 B_1 缺乏

病猪消瘦，被毛粗乱，无光泽，皮肤干燥，食欲减退，有的呕吐，前期多见便秘，似羊粪蛋样小球，后期常变为腹泻。单肢或多肢跛行，步态僵硬，不灵活，站立困难，震颤发抖。触诊无刺痛，对刺激反应迟钝。精神不振，喜卧，呈疲劳状态。有的阵发性痉挛，有的倒地抽搐，四肢游泳样划动。体温变化不大。发病缓慢，病程长，多在 7~10 天。

5. 维生素 B_2 缺乏

病猪厌食，生长缓慢，经常腹泻，被毛粗乱无光，并有大量脂性渗出，惊厥，眼周围有分泌物，运动失调，昏迷，死亡。鬃毛脱落，由于跛行，不愿行走，眼结膜损伤，眼睑肿胀，卡他性炎症，甚至晶体混浊、失明。怀孕母猪缺乏维生素 B_2，仔猪出生后不久死亡。

(三) 防治

1. 预防

（1）维生素 A 缺乏　配合饲料中供给足够的维生素 A 或能全年保证猪吃到青绿饲料或青干草等，特别是冬春季节。

（2）维生素 D 缺乏　注意配合饲料中喂给足够的维生素 D，保证猪舍的干燥、通风、光照，特别是舍内养猪，要注意阳光照射。同时注意在饲料中配给合理的钙、磷。

（3）维生素 E 缺乏　妊娠母猪于分娩前 1 个月，仔猪出生后，可应用维生素 E 或亚硒酸钠进行预防注射。

（4）维生素 B_1 缺乏　加强饲养管理，饲喂符合其营养需要的全价配合日粮，并注意搭配细米糠、麸皮、豆类、青菜、青草等多含维生素 B_1 的饲料，可防止该病的发生，进而促进猪只健康快速生长发育。若猪只已发生该病，一方面，停喂原来饲料，改喂富含维生素 B_1 的全价配合饲料。

（5）维生素 B_2 缺乏　正常情况下猪每天每千克体重需要 60~80 微克维生素 B_2，每吨饲料中补充维生素 B_2 2~3 克，就可有效防止该病的发生。

2. 治疗

（1）维生素 A 缺乏　发病后，必须改善饲养条件，喂给青绿饲料，如菠菜、白菜、水生植物、胡萝卜、苜蓿等富含维生素 A 的饲料；鱼肝油每天 1~2 次，每次 2~3 毫升，滴于仔猪口中，或肌内注射 1~3 毫升；维生素 AD 注射液 2~5 毫升，肌内注射；维生素 A 注射液 2~5 毫升，肌内注射。

（2）维生素 D 缺乏　肌内注射维生素 AD 注射液 2~5 毫升，或维丁胶钙 2~4 毫升，或多维钙片内服；成年母猪静注 10% 葡萄糖酸钙 30~50 毫升，隔日 2 次，2~3 次；鱼肝油皮下注射 5 毫升，或伴食喂给仔猪；结合喂给贝壳粉、石粉、碳酸钙、鱼粉或肉骨粉等。

（3）维生素 E 缺乏　维生素 E 注射液，皮下、肌内注射，一次量，仔猪 0.1~0.5 克；亚硒酸钠维生素 E 注射液，肌内注射，一次量，仔猪 1~2 毫升。也可用亚硒酸钠维生素 E 预混剂，每 1 000 千克饲料中加入 500~1 000 克，混饲。

（4）维生素 B_1 缺乏　皮下、肌内注射维生素 B_1 注射液，一次量，仔猪 25~50 毫克。亦可内服维生素 B_1 片，一次量，仔猪 25~50 毫克。

（5）维生素 B_2 缺乏　口服维生素 B_2 片，皮下或肌内注射维生素 B_2 注射液，一次量，每头仔猪 20~30 毫克。

五、黄脂病

猪黄脂病俗称"猪黄膘"，指猪体内脂肪组织为蜡样质的黄色颗粒沉着，呈现出黄色，并伴有特殊的鱼腥味或蛹臭味，影响肉质。饲料中不饱和脂肪酸甘油酯含量过多，或缺乏维生素 E 所致。长期饲喂变质的鱼粉、鱼肝油下脚料、鱼类加工时的废弃物、蚕蛹等，易发生黄脂。遗传因素以及饲喂含天然黄色素较丰富的饲料，也可能产生黄脂。

（一）病因

1. 饲料霉变

食用了被黄曲霉毒素污染的饲料。

2. 饲料中不饱和脂肪酸含量过高和维生素 E 的不足

若饲喂鱼或其副产品（鱼肝油下脚料，比目鱼和鲑鱼的副产品最危险）、鱼粉、蚕蛹粕和油渣、油糟类、米糠、玉米、豆饼、亚麻饼、蝇饲料等高脂肪、易酸败饲料过多，在饲喂量超过日粮的 20% 且饲料中不饱和脂肪酸含量高或者生育酚含量不足的情况下，使机体内维生素 E 的消耗量大增，引起机体内维生素 E 相对缺乏，加上其他抗氧化剂不足的共同作用，导致抗酸色素在脂肪组织中沉积，并使脂肪组织形成一种棕色或黄色无定性的非饱和叠合物小体，促使黄膘产生。

3. 饲料中含有色素含量高的原料

如紫云英（草籽）、芜菁、胡萝卜和南瓜等，这些原料中胡萝卜素和叶红素含量较高，在体内代谢不全引起黄染。另外，如果原料商卖出的原料本身就是染色的，例如染色掺假棉粕、柠檬酸渣、假 DDGS（豆粕替代品，用玉米皮、尿素和黄染料制成）等，猪食入这些原料作成的饲料，染料会沉积到脂肪上，变成黄膘。

4. 饲料中添加了导致产生猪黄脂病的药物

如磺胺类和某些有色中草药，在使用时间较长或没有经过足够长的休药期便屠宰，会造成猪胴体局部或全身脂肪发黄。

5. 饲料添加剂配方或生产工艺不合理

高铜的配方可使饲料中的油脂氧化酸败导致黄脂。实际上高铜本身并不会导致黄脂，而在于高铜本身的催化氧化作用，铜的使用主要与类抗生素作用有关，在维生素E添加量处于临界状态时，高铜导致饲料氧化加快，加大了维生素E需要量，尤其在湿热的条件下更是如此。一般条件下，30℃维生素E与饲料硫酸铜混合存留时间约为3天，损失过半；而湿润条件下，这种损失更快、更明显，这是调质（对颗粒饲料制粒前的粉状物料进行水热处理的一道加工工序）制粒的饲料更容易导致黄脂的主要原因。

如果饲料生产线通风不良（尤其是玉米粉碎系统），在玉米粉碎过程中产生的大量热量和水蒸气，就会凝结在粉碎玉米的表面，导致玉米中不饱和脂肪酸过氧化，或者配合料从生产到使用时间间隔长，引起饲料中不饱和脂肪酸过氧化。全价料在高温、高湿的季节，饲料中的不饱和脂肪酸更容易发生酸败，而酸败的脂肪可以形成黄脂；另外，变质的淀粉导致胆汁外泄，形成黄脂，实际雷同于黄疸；调质制粒时遇到高温和高湿，并在铜的参与下，这种黄脂变化会更为迅速。

6. 遗传因素

有人曾对易发生黄脂病的地区做调查，发现凡是父本或母本屠宰时发现黄脂的猪，其所生后代黄脂病发生也多。

(二) 诊断要点

1. 临床症状

该病的临床症状不够明显，生前很难判断。大多数病猪食欲不振，精神倦怠，衰弱，被毛粗糙，增重缓慢，结膜色淡，有时发生跛行，眼有分泌物，黄脂病严重的猪血红蛋白水平降低，有低色素性贫血的倾向，个别病猪突然死亡。剖检可见体脂呈柠檬黄色，骨骼肌和心肌呈灰白（与白肌病相似），变脆；肝呈黄褐色，脂肪变性明显；肾呈灰红色，横断面发现髓质呈浅绿色；淋巴结水肿，有出血点，胃肠黏膜充血。

2. 感官鉴别

黄膘肉病猪猪肉胴体脂肪为棕色或黄色，在将其悬挂24小时后黄色变浅或消失，内脏正常无变化、无异味，一般认为是饲料引起，可以食用。

黄疸肉与黄膘肉不同。遇到黄染的肉,首先要看皮肤是否发黄(因黄疸皮肤发黄),其次是查看关节滑液囊液以及筋腱,如果也是黄色基本判定为黄疸。将有疑问的胴体放置一边,经几小时后再观察,若色度减轻或消失则为黄脂。反之,黄色不减而加重,必是黄疸无疑。观察肝脏和胆管的病理变化,也可确定是否是黄疸肉,绝大多数黄疸(90%以上)的肝和胆管都有病变,如肝的囊肿、硬化、变性、胆管阻塞等。黄疸肉不但脂肪发黄,皮肤、黏膜、关节囊液、组织液、血管内膜、浆膜、肌腱等均显黄色,内脏也出现病理变化,实质器官均呈现不同程度的黄色。由钩端螺旋体病引起的黄疸尤其在皮肤、关节滑液囊液、血管内膜和肌腱的黄染比较明显。

3. 实验室鉴别

(1)硫酸法 取10克脂肪置于50%酒精中浸抽,并不停摇晃10分钟,然后过滤,取8毫升滤液置于试管中,加入10~20滴浓硫酸。当存在胆红素时,滤液呈现绿色,继续加入硫酸经适当加热,滤液则变为淡蓝色,出现这些现象时就能确定为黄疸肉。

(2)苛性钠法 称取2克脂肪,剪碎置入试管中,加入约5毫升5%氢氧化钠水溶液,在火焰上煮沸约1分钟,振荡试管,在流水下降温冷却至40~50℃(手摸有温热感)。然后小心向试管中加入1~2滴乙醚或汽油轻轻混匀,再微微加热后加塞静止,待溶液分层后观察。若上层乙醚呈无色,下层液体呈黄绿色,表明检样中有胆红素存在,即检样为黄疸肉;若上层乙醚呈黄色,下层液体无色,表明检样中含有天然色素而无胆红素,即检样为黄脂肉;若试管上下层均为黄色,则表明检样中2种色素均存在,说明既有黄疸又有黄膘。

(三)防治

应做好品种的选育工作,即淘汰黄脂病的易发品种,选育抗该病的品种。合理调整日粮,增加维生素E供给,减少饲料中不饱和脂肪酸的高油脂成分,将日粮中不饱和脂肪酸甘油酯的饲料限制在10%以内。禁喂鱼粉或蚕蛹。日粮中添加亚硒酸钠维生素E预混剂,每1 000千克饲料500~1 000克,或加入6%的干燥小麦芽、30%米糠,也有预防效果。禁止使用黄曲霉毒素严重污染的饲料。

六、异食癖

猪异食癖是一种由于饲养管理不当、环境不适、饲料营养供应不平衡、疾病及代谢机能紊乱等引起的一种应激综合征。在冬季、早春发病率较高,给养猪户造成不必要的经济损失。

（一）原因

1. 饲养管理不当

包括饲养密度过大、饲槽空间狭小、限饲与饮水不足、同一圈舍猪只大小强弱悬殊、猪只新并群造成打斗、争夺位次等原因均可诱发异食癖。

2. 环境因素

冬秋季猪发病率比较高的原因可能是干燥和多尘环境导致猪更多的烦躁和攻击行为。猪舍环境条件差，如舍内温度过高或过低，通风不良及有害气体的蓄积，猪舍光照过强，猪处于兴奋状态而烦躁不安，猪生活环境单调，惊吓、猪乱窜群；天气的异常变化，猪圈潮湿引起皮肤发痒等因素，使猪产生不适感或休息不好均能引发啃咬等异食癖的发生。

3. 品种和个体差异

同一猪圈内如果饲养不同品种或同一品种间体重差异过大的猪，因品种及生活特点差异，相互矛盾，相互争雄而发生撕咬。个体之间差异大，在占有睡觉面积和抢食中，常出现以大欺小现象。

4. 疾病

猪患有虱子、疥癣等体外寄生虫时，可引起猪体皮肤刺激而烦躁不安，在舍内摩擦而导致耳后、肋部等处出现渗出物，对其他猪产生吸引作用而诱发咬尾；猪体内寄生虫病，特别是猪蛔虫，刺激患猪攻击其他猪。猪只体内荷尔蒙的刺激导致情绪不稳定，也可发生咬尾现象。

5. 营养供应不平衡

当饲料营养水平低于饲养标准，满足不了猪生长发育的营养需要时，可导致咬尾症的发生。另外，日粮中的各种微量营养成分不平衡，如日粮中钾、钠、镁、铁、钙、磷、维生素等的缺乏或者不平衡也会造成此症。

6. 猪本身的天性

猪爱玩好动，处于环境舒适、安居乐业的小猪，咬其他猪的尾巴玩，猪的模仿性是一只猪发生异食癖而引发大群发生异食癖的原因之一。同时因互咬导致的破皮与流血等外伤，又诱发猪相互撕咬的兴趣。

（二）诊断要点

常见的猪异食癖表现为咬尾、咬耳、咬肋、吸吮肚脐、食粪、饮尿、拱地、闹圈、跳栏、母猪食仔猪等现象。相互咬斗是异食癖中较为恶劣的一种，表现为猪对外部刺激敏感，举止不安，食欲减弱，目光凶狠。起初只有几头相互咬斗，逐渐有多头参与，主要是咬尾，少数也有咬耳，常见被咬尾脱毛出血,咬猪进而对血液产生异嗜,引起咬尾癖,危害也逐渐扩大。被咬猪常出现尾部皮肤和被毛脱落,影响体增重,严重时可继发感染,引起骨髓炎和脓肿,若不及时处理,可并发败血症等导致死亡。

(三) 防治

1. 加强饲养管理,营造良好的生活环境

(1) 合理布控猪舍 同一圈舍猪只个体差异不宜太大,应尽量接近。饲养密度不宜过大,猪的饲养密度一般应根据圈舍大小而定,原则是以不拥挤、不影响生长和能正常采食饮水为宜。冬季密一些,夏季稀一些,保证每头育肥猪饲养面积 $0.8 \sim 1$ 米^2、中猪 $0.6 \sim 0.7$ 米^2、仔猪 $0.3 \sim 0.5$ 米^2。

(2) 单独饲养有恶癖的猪 咬尾症的发生常因个别好斗的猪引起,如在圈中发现有咬尾恶癖的猪,应及时挑出,单独饲养。可在猪尾上涂焦油,还可用高度白酒喷雾猪体全身和鼻端部位,每天 $3 \sim 5$ 次,一般两天可控制咬尾症。同时隔离被咬的猪,对被咬伤的猪应及时用高锰酸钾液清洗伤口,并涂上碘酒以防止伤口感染,严重的可用抗生素治疗。

(3) 避免应激 调控好舍内温度与湿度,加强猪舍通风,防止贼风侵袭、粪便污染、空气浑浊、潮湿等因素造成的应激。定时定量饲喂,不喂发霉变质饲料,饮水要清洁,饲槽及水槽设施充足,注意卫生,避免抢食争斗及饮食不均。

2. 仔猪及时断尾

对仔猪断尾是控制咬尾症的一种有效措施。

3. 分散猪只注意力

在猪圈中投放玩具如链条、皮球、旧轮胎以及青绿饲料等,分散猪只关注的焦点,从而减少咬尾症的发生。

4. 使用平衡营养的配合饲料,满足猪只的营养需要

选用优质饲料原料,适度增加食盐用量。对于吃胎衣和胎儿的母猪,除加强护理外,还可用河虾或小鱼 $100 \sim 300$ 克煮汤饮服,每天 1 次,连服数日。还可在饲料中增加调味消食剂,添加大蒜、白糖、陈皮及一些调味剂来改善猪只的异食癖。

5. 对症用药,控制异食癖

对患慢性胃肠疾病的猪,治疗主要以抑菌消炎、清除肠内有害物质为原则,并结合补液、强心措施。对于患寄生虫病的猪,应及时驱虫。对于被咬伤的猪外部消毒,并辅以抗生素治疗。

七、亚硝酸盐中毒

亚硝酸盐中毒是由于菜类等青绿饲料的贮存、调制方法不当时、在适宜的温度和酸碱度的条件下，在微生物的作用下，大量的硝酸盐可还原成剧毒的亚硝酸盐，猪采食这类饲料后而引起中毒，该病常于猪吃饱后不久发生，故有饱潲症之称。

（一）病因

因食用储存和加工不当，含有较多硝酸盐的白菜、菠菜、甜菜、野菜等青绿多汁饲料，而使猪群发生中毒。

亚硝酸盐毒性很大，主要是血液毒。当亚硝酸盐经过胃肠黏膜吸收进入血液后，能使血液中的氧化血红蛋白变为变性血红蛋白（高铁血红蛋白），使血液失去携氧的能力，而引起全身缺氧，导致呼吸中枢麻痹，严重者30分钟左右即可窒息而死。亚硝酸盐在体内可透过内屏障及胎盘组织，引起妊娠母猪发生早产、弱胎及死胎。

（二）诊断要点

病猪突然发病，一般在采食后10~30分钟，最迟2小时出现症状，病猪突然不安，呼吸困难，继而精神萎靡，呆立不动，四肢无力，行走打晃，起卧不安，犬坐姿势，流涎、口吐白沫或呕吐，皮肤、耳尖、嘴唇及鼻盘等部开始苍白，以后呈青紫色，穿刺耳静脉或剪断尾尖流出酱油状血液，凝固不良。体温一般低于正常值（35~37℃），四肢和耳尖冰凉，脉搏细数，很快四肢麻痹，全身抽搐，嘶叫，伸舌，最后窒息而死。若病猪2小时内不死者，则可逐渐恢复。

剖解后病理变化为：因死亡快，内脏多无显著变化，主要特征是血液呈酱油状、紫黑色而凝固不良。胃底、幽门部和十二指肠黏膜充血、出血。病程稍长者，胃黏膜脱落或溃疡，气管及支气管有血样泡沫，肺有出血或气肿，心外膜常有点状出血。肝、肾呈蓝紫色，淋巴结轻度充血。

实验室检查：取胃肠内容物或残余饲料的液汁1滴，滴在滤纸上，加10%联苯胺液1~2滴，再加10%冰醋酸液1~2滴，如有亚硝酸盐存在，滤纸即变为红棕色，否则颜色不变。

也可将待检饲料放在试管内，加10%高锰酸钾溶液1~2滴，搅匀后，再加10%硫酸1~2滴，充分摇动，如有亚硝酸盐，则高锰酸钾变为无色，否则不褪色。

(三) 防治

1. 预防

改善饲养管理，不喂存放不当的青绿多汁饲料，防止亚硝酸盐中毒。

2. 治疗

发现亚硝酸盐中毒，应迅速抢救。目前，特效解毒药为美蓝和甲苯胺蓝。同时配合应用维生素 C 和高渗葡萄糖溶液，效果较好。

对严重病例，要尽快剪耳、断尾放血；静脉注射亚甲蓝注射液，解救高铁血红蛋白血症时用量为 1~2 毫克/千克体重，解救氰化物中毒 5~10 毫克/千克体重。内服或注射大剂量维生素 C，用量为 10~20 毫克/千克体重，以及静脉注射 10%~25% 葡萄糖注射液 300~500 毫升。

对症状较轻者，仅需安静休息，投服适量的糖水或牛奶等即可。

对症治疗：对呼吸困难、喘息不止的患畜，可注射尼可刹米等呼吸兴奋剂；对心脏衰弱者可注射安钠咖等；对严重溶血者，放血后输液并口服或静脉滴注肾上腺皮质激素，同时内服碳酸氢钠等药物，使尿液碱化，以防血红蛋白在肾小管内凝集。

八、霉饲料中毒

霉饲料中毒就是猪采食了发霉的饲料而引起的中毒性疾病，以神经症状为特征。

(一) 病因

在自然环境中，含有许多霉菌，常寄生于含淀粉的饲料上，如果温度（28℃左右）和湿度（80%~100%）适宜，就会大量生长繁殖，有些霉菌在生长繁殖过程中，能产生有毒物质。目前，已知的霉菌毒素有上百种，最常见的有黄曲霉毒素、镰刀菌毒素和赤霉菌毒素等。这些霉菌毒素都可引起猪中毒。仔猪及妊娠母猪尤为敏感。

发霉饲料中毒的病例，临床上常难以确定为何种霉菌毒素中毒，往往是几种霉菌毒素协同作用的结果。

(二) 诊断要点

仔猪和妊娠母猪对发霉饲料较为敏感。中毒仔猪常呈急性发作，出现中枢神经症状，头弯向一侧，头顶墙壁，数天内死亡。大猪病程较长，一般体温正常，初期食欲减退，后期废食，腹痛，下痢或便秘，粪便中混黏液或血液，被毛粗乱，迅速消瘦，生长迟缓。白猪的嘴、耳、四肢内侧和腹部皮肤出现红斑，妊娠母猪常引起流产及死胎等。

剖检，主要病理变化为肝实质变性，颜色变淡黄，显著肿大，质地变脆；淋巴结水肿。病程较长者，皮下组织黄染，胸腹膜、肾、胃肠道出血。急性病例最突出的变化是胆囊黏膜下层严重水肿。

（三）防治

1. 预防

防止饲料发霉变质。严禁用发霉饲料喂猪。

2. 治疗

目前尚无特效药物。发病后应立即停喂发霉饲料，同时进行对症治疗。急性中毒，用0.1%高锰酸钾溶液、温生理盐水或2%碳酸氢钠液进行灌肠、洗胃后，内服盐类泻剂，如硫酸钠0.03~0.05千克，水1升，1次内服。静脉注射葡萄糖氯化钠注射液300~500毫升，40%乌洛托品20毫升；同时皮下注射20%安钠咖5~10毫升。

九、酒糟中毒

酒糟中毒是由于酒糟贮存方法不当或放置过久，可发生腐败霉烂，产生大量有机酸（醋酸、乳酸、酪酸）、杂醇油（正丙醇、异丁醇、异戊醇）及酒精等有毒物质，易引起猪中毒。

（一）病因

突然给猪饲喂大量的酒糟，或对酒糟保管不当，被猪大量偷吃或长期单一饲喂酒糟，而缺乏其他饲料的适当搭配及饲喂严重霉败变质的酒糟，其有毒物质、霉菌、酒精可直接刺激胃肠并被吸收而发生中毒。

（二）诊断要点

患猪发病初期，表现精神沉郁，食欲减退，粪便干燥，以后发生下痢，体温升高。严重时出现腹痛症状，呼吸促迫，心跳疾速。外表常有皮疹，卧地不起。

剖检，主要病理变化为胃肠黏膜充血和出血，直肠出血、水肿；肠系膜淋巴结充血；肺充血和水肿；肝、肾肿胀，质地变脆，心脏有出血斑。

（三）防治

1. 预防

必须以新鲜的酒糟喂猪，且酒糟的喂量不宜过多，一般应与其他饲料搭配饲喂，酒糟的比例以不超过日粮的1/3为宜，用不完的酒糟妥善贮存，可将其紧压在饲料缸内,以隔绝空气;如堆放保存,则不宜过厚,并避免日晒,以防霉败变质。发霉酸败的酒糟严禁喂猪。

2. 治疗

对中毒的猪,应立即停喂酒糟,以 1%碳酸氢钠液 1 000~2 000 毫升内服或灌肠。同时内服硫酸钠 30 克,植物油 150 毫升,加适量水混合后内服,并静脉注射葡萄糖氯化钠注射液 500 毫升,加 10%氯化钙溶液 20~40 毫升。严重病例应注意维护心、肺功能,可肌内注射 20%安钠咖 5~10 毫升。发生皮疹或皮炎的猪,用 1%高锰酸钾液冲洗,剧痒时可用 5%石灰水冲洗,或以 3%石炭酸酒精涂擦。

十、食盐中毒

猪食盐中毒后,可引起消化道、脑组织水肿、变性,乃至坏死,并伴有脑膜和脑实质的嗜酸性粒细胞浸润,以突出的神经症状和一定的消化紊乱为其临床特征。

(一)病因

采食含食盐过高的饲料,可引起猪的食盐中毒,特别是仔猪更为敏感,食盐中毒的实质是钠离子中毒。因此,给猪只投予过量的乳酸钠、碳酸钠、丙酸钠、硫酸钠等都可发生中毒。据报道,食盐中毒量为 1~2.2 毫克/千克体重,成年中等个体猪的致死量为 0.125~0.25 千克。这些数值的变动范围很大,主要受饲料中无机盐组成、饮水量等因素的影响。全价饲料,特别是日粮中钙、镁等无机盐充足时,可降低猪对食盐的敏感性,反之,敏感性显著增高。例如,仔猪的食盐致死量通常为 4.5 毫克/千克体重。钙、镁不足时,致死量缩小为 0.5~2 克/千克体重;钙、镁充足时,增大至 9~13 克。饮水充足与否,对食盐中毒的发生具有决定性作用。当猪食入含 10%~13%食盐的饲料而不限制饮水时,则不发生中毒;相反,即使饲料仅含 2.5%的食盐,但不给充足饮水,亦可引起中毒。因此说,食盐中毒的确切原因是食盐过量饲喂,而饮水供应不足所致。

(二)诊断要点

患病初期,病猪呈现食欲减退或废绝、精神沉郁、黏膜潮红、便秘或下痢、口渴和皮肤瘙痒等症状。继之出现呕吐和明显的神经症状,病猪兴奋不安,频频点头,张口咬牙,口吐白沫,四肢痉挛,肌肉震颤,来回转圈或前冲、后退,听觉、视觉障碍,刺激无反应,不避障碍,头顶墙壁。严重的呈癫痫样痉挛，每间隔一定时间发作1次。发作时，依次出现鼻盘抽缩或扭曲，头颈高抬或向一侧歪斜，脊柱上弯或侧弯，呈后弓反张或侧弓反张姿势，以致整个身躯后退而呈犬坐姿势，甚至仰翻倒地。每次发作持续2~3分钟，甚至连续发作，心跳加快（140~200次/分钟），呼吸困难。最后四肢瘫痪，卧地不起，一般1~6小时死亡。

慢性中毒者，即慢性钠潴留期间，有便秘、口渴和皮肤瘙痒等前驱症状。一旦暴发，则表现上述的神经症状。

实验室检查：血清钠显著增高，达到180~190毫摩尔/升（正常为135~145毫摩尔/升），且血液中嗜酸性粒细胞显著减少。为进一步确诊，还可采取死亡猪的肝、脑等组织作氯化钠含量测定，如果肝和脑中的钠含量超过150毫摩尔/升，脑、肝、肌肉中的氯化物含量分别超过180毫摩尔/升、250毫摩尔/升、70毫摩尔/升，即可确认为食盐中毒。

（三）防治

1. 预防

严禁用含盐量过高的饲料喂猪，日粮含盐量不应超过0.5%。同时，要供给足够的饮水。

2. 治疗

食盐中毒无特效治疗药物，主要是促进食盐排出及对症治疗。

发现中毒后应立即停喂含食盐的饲料及饮水，改喂稀糊状饲料。口渴时多次少量给予饮水，切忌突然大量给水或任意自由饮水，以免胃肠内水分吸收过速，使血钠水平迅速下降，加重脑水肿，而使病情突然恶化。

急性中毒，用1%硫酸铜50~100毫升内服催吐后，内服粘浆剂及油类泻剂80毫升，使胃肠内未吸收的食盐泻下和保护胃肠黏膜。也可在催吐后内服白糖0.15~0.2千克。

对症治疗，为恢复体内离子平衡，可静脉注射10%葡萄糖酸钙50~100毫升，为缓解脑水肿，降低脑内压，可静脉注射25%山梨醇液或50%高渗葡萄糖液50~100毫升。为缓解兴奋和痉挛发作，可静脉注射25%硫酸镁注射液20~40毫升。心脏衰弱时，可皮下注射安钠咖等。

十一、疝

疝是腹部的内脏从自然孔道或病理性破裂孔脱至皮下或其他腔、孔的一种常见病。根据发生的部位一般分为脐疝、腹股沟阴囊疝、腹壁疝几种。

（一）脐疝

1. 病因

多发生于幼龄猪，常因为脐带轮闭锁不全或完全没有闭锁，再加上腹腔内压增高，奔跳、捕捉、按压等诱因造成腹腔脏器进入囊内。一是先天性脐带轮发育不全，轮孔异常宽大，肠管容易通过。二是脐轮未闭合完全时，猪便秘努责，幼猪贪食，腹胀如鼓，腹压增高，肠管由脐部脱出。

2. 诊断要点

根据病情可分为可复性脐疝和嵌闭性脐疝两种。可复性脐疝在脐部发现鸡蛋大或碗口大的柔软肿胀，在外表上呈局限性、半圆形肿胀，推压肿胀部或使猪腹部向上则肿胀消失。该处可摸到一个圆形的脐轮，但还纳后又复原。肿胀部没有热痛，听诊时可听到肠的蠕动音。病猪体温、食欲正常，过分饱食或奔走时下坠物就增大。患嵌闭性脐疝的动物表现不安，并有呕吐症状，肿胀部位硬固疼痛，温度增高。

3. 防治

如幼龄猪脱出肠管较少，还纳腹腔后，局部用绷带压迫，脐孔可能闭锁而治愈。脐孔较大或发生肠嵌闭时，须进行疝孔闭锁术。

手术前，病猪应停食 1 天，仰卧保定，手术部剪毛、洗净、消毒，用 1% 普鲁卡因 10~15 毫升浸润麻醉，纵向切开皮肤，切时谨防伤及腹膜或阴茎，妥善保存疝囊。将肠管送回腹腔，随之立即内翻疝囊，用缝线顺疝囊环作间断内翻缝合，将多余的囊壁及腹膜对称切除，冲洗干净后撒布青霉素粉，再结节缝合皮肤。如为嵌闭性脐疝而且肠管与腹膜粘连，则用外科刀尖开一小口，再伸入食指进行钝性剥离。剥离后再按上法内翻疝囊、清洗消毒、撒布青霉素粉、缝合皮肤。

（二）腹壁疝

1. 病因

疝囊由腹壁的皮肤、皮下组织及腹膜形成，其内容物可为肠管、网膜、肝脏及子宫等，发生的部位不定。通常是由于外界的钝性暴力，如剧烈的冲撞、踢跌及分娩等原因引起。

2. 诊断要点

腹壁上有球形或椭圆形的大小不等的肿胀，肿胀的周边与健康组织之间有明显界线。肿胀部柔软、无疼、无热，用力压迫时肿胀缩小。触诊可发现腹壁肌肉破裂的部位和形状，听诊时可听到蠕动音。

3. 防治

改善饲养管理,防止创伤发生。如果发生腹壁疝,以手术疗法为好。

术前应停食1天,使肠道内容物减少,以便于手术。后肢吊起或仰卧保定,手术部位剪毛并充分洗净,涂浓碘酊或75%酒精消毒,用1%普鲁卡因进行浸润麻醉。延疝颈切开疝囊,应注意勿损伤疝内容物,将粘连的肠管剥离后还纳进腹腔。已经粘连的网膜如果不易剥离则可部分剪除,多余的腹膜可与表面的皮肤、皮下组织、浅筋膜等一并剪除。进一步整理疝颈四周腹膜,再用线作间断缝合。疝环两侧横行切开腹直肌前鞘,然后剪下筋膜片,包括腹直肌前后鞘以横行褥式缝合法缝合于上筋膜片下面,两片重叠3~4厘米,所有缝线全部缝好后再一一结扎。将上筋膜片边缘连续缝合在下片表面,缝时勿将缝针刺入过深,以免损伤内脏。如果腹膜不能从疝环筋膜层下剥离出来,也可把筋膜层连同腹膜层作上述重叠修补。最后撒青霉素粉并结节缝合皮肤。

(三) 腹股沟阴囊疝

1. 病因

公猪的腹股沟阴囊疝有遗传性,若腹股沟管内口过大,就可发生疝,常在出生时发生(先天性腹股沟阴囊疝),也可在几个月后发生。后天性腹股沟阴囊疝主要是腹压增高所引起。

2. 诊断要点

猪的腹股沟阴囊疝症状明显,一侧或两侧阴囊增大,捕捉以及凡能使腹压增大的因素均可加重症状,触诊时硬度不一,可摸到疝的内容物(多半为小肠),也可以摸到睾丸,如将两后肢提举,常可使增大的阴囊缩小而达到自然整复的目的。少数猪可变为嵌闭性疝,此时多数肠管已与囊壁发生广泛性粘连。

3. 防治

猪的阴囊疝可在局部麻醉下手术。后肢吊起或仰卧保定,手术部位剪毛并充分洗净,涂浓碘酊或75%酒精消毒,用1%普鲁卡因进行浸润麻醉。切开皮肤分离浅层与深层的筋膜,而后将总鞘膜剥离出来,从鞘膜囊的顶端沿纵轴捻转,此时疝内容物逐渐回入腹腔。猪的嵌闭性疝往往有肠粘连、肠臌气,所以在钝性剥离时要求动作轻巧,稍有疏忽就有剥破的可能,在剥离时用浸以温灭菌生理盐水的纱布慢慢地分离,对肠管轻轻压迫,以减少对肠管的刺激,并可减少剥破肠管的危险。在确认还纳全部内容物后,在总鞘膜和精索上打一个去势结(为防止脱开,也可双次结扎),然后切断,将断端缝合到腹股沟环上,若腹股沟环仍很宽大,则必须再做几针结节缝合,皮肤和筋膜分别作结节缝合。术后不宜喂得过早、过饱，要适当控制运动。仔猪的阴囊疝采用皮外闭锁缝合。

十二、母猪流产

猪流产是指母猪正常妊娠发生中断，表现为死胎、未足月活胎（早产）或排出干尸化胎儿等。流产是养猪业发生的常见病，对养猪业有很大的影响，常由传染性和非传染性（饲养和管理）因素引起，可发生于怀孕的任何阶段，但多见于怀孕早期。

（一）流产的原因

流产的病因很多，大致分为传染性流产和非传染性流产。

1. 传染性流产

一些病原微生物和寄生虫病可引起流产。如猪的伪狂犬病、细小病毒病、乙型脑炎、猪丹毒、猪蓝耳病、布鲁氏菌病、猪瘟、弓形虫病、钩端螺旋体病等均可引起猪流产。

2. 非传染性流产

非传染性流产的病因更加复杂，与营养、遗传、应激、内分泌失调、创伤、中毒、用药不当等因素有关。

（二）诊断要点

隐性流产发生于妊娠早期，由于胚胎尚小，骨骼还未形成，胚胎被子宫吸收，而不排出体外，不表现出临床症状。有时阴门流出多量的分泌物，过些时间再次发情。

有时在母猪妊娠期间，仅有少数几头胎猪发生死亡，但不影响其余胎猪的生长发育，死胎不立即排出体外，待正常分娩时，随同成熟的仔猪一起产出。死亡的胎猪由于水分逐渐被母体吸收，胎体紧缩，颜色变为棕褐色，称木乃伊胎。

如果胎儿大部或全部死亡时，母猪很快出现分娩症状，母猪兴奋不安，乳房肿大，阴门红肿，从阴门流出污褐色分泌物，母猪频频努责，排出死胎或弱仔。

在流产过程中，如果子宫口开张，腐败细菌便可侵入，使子宫内未排出的死亡胎儿发生腐败分解。这时母猪全身症状加剧，从阴门不断流出污秽、恶臭分泌物和组织碎片，如不及时治疗，可因败血症而死。

根据临床症状，可以作出诊断。要判定是否为传染性流产则须进行实验室检查。

（三）防治

1. 预防

加强对怀孕母猪的饲养管理，避免对怀孕母猪的挤压、碰撞，饲喂营养丰富、容易消化的饲料，严禁喂冰冻、霉变及有毒饲料。做好预防接种，定期检疫和消毒。谨慎用药，以防流产。

2. 治疗

治疗的原则是尽可能制止流产；不能制止时，促进死胎排出，保证母畜的健康；根据不同情况，采取不同措施。

（1）妊娠母猪表现出流产的早期症状，胎儿仍然活着时，应尽量保住胎儿，防止流产。可肌内注射孕酮10~30毫克，隔日1次，连用2次或3次。

（2）保胎失败，胎儿已经死亡或发生腐败时，应促使死胎尽早排出。肌内注射己烯雌酚等雌激素，配合使用垂体后叶素、催产素等促进死胎排出。当流产胎儿排出受阻时，应实施助产。

（3）对于流产后子宫排出污秽分泌物时，可用0.1%高锰酸钾等消毒液冲洗子宫，然后注入抗生素，进行全身治疗。对于继发传染病而引起的流产，应防治原发病。

十三、母猪难产

母猪难产是指母猪在分娩过程中，分娩过程受阻，胎儿不能正常排出，母猪很少发生难产，发病率比其他家畜低得多，因为母猪的骨盆入口直径比胎儿最宽横断面长2倍，很容易把仔猪产出。难产的发生取决于产力、产道及胎儿3个因素中的1个或多个。主要见于初产母猪、老龄母猪。

（一）病因

1. 母猪方面原因

（1）产道狭窄型　产仔时，耻骨联合会正常开张，但受骨盆生理结构的制约，虽经剧烈持久的努责收缩，终因骨盆口开张太小，胎儿不能排出体外，滞留在子宫口而难产，此类型多发生在初产母猪。

（2）产力虚弱型　产仔时，多种诱因致使母猪疲劳，最终造成子宫收缩无力，无法将胎儿排出产道而难产，此类型多发生在体弱、老龄猪、产仔时间长、产仔太多、产仔胎次太多以及患病母猪。

（3）膀胱积尿型　产仔时，母猪需要长时间躺卧，此时，膀胱括约肌因体况虚弱、时间长、疾病等不良因素影响,使得膀胱麻痹,致使膀胱腔隙内的尿液因蓄积过多(不能及时排出体外)而容积性占位,出现挤压产道而难产。

(4)环境应激型 产仔时,母猪受到外界的突发性刺激,如声音、光照、气味、颜色等,致使其频频起卧,坐立不安,使得母猪子宫收缩不能正常进行而难产,此类型多发生于初产母猪和胆小母猪。

(5)其他 如母猪过肥、产道畸形、先天性发育不良等也可引起难产。

2. 胎儿方面原因

(1)胎儿过大型 多见于母猪孕育的胎儿太少,且发育过大引起难产。

(2)胎位不正 多见于胎儿在产道中姿势不正,堵塞产道,引起难产。

(3)胎儿畸形 畸形的胎儿不能顺利通过产道,引起难产。

(4)胎儿死亡 胎儿在母体内死亡时间较长,引起胎儿水肿、发胀造成难产。

(5)争道占位 两头胎儿同时进入产道引起难产。

(6)其他 多因操作方法不规范、药物使用不合理、助产过早、助产过频等行为,出现如子宫收缩不规整(间歇性)、产道因润滑剂少而干涩等原因引起难产。

(二)诊断要点

不同原因造成的难产,临诊表现不尽相同,有的在分娩过程中时起时卧,痛苦呻吟,母猪阴户肿大,有黏液流出,时作努责,但不见小猪产出,乳房膨大而滴奶,有时产出部分小猪后,间隔很长时间不能继续排出,有的母猪不努责或努责微弱,生不出胎儿,若时间过长,仔猪可能死亡,严重者可致母猪衰竭死亡。

根据母猪分娩时的临床症状,不难作出诊断。

(三)防治

1. 预防

预防母猪难产,应严格选种选配,发育不全的母猪应缓配,同时加强妊娠期间的饲养管理,适当加强运动,注意母猪健康情况,加强临产期管理,发现问题及时处理。

2. 治疗

母猪破羊水后1小时仍然无仔猪产出或产仔间隔超过0.5小时,应及时采取措施。有难产史的母猪在产前1天肌内注射氯前列烯醇。当子宫颈口开张时,若母猪阵缩无力,可人工肌内注射催产素,一般可注射人工合成催产素,用量按每 50 千克体重 1 毫升的剂量，注射后 20~30 分钟可产出仔猪。若分娩过程过长或阵缩力量不足，可第 2 次注射（最多 2 次）；当催产无效或胎位不正、争道占位、畸形、死亡、骨盆狭窄等诱因造成难产时可行人工助产，一般可采用手术取出。

母猪难产时常见的人工助产方法如下。

（1）驱赶助产　当母猪发生难产时，可尝试将母猪从产房中赶出，在分娩舍过道中驱赶运动约 10 分钟，以期调整胎儿姿势，然后再将母猪赶回产房中分娩，往往会收到较好的效果。

（2）按摩助产　母猪生产每头仔猪时间间隔较长或子宫收缩无力时，可辅以按摩法进行助产。其常用的助产方法：助产者双手手指并拢、伸直，放在母猪胸前，依次由前向后均匀用力按摩母猪下腹部乳房区，直至母猪出现努责并随着按摩时间的延长呈渐渐增强之势时，变换助产姿势，一手仍以原来的姿势按摩，另一只手变为按压侧腹部，有节奏、有力度地向下按压腹部逐渐变化的最高点。实际助产时，若手臂酸痛可两手互换按压。随着按摩的进行，母猪努责频率不断加强，最后将仔猪排出体外。

（3）踩压助产　母猪生产时，若频频努责而不见仔猪产出或者母猪阵缩乏力时，可采用踩压助产。即让人站在母猪侧腹部上虚空着脚踩压，不可用踏实的方法进行助产。其具体方法是：双手扶住栏杆（有产仔栏的最好，也可自制栏杆）借助双手的力量，轻轻地用脚踩压母猪腹部，自前向后均匀地用力踏实，手不能放松。母猪越用力努责就越用力踩压，借助踩压的力量让母猪产出仔猪。如果踩压不能奏效时，很可能是发生了较复杂的难产，应当进行产道、胎位、胎儿等方面的检查，然后再制定方案将胎儿取出。一般当取出 1 头仔猪后，还要采用按摩法或踩压等方法进行助产，如生产顺利可让其自行生产。

（4）药物催产　经产道检查，确诊产道完整畅通属于子宫阵缩努责微弱引起的难产时，可采用药物进行催产。催产药可选用缩宫素，肌内或皮下注射 2~4 毫升，可以每隔 30~45 分钟注射 1 次。为了提高缩宫素的药效，也可以先肌内注射雌二醇 10~20 毫克或其他雌激素制剂，再注射缩宫素。产仔胎次过多的老龄母猪或难产母猪使用缩宫素无效的，可以肌内注射毛果芸香碱或新斯的明等药物（5~8 毫升/头）。

（5）人工助产　最好选择手相对小一些的人员施行人工助产手术。

①术前准备：助产人员剪掉指甲并磨光，之后用 3% 来苏尔清洗双手，消毒手掌和手臂，涂以润滑剂；助手用 0.1% 高锰酸钾溶液彻底清洗母猪的后躯部、肛门部、阴道部及相关物品。

②手术过程：助产者用上述消毒液浸过的长臂手套（肥皂或石蜡油）涂抹手套后，将左手并拢，五指呈圆锥形，多次轻轻刺激母猪的外阴部（使母猪适应此种刺激），当母猪逐渐适应后，左手顺着母猪努责的间隙期，将手心朝上，缓缓深入母猪产道内，手边伸边旋转，母猪努责时停止伸入，不努责时再往里伸入，检查难产情况或进行助产。在此过程中，要注意不要损伤子宫与产道，动作要轻、缓、稳，切忌强拉硬拽。

仔猪产出后，母猪要及时注射抗生素等药物防止感染。若母猪产道过窄，或因产道粘连，助产无效时，可以考虑剖腹手术。

助产时可以根据胎儿难产情况选择以下助产方式。

徒手牵拉法：助产者手臂深入产道后，慢慢地摸清楚胎儿在子宫内的位置、胎势与朝向。当胎位正常（正生）时，手找到仔猪的耳朵、眼眶等部，用手握住，将其缓慢地拉出产道；也可先找到仔猪的口角，再找到犬齿，将拇指与食指放到其后面固定，缓慢拉出。当仔猪倒生时，可用手指握住仔猪两后肢将仔猪慢慢拉出。

如果胎位不正，应先矫正仔猪胎位，然后再牵拉出来。如果 2 头仔猪同时进入产道，可将 1 头推回子宫，将另 1 头拉出。掏出 1 头仔猪后，如果转为正常分娩，则不再需要继续用手牵拉助产。

助产结束后，应向子宫内注入宫净康等药物预防子宫感染。

器械助产法：通常借助于产科器械（如产科绳、产科钩等）进行人工助产。

其缺点是不仅仅对仔猪造成较重的伤害乃至死亡，而且对母猪的产道也会造成较大的损伤甚至终生不孕不育。

临床上使用产科绳的方法是，将绳的一头打一活套，用手（预先消毒好）携带产科绳套（消毒处理好）入母猪的子宫，"找"到仔猪的上颌骨、前肢（正生）或后肢（倒生），用绳套套住，缓慢拉出。牵拉最好配合母猪努责同时进行；用产科钩助产时，将产科钩置于手掌心，用手护住产科钩将其带入产道内，钩住仔猪眼眶、下颌骨间隙或上腭等处将仔猪拽出。

器械助产主要适用于死胎性难产及难产程度较大的难产。

剖腹产：对硬产道狭窄、子宫颈狭窄、胎儿过大等引起的难产，经过助产尚不能将仔猪全部产出的，可考虑剖腹术。

十四、胎衣不下

母猪胎衣不下，又称猪胎衣滞留，是指母猪分娩后，胎衣（胎膜）在 1

小时内不排出。胎衣不下多由于猪体虚弱，产后子宫收缩无力，以及怀孕期间子宫受到感染，胎盘发生炎症，导致结缔组织增生，胎盘粘连等。流产、早产、难产之后或子宫内膜炎、胎盘炎、管理不当、运动不足、母体瘦弱时，也可发生胎衣不下。

（一）诊断要点

猪胎衣不下有全部不下和部分不下两种，多为部分不下。全部胎衣不下时胎衣悬垂于阴门之外，呈红色、灰红色和灰褐色的绳索状，常被粪土污染；部分胎衣不下时残存的胎儿胎盘仍存留于子宫内，母猪常表现不安，不断努责，体温升高，食欲减退，泌乳减少，喜喝水，精神不振，卧地不起，阴门内流出暗红色带恶臭的液体，内含胎衣碎片，严重者，可引起败血症。

根据母猪分娩后胎衣的排出情况，不难作出诊断。

（二）防治

1. 预防

加强饲养管理，适当运动，增喂钙及维生素丰富的饲料，能有效预防猪胎衣不下。

2. 治疗

治疗原则为加快胎膜排出，控制继发感染。

注射脑垂体后叶素或催产素 20~40 单位。也可静脉注射 10%氯化钙注射液 20 毫升，或 10%葡萄糖酸钙注射液 50~100 毫升。

也可投服益母草流浸膏 4~8 毫升，每天 2 次。胎衣腐败时，可用 0.1%高锰酸钾溶液冲洗子宫，并投入土霉素片。为促进胎儿胎盘与母体胎盘分离，可向子宫内注入 5%~10%盐水 1~2 升，注入后应注意使盐水尽可能完全排出。

以上处理无效时，可将手伸入子宫剥离并拉出胎衣。猪的胎衣剥离比较困难。用 0.1%高锰酸钾溶液冲洗子宫，导出洗涤液后，投入适量抗生素（1 克土霉素加 100 毫升蒸馏水溶解，注入子宫）。

中药治疗：当归尾 10 克、赤芍 10 克、川芎 10 克、蒲黄 6 克、益母草 12 克、五灵脂 6 克，水煎取汁，候温喂服。

猪胎衣不下一般预后不良，应引起重视，因泌乳不足，不仅影响仔猪的发育，而且也可引起子宫内膜炎，使以后不易受孕。

十五、子宫内膜炎

母猪子宫炎是母猪分娩及产后，子宫有时受到感染而发生炎症。

（一）病因

难产、胎衣不下、子宫脱出以及助产时手术不洁，操作粗野，造成子宫损伤，产后感染，以及人工授精时消毒不彻底，自然交配时公猪生殖器官或精液内有致病菌，炎性分泌物等可引起子宫内膜炎。母猪营养不良，个体瘦弱，抵抗力下降时，其生殖道内非致病菌也能引起发病。

（二）诊断要点

临床上可分为急性与慢性子宫内膜炎。

1. 急性子宫内膜炎

全身症状明显，母猪体温升高，精神不振，食欲减退或废绝，时常努责，特别在母猪刚卧下时，阴道内流出白色黏液或带臭味污秽不洁红褐色黏液或脓性分泌物，分泌物粘于尾根部，腥臭难闻。有时母猪出现腹痛症状。急性子宫炎多发生于产后及流产后。

2. 慢性子宫内膜炎

多由急性子宫内膜炎治疗不及时转化而来。病猪全身症状不明显。病猪可能周期性地从阴道内排出少量浑浊的黏液。母猪往往推迟发情，或发情不正常，即使能定期发情，也屡配不孕。

（三）防治

1. 预防

预防该病应保持猪舍清洁、干燥，临产时地面上可铺清洁干草。发生难产时助产应小心谨慎，手臂、用具要消毒，取完胎儿、胎衣后，应用消毒溶液洗涤产道，并注入抗菌药物。人工授精要严格按规则操作和消毒。

2. 治疗

（1）在产后急性期，首先应清除积留在子宫内的炎性分泌物，用1%盐水或0.02%新洁尔灭溶液、0.1%高锰酸钾溶液充分冲洗子宫。冲洗后务必将残留的溶液全部排出，至导出的洗液全部透明为止。最后向子宫内注入20万~40万单位青霉素或1克金霉素。

（2）全身疗法可用抗生素或磺胺类药物治疗。青霉素40万~80万单位，链霉素100万单位，肌内注射每天2次。用金霉素时，母猪40毫克/千克体重，每天肌内注射2次，磺胺嘧啶钠0.05~0.1克/千克体重，每天肌内或静脉注射2次。

（3）对慢性子宫内膜炎的病猪，可用青霉素20万~40万单位，链霉素100万单位，溶入高压消毒的20毫升植物油中，向子宫内注入。并皮下注射垂体后叶素 20 万~40 万单位，促使子宫收缩，排出腔内炎性分泌物。

（4）金银花、黄连、知母、黄柏、车前、猪苓、泽泻、甘草各 15 克，水煎 1 次喂服。

十六、乳腺炎

母猪乳腺炎是由病原微生物或者机械创伤、理化等因素引起的母猪乳房红、肿、热、硬，并伴有痛感，泌乳减少症状的疫病。多发生在母猪分娩后泌乳期。

（一）病因

1. 病菌感染

病菌感染是造成母猪乳腺炎的主要因素之一。

病菌感染主要来源于两个方面，即接触性病原菌以及环境性病原菌。接触性病原菌一般是寄生于乳腺上，其中金黄色葡萄球菌、链球菌、大肠杆菌是常见的接触性病原菌。会通过乳头侵入乳房，从而造成乳腺炎。

2. 内分泌系统紊乱

很多养殖户为了提高经济效益而对母猪使用了大量的药物，这样就让母猪的内分泌系统出现了紊乱、失调的情况，并导致母猪的乳房出现肿胀，造成母猪乳腺炎的发作。

3. 饲养管理不科学

在母猪的养殖过程中，没有对猪舍的温度、湿度进行适当地控制会让母猪出现疲劳的情况，不良的通风条件，母猪产房消毒不够彻底会影响母猪正常的抵抗力使其不能对病原菌进行正常的免疫。

4. 继发性因素

继发性因素包括很多方面，比如，当母猪出现发热性症状之后，可能会引发阴道炎等症状，从而带来乳腺炎；另外，子宫内膜炎会让子宫产生不良分泌物，从而影响母猪正常的血液循环并进一步地蔓延，导致发乳腺炎的发作。

（二）诊断要点

母猪在隐性感染或隐性带毒的情况下，很容易造成隐性乳腺炎。隐性感染时母猪不表现可见的临床症状，精神、采食、体温均不见异常，但少乳或无乳。这种情况既可在分娩后立刻出现，也可在分娩 2~3 天发生。此时仔猪外观虚弱、常围卧在母猪周围。病原体通过乳汁和哺乳接触传染给仔猪，引起仔猪生长受阻，还可以引起腹泻等一系列感染症状，造成很大的损失。由于隐性乳腺炎在兽医临床诊断过程中具有一定的困难性，所以不易被早期发现，一般均需要对乳汁采样进行检测才能够确定。虽然隐性乳腺炎不易被发现和诊断，但是带来的危害是巨大的，在临床上应受到重视。

发生了临床型乳腺炎的病猪，很容易确诊，其临床检查可见母猪1个或数个乳房甚至一侧或两侧乳房均出现红肿，用手指触诊时有热度且硬，按压时动物对疼痛表现为敏感。有的母猪发生乳腺炎时，拒绝哺乳仔猪。早期乳腺炎呈黏液性乳腺炎，乳汁最初较稀薄，以后变为乳清样，仔细观察时可看到乳中含絮状物。炎症发展成脓性时，可排出淡黄色或黄色脓汁。捏挤乳头时有浓稠黄色、絮状凝固乳汁排出，即可确诊为患有乳腺炎。如脓汁排不出时，可形成脓肿，拖延日久往往自行破溃而排出带有臭味的脓汁。在脓性或坏疽性乳腺炎，尤其是波及几个乳房时，母猪可能会出现全身症状，体温升高达40.5~41℃，食欲减退，精神倦怠、伏卧，拒绝仔猪吮乳。仔猪拉稀腹泻、消瘦等情况较多。

（三）防治

1. 预防

（1）重视消毒　改善产床与栏舍条件，产房做好空栏的消毒，使用含碘的消毒药消毒彻底，母猪上产床前有条件的可以对产栏进行火焰消毒，并空栏干燥7天以上。

（2）确保母猪饲料品质，防止霉菌毒素导致母猪无乳　分娩前给母猪适当减料，产仔当天饲喂不大于1千克或不喂，随后逐步增加饲喂量。损伤的奶头要及时做消毒处理，并贴上药膏防仔猪咬。防止磨伤带来的细菌感染。

（3）搞好管理　预防母猪便秘，并严格做好产房的清洁卫生，以避免肠道的常在菌入侵而发生乳腺炎。做好防暑降温，保持舒适干燥的环境，以有效降低母猪围产期的应激。

（4）围产期添加药物　在饲料中添加大环内酯类药物，如替米考星或泰万菌素，这些药物在奶水中浓度高，可以有效减少乳腺炎的发生。此外，早期的研究证明，其他抗菌药（如复方磺胺药物、恩诺沙星等）皆可有效降低母猪乳腺炎的发生比例。

（5）产后注射药物预防　药物注射是多数猪场的常规操作。常见的方法有以下几种。①母猪产后立即肌内注射15~20毫克/千克体重长效土霉素注射液1次，用于预防乳腺炎。②产后使用葡萄糖氯化钠注射液300~500毫升+抗菌药（如头孢类抗生素）+鱼腥草注射液5~10毫升，静脉给药1~2次，在分娩当天和次日各输液1次。③有些猪场还在分娩后24小时内，给母猪注射1

次氯前列烯醇,以预防产后子宫炎和无乳的发生。

2. 治疗

临床型乳腺炎,可用下列方法治疗。

(1) 按摩与热、冷敷法　对发热、急性和有痛感的乳腺必须用冷敷疗法,而不可热敷,否则将加剧乳房肿胀。对于隐性乳腺炎或病程较长的乳腺炎,可使用50℃左右的热水用毛巾热敷,并给乳房进行按摩,促进血液循环,使过量的体液再回到淋巴系统。按摩时,先将肥皂液涂在乳房上,沿着乳房表面旋转手指或来回按摩,然后用手将乳房压入再弹起,这对防止乳房不适症有极大的好处。

(2) 封闭疗法　对严重的急性乳腺炎,可使用0.25%盐酸普鲁卡因溶液10~30毫升,加入青霉素400万单位,在乳房实质与腹壁之间作环形乳基封闭,一般处理1次,重症可重复1~2次。后期化脓病灶可以手术引流排脓。

(3) 吸通法　让快断奶的仔猪帮忙吸通,在实际产生中有很好的效果。

(4) 全身治疗法　可使用抗菌药+催产素+清热解毒中药注射剂(如鱼腥草、穿心莲等),肌内注射,每天1~2次,连续2~3天。

十七、直肠脱及脱肛

直肠脱是直肠后段全层脱出于肛门之外;脱肛是直肠后段的黏膜脱出于肛门之外。

(一) 病因

主要原因是便秘和反复腹泻造成的肛门括约肌松弛引起。

(二) 诊断要点

2~4月龄的猪发病较多。病初仅在排便后有小段直肠黏膜外翻,但仍能恢复,如果反复便秘或下痢,不断努责,则脱出的黏膜或肠段长时间不能恢复,引起水肿,最后黏膜坏死、结痂,病猪逐渐衰弱,精神不振,食欲减退,排粪困难。

(三) 防治

必须认真改善饲养管理,特别是对幼龄猪,注意增喂青绿饲料,饮水要充足,运动要适当,保持圈舍干燥。经常检查粪便情况,做到早发现、早治疗。

发病初期,脱出体外的直肠段很短,应用0.5%高锰酸钾水洗净脱出的肠管及肛门周围,再提起猪的后腿,慢慢送回腹腔。脱出时间较长,水肿严重,甚至部分黏膜坏死时,可用0.1%高锰酸钾水冲洗干净,慎重剪除坏死的黏膜，注意不要损伤肠管肌层，然后轻轻整复，并在肛门左右上下分四点注射95%酒精，每点2~3毫升。还可针穿刺水肿黏膜后，用纱布包扎，挤出水肿液，再按压整复，之后在肛门周围作荷包口状缝合，缝合后打结应松些，使猪能顺利排粪。为了防止剧烈努责造成肠管再度脱出，可于交巢穴注射1%盐酸普鲁卡因注射液5~10毫升。若直肠脱出部分已坏死糜烂，不能整复时，则可采取截除手术。

第二章　家禽常见疾病的诊断与防治

第一节　家禽常见疫病的诊断与防治

一、高致病性禽流感

禽流感（AI）是由 A 型流感病毒引起的以禽类为主的感染和疾病综合征，有高致病性禽流感（HPAI）、低致病性禽流感（LPAI）。世界动物卫生组织（WOAH）将高致病性禽流感列为必须报告的动物传染病，我国将其列为一类动物疫病。

（一）诊断要点

1. 病原与流行特点

禽流感病毒属正黏病毒科、A 型流感病毒属。根据不同流感病毒血凝素（HA）和神经氨酸酶（NA）抗原性的不同，HA 可分为 16 个型，NA 分为 9 个型。现已发现的流感病毒亚型至少有 80 多种，其中绝大多数属非致病性或低致病性，高致病性亚型主要是含 H5 和 H7 的毒株，如 H5N1、H5N2、H5N5、H5N6、H5N8、H7N3、H7N7、H10N8，低致病性流感病毒常见的有 H9N2、H7N9、H6N4。但应注意，某些低致病性流感病毒在流行过程中会突变为高致病性毒株，如 H7N9 流感病毒，目前既有低致病性毒株，又有高致病性毒株。

禽流感病毒在环境中的稳定性相对较差。对热敏感，56℃处理 30 分钟灭活，72℃处理 2 分钟灭活；乙醚、氯仿、丙酮等有机溶剂能破坏病毒；对含碘消毒剂、次氯酸钠、氢氧化钠等消毒剂敏感；对低温抵抗力强，如病毒在 −70℃可存活两年，粪便中的病毒在 4℃的条件下 1 个月不失活。

鸡、火鸡、鸭、鹅、鹌鹑、雉鸡、鹧鸪、鸵鸟、孔雀等多种禽类易感，多种野鸟也可感染发病。病禽（野鸟）和带毒禽（野鸟）是主要的传染源。病毒可长期在污染的粪便、水等环境中存活。主要通过接触感染禽（野鸟）及其分泌物和排泄物、污染的饲料、水、蛋托（箱）、垫草、种蛋、鸡胚和精液等媒介传播，经呼吸道、消化道感染，也可通过气源性媒介传播。

2. 临床症状与病理变化

该病的潜伏期一般较短，通常为1~5天。感染病毒后病禽表现出的症状也因病禽种类、日龄及病毒毒力不同而有所差异。根据病毒的致病性，将禽流感分为两种类型，高致病性禽流感和低致病性禽流感。

（1）高致病性禽流感　主要由高致病性禽流感毒株引起，如H5N1、H5N2、H5N5、H5N6、H5N8、H7N7、H7N9等，通常发病急、死亡快，发病率和死亡率高。以鹅禽流感为例，病鹅常不表现明显的前驱症状，发病后就开始迅速死亡，有的死亡率可达90%~100%。鹅感染后，常突然发病，体温升高至42℃以上，精神沉郁，眼半闭，或伏地呈嗜睡状，采食量急剧下降，饮水量稍有增加，羽毛松乱。有的病鹅头部和颈部肿大，皮下水肿，眼睛肿胀、潮红、流泪或出血，眼睛周围羽毛粘着黑褐色的分泌物，严重者失明、鼻孔流血；表现明显的呼吸道症状，如咳嗽、气喘、啰音、尖叫等，有的甚至呼吸困难；病鹅腹泻，排黄白色、黄绿色、绿色稀粪；腿、脚部皮肤出血；病程稍长的患病鹅出现神经症状，如共济失调、头颈歪斜、瘫痪、不能走动和站立等。产蛋鹅表现产蛋率急剧下降甚至停止，薄壳蛋、软壳蛋、沙壳蛋、无壳蛋等增多。

鹅感染高致病性禽流感主要表现为全身皮下和脂肪出血。头颈肿胀，皮下有胶冻样渗出物和出血点，胸腺肿大、出血；喉头黏膜有不同程度的出血，气管黏膜点状出血，肺脏充血、出血、水肿，呈紫红色、紫黑色；心冠脂肪、心内膜、心外膜有出血点，严重的心肌纤维出现黄白色条纹状坏死；胸、腹部脂肪、肠系膜脂肪有出血点；腺胃乳头出血，腺胃与肌胃交界处、肌胃角质层下出血；胰腺液化、出血，表面可见大量黄白色透明或半透明的坏死斑点或出血点；十二指肠、小肠、直肠、泄殖腔黏膜充血、出血，盲肠扁桃体出血等。脾脏肿大。产蛋鹅卵泡变形、出血，有的甚至破裂，形成卵黄性腹膜炎。输卵管黏膜充血、出血，有的管腔内有乳白色黏稠的分泌物，输卵管黏膜水肿、充血、出血，管腔中有黄白色分泌物；脑膜充血、出血。

（2）低致病性禽流感　主要由低致病性禽流感毒引起，如H9N2，通常发病缓和，病鹅表现出的症状较轻或无症状的隐性感染，高发病率、低死亡率是其主要特征。鹅感染后往往出现体温升高，精神萎靡，嗜睡，眼睛半闭，采食量下降，排白色或绿色稀便。随着病情的发展，病鹅出现呼吸道症状，主要表现为呼吸困难、伸颈张口呼吸、咳嗽、甩头。眼睛肿胀、流泪，初期是流出浆液性眼泪，后期流出黄白色脓性液体。有的病鹅出现神经症状，主要表现为运动失调、头颈后仰、抽搐、瘫痪等。产蛋鹅感染后出现产蛋率下降，严重者甚至停产。蛋的质量下降、软壳蛋、薄壳蛋、沙壳蛋、壳蛋、小蛋等增多。种鹅感染后，种蛋的受精率明显下降，孵化过程中死胚增多，出壳后弱雏较多，雏鹅死亡率较高。死亡雏鹅剖检变化表现为卵黄吸收不良，肺脏出血，严重者卵黄破裂。雏鹅易继发大肠杆菌或鸭疫里默氏菌病感染，出现心包炎、肝周炎、气囊炎及输卵管炎。

鹅感染低致病性禽流感主要表现为心冠脂肪有大小不一的出血点，心内膜出血；喉头、气管出血，肺脏水肿、出血；腺胃出血，肌胃角质膜下出血；肝脏淤血、出血，肿大，胰腺液化。肠黏膜出血；法氏囊萎缩或水肿、充血、出血。产蛋鹅卵泡充血、出血，严重者卵泡破裂，形成卵黄性腹膜炎；输卵管黏膜水肿、充血，管腔中有白色胶冻样或干酪样物质。有的产蛋鹅输卵管和卵巢出现明显萎缩。公鹅睾丸出现萎缩。脾脏肿大，呈紫黑色。发生低致病性禽流感后，机体抵抗力下降，易继发大肠杆菌、鸭疫里默氏菌病及产气荚膜梭状芽孢杆菌感染，剖检可见心包炎、肝周炎、气囊炎、输卵管炎及纤维素性坏死性肠炎。

3. 实验室检查

根据该病的流行特点、临床症状和病理变化可作出初步诊断。由于该病的临床特征和很多病类似，且血清型多，确诊须进行实验室检查。

（二）疫情处置

1. 高致病性禽流感

按照农业农村部《高致病性禽流感疫情处置技术规范》要求，本着"早"（加强高致病性禽流感疫情监测，做到"早发现、早诊断、早报告、早确认"，确保禽流感疫情的早期预警预报）、"快"（健全应急反应机制，快速行动、及时处理，确保突发疫情处置的应急管理）、"严"（规范疫情处置，做到坚决果断，全面彻底，严格处置，确保疫情控制在最小范围，确保疫情损失减到最小）的原则，规范处置。

对疑似高致病性禽流感疫情，要及时上报当地兽医行政管理部门，同时对疑似疫点采取严格的隔离措施。一旦确诊，立即在有关兽医行政管理部门的指导下划定疫点、疫区和受威胁区，严格封锁。扑杀疫点内所有受感染的禽类。扑杀、死亡的禽只以及相关产品必须做无害化处理。受威胁地区，尤其是3~5千米范围内的家禽实施紧急免疫。同时要对疫点、疫区受威胁地区彻底消毒，消毒后21天，如受威胁地区的禽类不再出现新病例，可解除封锁。

2. 低致病性禽流感

在严密隔离的条件下,可以进行对症治疗,减少损失。对症治疗可采用以下方法。

(1) 采用抗病毒中药,如板蓝根、大青叶等。也可用金丝桃素或黄芪多糖饮水,连用4~5天。

(2) 添加适当的抗菌药物,防止大肠杆菌或支原体等继发或混合感染。如在饮水中添加环丙沙星、强力霉素、泰乐菌素、安普霉素、氟苯尼考等,产蛋期禁用环丙沙星和氟苯尼考。

(3) 缓解症状,抵抗应激,饲料中可添加0.18%蛋氨酸、0.05%赖氨酸,饮水中可添加0.01%维生素或0.1%~0.2%的电解多维。

(三) 防控措施

1. 细巡查

增加巡查频率,了解家禽状况,及时发现问题,快速处理解决。查看料槽和料筒的饲料剩余情况,判断家禽是否有采食量减少等异常情况。查看饮水器,判断家禽饮水是否正常。查看家禽粪便是否正常,有无拉稀、绿便、血便等。查看家禽状态,是否有呼吸频率和呼吸姿势异常,是否出现精神沉郁、嗜睡,眼结膜发红、扭脖、原地转圈等异常状态。查看禽群是否有死亡异常增加,产蛋禽群是否出现产蛋率突然下降。发现家禽有异常情况的,要立即采取隔离措施,进行采样检测,根据诊断结果采取相应的防控措施。

2. 严免疫

针对不同饲养周期家禽,制定科学合理的免疫程序,确保基础免疫完善、及时补免。要选择国家批准的疫苗厂生产的合格禽流感疫苗进行接种,确保免疫效果。疫苗应严格按说明书规定的方法保存和使用,注射时注意无菌操作,防止交叉感染。免疫后要进行抗体水平监测,根据抗体水平,及时补免,确保群体免疫合格。要关注周边疫情风险和候鸟迁徙状况,必要时进行全群加强免疫。

高致病性禽流感疫苗种类主要包括重组禽流感病毒(H5+H7)三价灭活疫苗(H5N1 Re-11株+Re-12株+H7N9 H7-Re-2株)、重组禽流感病毒(H5+H7)三价灭活疫苗(细胞源,H5N1 Re-11株+Re-12株+H7N9 H7-Re-2株)和重组禽流感病毒(H5+H7)三价灭活疫苗(H5N2 rSD57株+rFJ56株,H7N9 rGD76株)。

3. 防野鸟

安装防鸟网或驱鸟设备,开放和半开放式在禽舍周围安装,密闭式禽舍在通风口、门窗处安装，防止野禽与家禽接触。水禽养殖户避免到候鸟栖息地等开放水域放养，减少家养水禽接触候鸟及其分泌物、排泄物、羽毛的机会，降低疫情传播风险。放养家禽，通过围网等方式控制放养范围，有条件的可在围网上方加盖防鸟网，避免在野生禽类栖息地放养。

4. 勤消毒

选用高效消毒剂，保证消毒药浓度，对禽舍、人、车、物、环境等重点环节进行全面清洗消毒。带禽消毒选择在白天温度高时进行，选用刺激性较小、无气味的消毒剂，不同成分的消毒剂要轮流使用，消毒频率每 1~2 天 1 次为宜。

5. 重保暖

秋冬季节，舍内外温差大，要保证禽舍的密闭性和保温性。禽舍墙壁间和屋顶间缝隙采取密封措施，可用塑料布或油毡纸在禽舍增设隔温层，拱棚高的可加吊保温层，有条件的可在舍内安装热风炉或暖气片。要注意垫料厚度，维持在 5~10 厘米，做好潮湿和结块垫料的清理工作。

6. 适通风

可根据气温上升、下降情况，逐渐增加和降低通风量。中午前后气温较高时段，进行适度通风，深夜至早晨太阳升起之前的寒冷阶段，以最小通风量为宜。秋季夜间和冬季温度较低时间段，可使用间歇式通风，保证禽舍的换气量和温度的稳定性。要循序渐进增加通风，防止风冷效应及湿度大幅下降使家禽受凉。

7. 精饲养

保证饲料充足供给，营养全面均衡，注意蛋白质的适当比例，可适当增加含淀粉和糖类较多的高能量饲料。确保所用的饲料原料无霉变、无杂质。

8. 强应急

关注料塔和饲料库等，防止因漏雨雪或者建筑物损坏导致饲料霉变。全面排查水电等基础设施，要特别加强对电路的检修和排查，防漏电或着火。

入冬前，对禽舍进行全面检查与维修，填堵墙壁裂缝，更换门窗玻璃，预备好过冬使用的薄膜、草帘子。半开放式禽舍应及时拆除凉棚，安好支架、封装塑料薄膜。存在隐患的老旧禽舍，应增加支撑柱等加固修补，防止坍塌。遇有暴雪、大风等极端天气后，要及时检查禽舍、仓库等区域的顶部、墙面和地面等是否有渗漏、倒塌等情况。

9. 严处置

发生高致病性禽流感疫情，要立即向所在地农业农村（畜牧兽医）部门或动物疫病预防控制机构报告，避免家禽及其产品、饲料及垫料、废弃物、运载工具、有关设施设备等移动。对所有病死禽、被扑杀禽及其产品，排泄物、被污染或可能被污染的饲料和垫料、污水等，进行无害化处理。对被污染或可能被污染的物品、交通工具、用具、禽舍、场地环境等进行彻底清洗消毒。

二、新城疫

新城疫是由新城疫病毒（副黏病毒 NDV）强毒株引起的一种高度接触性禽类烈性传染病。世界动物卫生组织将其列为必须报告的动物疫病，我国将其列为二类动物疫病。

（一）诊断要点

依据该病流行病学特点、临床症状、病理变化、实验室检验等可作出诊断，必要时由国家指定实验室进行毒力鉴定。

1. 病原与流行特点

该病的病原为副黏病毒，即新城疫病毒，属副黏病毒科、副黏病毒亚科、腮腺炎病毒属，存在于病禽的血液、粪便、肾、肝、脾、肺、气管等，其中脑、脾、肺中含量最高，因此进行实验室诊断采集病料时可以重点地采集这些病毒含量高的组织器官。

病毒的抵抗力不强，对热、干燥、日光等敏感。在酸性或碱性溶液中易被破坏，对乙醚、氯仿等有机溶剂敏感。对一般消毒剂的抵抗力不强，常用消毒剂如2%氢氧化钠、1%来苏尔、3%石炭酸、1%~2%甲醛溶液均可在几分钟内杀死该病毒。病毒在阴暗、潮湿、寒冷的环境中能存活很久，如组织或尿囊液中的病毒在0℃环境中能存活1年以上，在-35℃冰箱中至少能存活7年。

鸡、火鸡、鹌鹑、鸽子、鸭、鹅等多种家禽及野禽均易感，各种日龄的禽类均可感染。非免疫易感禽群感染时，发病率、死亡率可高达90%以上；免疫效果不好的禽群感染时症状不典型，发病率、死亡率较低。该病传播途径主要是消化道和呼吸道。传染源主要为感染禽及其粪便和口、鼻、眼的分泌物。被污染的水、饲料、器械、器具和带毒的野生飞禽、昆虫及有关人员等均可成为主要的传播媒介。

2. 临床症状

该病的潜伏期为21天。临床症状差异较大，严重程度主要取决于感染毒株的毒力、免疫状态、感染途径、品种、日龄、其他病原混合感染情况及环境因素等。根据病毒感染禽所表现临床症状的不同，可将新城疫病毒分为5种致病型：嗜内脏速发型以消化道出血性病变为主要特征，死亡率高；嗜神经速发型以呼吸道和神经症状为主要特征，死亡率高；中发型以呼吸道和神经症状为主要特征，死亡率低；缓发型以轻度或亚临床性呼吸道感染为主要特征；无症状肠道型以亚临床性肠道感染为主要特征。

（1）典型症状　发病急、死亡率高；体温升高、极度精神沉郁、呼吸困难、食欲下降；粪便稀薄，呈黄绿色或黄白色；发病后期可出现各种神经症状，多表现为扭颈、翅膀麻痹等。在免疫禽群表现为产蛋下降。

（2）病理变化　剖检，全身黏膜和浆膜出血，以呼吸道和消化道最为严重；腺胃黏膜水肿，乳头和乳头间有出血点；盲肠扁桃体肿大、出血、坏死；十二指肠和直肠黏膜出血，有的可见纤维素性坏死病变；脑膜充血和出血；鼻道、喉、气管黏膜充血，偶有出血，肺可见淤血和水肿。

多种脏器的血管充血、出血，消化道黏膜血管充血、出血，喉气管、支气管黏膜纤毛脱落，血管充血、出血，有大量淋巴细胞浸润；中枢神经系统可见非化脓性脑炎，神经元变性，血管周围有淋巴细胞和胶质细胞浸润形成的血管套。

《国家新城疫防治指导意见（2017—2020年）》发布实施以来，各地各部门坚持预防为主，切实落实免疫、监测、扑杀、消毒、无害化处理等各项综合防治措施，加大防控工作力度，新城疫疫情发生概率明显下降，感染率总体维持在较低水平，全国防控工作取得显著成效，农业农村部在2022年6月23日发布公告第573号中，将新城疫从一类动物疫病调整为二类动物疫病。但是，我国局部地区新城疫病毒污染仍较严重，疫情呈持续性地方流行。由于免疫密度和剂量的增加，典型的新城疫发病虽得到有效控制，而非典型新城疫的发病则随时可见。

一般的，在下列情况下要首先考虑有非典型性新城疫发生：所有的以咳嗽为主的呼吸声音异常，几乎所有新城疫引起的呼吸道异常，鸡群内咳嗽声是最明显，并且是湿性咳嗽；顽固性呼吸道病，长时间治疗无效，或轻微有效的呼吸道病；鸡群内陆续出现运动失调的鸡，尤其是青年鸡，其他无症状；出现扭头，角弓反张，翅膀不停扇动，异常兴奋的前跑后退等现象的鸡群；遇到有怪叫鸡只的鸡群，有口流乳白色液体的鸡只出现的鸡群；粪便内有明显的黄白色的稀便，堆型有一元硬币大小的，粪便内有黄色稀便加带草绿色的，像乳猪料样的疙瘩粪，或加带有草绿的黏液脓状物质，顽固性拉稀的鸡群；蛋壳质量明显变差，最近60天左右没用过新城疫疫苗的鸡群；刚开产，可产蛋率徘徊不升的鸡群（多是因为慢性球虫，但新城疫也会），其他无异常；刚用过新城疫疫苗，出现呼吸困难，呼吸异常的鸡群。

3. 实验室诊断

根据流行病学、症状和病理变化可以作出初步诊断。该病的症状主要是消化道症状明显、排稀粪，有的表现神经症状；症状明显，如流眼泪、流鼻液、呼吸困难等。病理变化特点主要是肠道出血、结痂，脾脏有白色坏死灶，胰脏有白色坏死灶等。确诊需要进行实验室诊断。病原学诊断必须在相应级别的生物安全实验室进行。

(二) 防控措施

1. 预防

(1) 免疫预防　各地要继续对鸡实施全面免疫，根据当地实际和监测情况对其他家禽开展免疫。及时制定实施新城疫免疫方案，做好免疫效果评价。

免疫接种是控制该病的重要措施。以鹅副黏病毒病为例，鹅副黏病毒属于基因Ⅵ NDV，与生产中常用的鸡新城疫疫苗株存在明显差异。因此，用鸡新城疫疫苗免疫不能有效预防鹅发生副黏病毒感染。在生产中，一般可以采用鹅源NDV的流行株来制备油乳剂灭活苗，对易感鹅群进行免疫。

种鹅产蛋前2周，每只皮下或肌内注射油乳剂灭活苗0.5~1毫升。抗体维持半年左右。免疫期内，种鹅的后代体内均有母源抗体保护，可以抵抗强毒的感染。种鹅未免疫副黏病毒疫苗的，其后代应在7日龄进行免疫接种，每只皮下或肌内注射油乳剂灭活苗0.3~0.5毫升，接种后10天内隔离饲养；种鹅免疫过油苗，其后代体内有母源抗体，可在15~20日龄进行免疫，每只皮下或肌内注射油乳剂灭活苗0.3~0.5毫升。首免后2个月进行2次免疫。

(2) 监测净化　各地要持续开展疫情监测工作，加大病原学监测力度，及时准确掌握病原遗传演化规律、病原分布和疫情动态，科学评估新城疫发生风险和疫苗免疫效果，及时发布预警信息。要选择一定数量的养殖场户、屠宰场和交易市场作为固定监测点，开展监测工作。

及时扑杀野毒感染种禽，培育健康种禽群和后备禽群，逐步实现净化目标。

养殖场要按照"一病一案、一场一策"要求，根据本场实际，制定切实可行的净化方案，有计划地实施监测净化。

(3) 检疫监管　各地动物卫生监督机构要加强家禽产地检疫和屠宰检疫，逐步建立以实验室检测和动物卫生风险评估为依托的产地检疫机制，提升检疫科学化水平。加强活禽移动监管，做好跨省调运种禽产地检疫和监管工作。要规范跨省调运电子出证，实现检疫数据互联互通。

2. 治疗

发病后，将病禽隔离或淘汰，死禽进行无害化处理。禽群中尚未出现症状的禽采用新城疫油乳剂灭活苗进行紧急接种，适当应用抗生素，以防止继发感染细菌性传染病，也可促进肠道病变的恢复。

对病禽可采用新城疫高免血清或高免卵黄抗体进行紧急注射，具有一定的治疗效果。

三、鸭瘟

鸭瘟，俗称"大头瘟"，又名鸭病毒性肠炎，是由鸭Ⅰ型疱疹病毒感染鸭、鹅及其他雁行目禽类引起的一种急性、接触性传染病。

（一）诊断要点

1. 病原与流行特点

该病的病原为鸭瘟病毒，属于疱疹病毒科疱疹病毒属中的滤过性的病毒。病毒在病鸭体内分散于各种内脏器官、血液、分泌物和排泄物中，其中以肝、肺、脑含毒量最高。该病毒对禽类和哺乳动物的红细胞没有凝集现象，毒株间在毒力上有差异，但免疫原性相似。

病毒对外界抵抗力不强，温热和一般消毒剂能很快将其杀死；夏季在直接阳光照射下，9小时毒力消失；病毒在56℃下10分钟即杀死；在污染的禽舍内4~20℃可存活5天；对低温抵抗力较强，在-5~7℃经3个月毒力不减弱，对乙醚和氯仿敏感，5%生石灰作用30分钟亦可灭活。在-10~20℃约经1年仍有致病力。

自然条件下，鹅在与发病鸭群密切接触的情况下，可感染发病，并引起流行。其他家禽如鸡、鸽和火鸡都不会感染。不同品种、年龄、性别的鹅对鸭瘟病毒都有很高的易感性，但它们之间的发病率、病程以及病死率是有差别的。鹅感染鸭瘟病毒的发病日龄最小为8日龄；15~50日龄的鹅易感性较强，死亡率高达80%。成年鹅的发病率和死亡率随外界环境的不同而不同，一般为10%左右，但在疫区可高达90%~100%。人工感染时，可引起鹅和多种游禽类的水禽发生感染。雏鹅尤其敏感，致死率很高。鸭瘟活疫苗通过雏鹅连续传代后，对雏鹅的致病力逐渐增强，可引起发病和死亡。成年鹅也能感染发病。

鸭瘟的传染来源主要是病鸭、病鹅或潜伏期及病愈康复不久的带毒鸭、带毒鹅。健康鹅群与病鸭群一起放牧，或是水中相遇，或是放鹅时经过鸭瘟流行地区时均能发生感染。被病鸭、病鹅、带毒鸭和带毒鹅的分泌物和排泄物污染的饲料、饮水、用具和运输工具等，都是造成鸭瘟传播的重要因素。某些野生水禽和飞鸟可能感染或携带病毒，因此有可能成为传播该病的自然疫源和媒介。在购销和运输鸭群时，也会使该病从一个地区传至另一个地区。此外，某些吸血昆虫也可能传播该病。

鸭瘟的主要传播途径是通过消化道传染，也可以通过交配、眼结膜和呼吸道传播，吸血昆虫也能成为该病的传播媒介。人工感染时，病毒经点眼、滴鼻、肌内注射、皮下注射、泄殖腔接种、皮肤刺种等途径都能使健康鸭鹅致病。

该病一年四季均可发生，但该病的流行与气温、湿度、鹅群和鸭群的繁殖季节及农作物的收获季节等因素有一定关系。通常在春夏之际和秋季流行最严重，因为这个时期饲养最多，鹅、鸭群大，密度高，各处放牧流动频繁，接触的机会多，因而发病率也高。当鸭瘟病毒传入易感性强的鹅群后，一般在 3~7 天开始出现零星病鹅，再过 3~5 天就有大批病鹅出现，疫病进入发展期和流行期。根据鹅群的大小和饲养管理的方法不同，每天的发病数从 10 多只至数十只不等、发病持续的时间也有数天至 1 个月左右，整个流行过程一般为 2~6 周。

2. 临床症状和病理变化

自然感染的潜伏期一般为 3~4 天，病毒毒力不同，潜伏期长短可能有差异。人工感染的潜伏期为 2~4 天。病初体温升高达 42~43℃，甚至达 44℃，呈稽留热型。

病鸭鹅表现精神萎靡，低头缩颈，常离群呆立，头颈蜷缩，食欲降低，渴欲增加，两脚发软，步态蹒跚，走路困难，行动迟缓，严重者伏卧在地上不愿走动，驱赶时、两翅扑地走动，走几步后又蹲伏于地上，最后完全不能站立；病鸭鹅不愿下水，强迫赶它下水后不能游水，漂浮水面并挣扎回岸；眼周围湿润，羞明流泪，有的附有黏液性或脓性分泌物，把两眼粘合；呼吸困难，鼻孔内常流出浆液性或黏液性分泌物，部分病鸭头颈部肿胀，故又称"大头瘟"；下痢，排出绿色或灰白色稀便。病的后期，体温下降，体质衰竭，不久死亡。

剖检，泄殖腔黏膜充血、水肿，有出血点，严重的黏膜表面覆盖一层黄绿色伪膜，难以剥离。部分病鹅的头和颈部几乎变成一样粗，拨开颈部腹侧面羽毛，可见皮肤浮肿，呈紫红色，触之有波动感。

3. 实验室诊断

确诊须进行实验室检查。

(二) 防控措施

1. 预防

应采取严格的饲养管理、消毒及疫苗免疫相结合的综合性措施来预防该病。在没有发生鸭瘟的地区或鸭鹅场要着重做好预防工作。

(1) 加强饲养管理和卫生消毒制度，坚持自繁自养 引进种鸭鹅或鸭鹅苗时必须严格检疫，运回后需要隔离饲养，至少隔离饲养2周才能合群；不从疫区引进种鸭鹅或鸭鹅苗。对鸭鹅舍、鸭鹅场、运动场和饲养用具等严格消毒，加强饲养管理，不到疫区放牧，防止疫病传入鸭鹅群等。

(2) 定期接种鸭瘟疫苗 目前常用的疫苗有鸭瘟鸭胚化弱毒苗和鸭瘟鸡胚化弱毒苗。注意，鹅群在免疫鸭瘟疫苗时，剂量应是鸭免疫剂量的5~10倍，种鹅按照15~20倍剂量免疫。初生鹅免疫期为1个月，2月龄以上的鹅免疫期为9个月。种鹅产蛋前接种疫苗，可提高雏鹅的母源抗体水平，雏鹅首次免疫日龄可适当推迟。

对商品肉鸭一般可不进行免疫，但在高危区或污染场建议在5日龄、15日龄分别颈部皮下注射一次鸭瘟活疫苗免疫预防，剂量5羽份。

对肉种鸭、蛋（种）鸭、种番鸭，低风险健康鸭场建议免疫程序：21日龄，鸭瘟活疫苗颈部皮下注射，每只5羽份；56日龄，重复免疫1次；开产前，再用鸭瘟活疫苗胸肌或皮下注射5羽份。在发病污染场建议免疫程序可参考表2-1。

表2-1 肉种鸭、蛋（种）鸭、种番鸭发病污染场参考免疫程序

日龄	疫苗	免疫方法	剂量	备注
10~15	鸭瘟活疫苗	颈部皮下注射	5羽份	
25~30	鸭瘟活疫苗	颈部皮下注射	5羽份	
	鸭瘟灭活疫苗	颈部皮下注射	0.5毫升	污染场选做
56	鸭瘟活疫苗	颈部皮下注射	5羽份	
126	鸭瘟活疫苗	胸肌注射	5羽份	
	鸭瘟灭活疫苗	胸肌/皮下注射	1毫升	污染场选做

2. 治疗

目前尚无特效药物来治疗鸭瘟。一旦发生鸭瘟时，应立即采取隔离、消毒和紧急接种等措施。

紧急接种越早进行越好，对可疑感染和受威胁的鸭鹅群立即注射鸭瘟鸭胚化弱毒苗，一般在接种后1周内死亡率显著降低，能迅速控制住疫情。鹅的免疫剂量可采用肌内注射途径进行免疫：15日龄以下鹅群用15羽份剂量的鸭瘟疫苗，15~30日龄鹅群用20羽份剂量的鸭瘟疫苗，31日龄至成年鹅用25~30

羽份剂量的鸭瘟疫苗。病鹅可采用抗鸭瘟血清进行治疗，每只鹅每次肌内注射1毫升，同时在饮水中添加电解多维或口服补液盐，让鹅自由饮用。为了防止继发细菌感染，饮水中可添加抗生素。严禁病鸭鹅出售或外调，对病死鸭鹅进行无害化处理，并对鸭鹅舍、用具、鸭鹅群进行彻底大消毒，以防止疫情的进一步扩散。

四、小鹅瘟

小鹅瘟又称鹅细小病毒感染，小鹅瘟是由小鹅瘟病毒引起雏鹅或雏番鸭的一种急性或亚急性传染病。目前该病已遍布于世界上许多养鹅和养番鸭的国家和地区。该病传播快、发病率和死亡率高，给养鹅业带来了巨大的危害。

（一）诊断要点

1. 病原与流行特点

该病原为小鹅瘟病毒，属细小病毒科、细小病毒属，只有1个血清型。与番鸭细小病毒存在部分共同抗原。该病毒对雏鹅和雏番鸭有特异性致病作用，对鸭、鸡、鸽、鹌鹑等禽类及哺乳动物无致病性。病毒主要分布于发病雏鹅的各个组织器官及体液中，其中肝、脾、脑、血液、肠道等器官的病毒含量高。对不良环境的抵抗力强，肝脏病料和鹅胚尿囊液病毒在-8℃的冰箱内至少能存活2年半，冻干毒在-8℃冰箱中存活7年半以上，在-38℃下能存活10年以上，-70℃超低温冰箱内存活15年以上。该病毒对环境的抵抗力较强，能抵抗氯仿、乙醚等，56℃经3小时、65℃加热30分钟其毒力无明显变化。

该病主要发生于20日龄以内的雏鹅和雏番鸭，不同品种的雏鹅具有相同的易感性。易感雏鹅自然感染的最早发病日龄为4~5日龄，发病后，2~3天迅速蔓延至全群，7~10日龄发病率和死亡率达最高峰，以后逐渐下降。小鹅瘟的发病率和死亡率与感染雏鹅的日龄密切相关，日龄越小，发病率死亡率越高，反之，越低，5日龄以内雏鹅感染，死亡率高达95%以上，1月龄以上的雏鹅感染，死亡率为10%左右。

带毒鹅、番鸭、病鹅和病番鸭是该病的主要传染源，主要是通过它们的分泌物和排泄物传播。该病的传播途径主要是呼吸道和消化道，如病鹅通过粪便大量排毒，污染饲料、饮水，其他易感雏鹅通过饮水、采食可以感染病毒，引起该病在雏鹅群内的流行。该病能通过孵化房进行传播，如带毒种鹅产的种蛋带毒，带毒的种蛋孵化时，无论是孵化中出现死胚，还是孵化出外表正常的带毒雏鹅，都能散播病毒，将孵房污染，造成刚出壳的其他健康雏鹅被感染，1周内大批发病、死亡。该病最严重的暴发便是病毒垂直传播引起的易感雏鹅群发病。

通常经过该病的大流行之后，当年留剩下来的鹅群都会获得主动免疫，使次年的雏鹅具有天然的被动免疫力，能抵抗小鹅瘟病毒的感染。所以，该病不会在同一地区连续2年发生大流行。该病的发生和流行常有一定的周期性，即在大流行之后的1年或数年内往往不见发病，或仅零星发病。在每年更换部分种鹅群饲养方式的区域，一般不可能发生大流行，但每年会有不同程度的流行发生。

2. 临床症状与病理变化

小鹅瘟为败血性病毒性传染病。15日龄以下的易感雏鹅，无论是自然感染还是人工感染，其潜伏期为2~3天；15日龄以上的易感雏鹅无论是自然感染还是人工感染，潜伏期比前者长1~2天。小鹅瘟的症状以消化道和中枢神经系统紊乱为特征，其症状表现与感染发病雏鹅的日龄密切相关。根据病程的长短，该病可分为最急性型、急性型和亚急性型。

（1）最急性型 多发生于1周龄以内的雏鹅。雏鹅往往突然发病、死亡，传播速度快，发病率可达100%，病亡率高达95%以上。发病雏鹅精神沉郁后数小时内后便出现衰弱，或倒地后两腿乱划，不久死亡，或在昏睡中衰竭死亡。患病雏鹅鼻孔有少量浆液性分泌物，死亡雏鹅喙端发绀、蹼色泽发暗。数日内，疫情扩散至全群。

病理变化主要表现为肠道的急性卡他性炎症，其他组织器官的病变不明显。病鹅日龄小，多为1周龄以内的雏鹅，病程短，病变不明显，仅见小肠前段黏膜肿胀、出血，覆盖有大量淡黄色黏液。有些病例小肠黏膜有少量出血点或出血斑，表现为急性卡他性炎症，胆囊肿大，充满稀薄的胆汁。

（2）急性型 多发生于1~2周龄的雏鹅，主要表现为精神委顿，食欲减退或废绝；病雏虽能随群采食，但采食后不吞咽，随即甩去；不愿走动，行动迟缓，无力，站立不稳，喜蹲卧，落后于群体，打瞌睡；下痢，排黄白色或黄绿色稀粪便，粪便中常带有气泡、纤维素碎片或未消化的饲料，泄殖腔周围的绒毛湿润，有稀粪黏着，泄殖腔扩张，挤压时流出黄白色或黄绿色的稀粪。张口呼吸，口鼻有棕色或绿褐色浆液性分泌物流出，鼻孔周围污秽不洁，喙端发绀、蹼色泽变暗；食道膨大部松软，含有气体和液体；眼结膜干燥，全身有脱水现象；临死前两腿麻痹或抽搐，头多触地，有些病鹅临死前出现神经症状，病程一般为2天左右，死亡鹅多角弓反张。

剖检病死鹅，肠管中有条状脱落的伪膜或有灰白色或灰黄色纤维素性栓子。

(3) 亚急性型　2周龄以上的患病雏鹅，病程较长，一部分转成亚急性型，尤其是3~4周龄雏鹅发病后均表现亚急性型。常见于流行后期和低母源抗体的雏鸭。症状一般较轻，以食欲不振、下痢、消瘦为主要症状。患病鹅表现为精神委顿、消瘦，少食或拒食，行动迟缓，站立不稳，腹泻，粪便中混有多量未消化的饲料、纤维碎片和气泡。少数病鹅的排出粪便表面有纤维素性伪膜覆盖，泄殖腔周围绒毛污秽严重，鼻孔周围污染许多分泌物和饲料碎片。病程一般5~7天或更长，少数病鹅可以自愈。

成年鹅感染小鹅瘟病毒后不表现明显的临床症状，但带毒排毒，是重要的传染源。

青年鹅人工接种大剂量强毒，4~6天部分鹅发病。病鹅食欲减退，体重减轻，精神委顿，排出黏性稀粪，两腿麻痹，站立不稳，头颈部有不自主动作，3~4天死亡，部分鹅可以自愈。

3. 实验室诊断

根据该病的流行病学、症状和病理变化特点，可以作出初步诊断，确诊需要进行实验室检查。

(二) 防控措施

1. 预防

(1) 加强饲养管理，注重消毒工作，尤其是孵化室的消毒　小鹅瘟主要是通过孵化室进行传播的，孵化室中的一切用具设备，在每次使用前后必须清洗消毒，以消灭外界环境中的小鹅瘟病毒及其他病原微生物，切断传播途径，防止小鹅瘟病毒的传入。孵化器、出雏器、蛋箱蛋盘、出雏箱等设备用具，先清除污物，再擦洗干净，晾干，然后采用0.1%的新洁尔灭浸泡或喷洒消毒，晾干。孵化室及用具在使用前数天再用甲醛熏蒸消毒，每立方米体积用14毫升甲醛和7克高锰酸钾熏蒸消毒。

种蛋应用0.1%新洁尔灭液进行洗涤、消毒、晾干。若蛋壳表面有污物时，应先清洗污物，再进行以上消毒。种蛋入孵当天用甲醛熏蒸消毒。

如发现出壳后的雏鹅在3~5天发病，则表示孵化室已被污染，应立即停止孵化，房舍及孵化、育雏等全部用具应彻底消毒。雏鹅出壳后21日龄内必须隔离饲养，严禁与非免疫种鹅、青年鹅接触，避免与新进的种蛋接触，以防止感染。不从疫区购进种蛋及种苗，新购进的雏鹅应隔离饲养20天以上，确认无小鹅瘟发生时，才能与其他雏鹅合群。有小鹅瘟发生的地区，隔离饲养期应延长至30日龄。

(2) 免疫预防　利用弱毒苗免疫种鹅是预防该病最经济有效的方法。种鹅在开产前1个月用小鹅瘟鸭胚化弱毒疫苗进行第1次接种，2羽份/只，肌内注射；15天后进行第2次接种，2~4羽份/只。免疫后的种鹅所产后代获得了对小鹅瘟病毒特异性的抵抗力，对雏鹅的免疫效果可延至免疫后5个月之久。

若种鹅未进行免疫，可对出壳后2~5日龄的雏鹅注射小鹅瘟高免血清或小鹅瘟高免卵黄抗体，每只皮下注射0.5~1毫升，该方法也有很好的保护效果。或者对出壳后2日龄雏鹅采用雏鹅弱毒疫苗进行免疫，每只雏鹅皮下注射0.1毫升，免疫后7天内严格隔离饲养，防止强毒感染，保护率可达95%左右。

2. 治疗

雏鹅发病后，及早注射小鹅瘟高免血清能制止80%~90%已感染病毒的雏鹅发病。但对于症状严重的病雏，小鹅瘟高免血清的治疗效果不太理想；对发病初期的病雏，高免血清的治愈率也只有40%~50%。处于潜伏期的雏鹅每只注射0.5毫升；出现初期症状的注射2~3毫升，10日龄以上者可适当增加，均采用皮下注射。

病死雏鹅应焚烧深埋，做无害化处理，发病鹅舍应进行彻底消毒，严禁病鹅出售。

五、大肠杆菌病

大肠杆菌病是由某些具有致病性血清型的大肠杆菌引起家禽不同类型病变的疾病总称，由一定血清型的致病性大肠杆菌及其毒素引起的一种传染病。其特征性病变主要表现为心包炎、肝周炎、气囊炎、腹膜炎、输卵管炎、滑膜炎、脐炎以及大肠杆菌性肉芽肿和败血症等。

（一）诊断要点

1. 病原与流行特点

该病的病原为埃希氏大肠杆菌。大肠杆菌是健康畜禽肠道中的常在菌，可分为致病性和非致病性两大类。大肠杆菌病是一种条件性疾病，在卫生条件差、饲养管理不良的情况下，很容易造成此病的发生。大肠杆菌对环境的抵抗力很强，附着在粪便、土壤、鸡舍的尘埃或孵化器的绒毛、碎蛋皮等的大肠杆菌能长期存活。

禽致病性大肠杆菌是条件性致病菌，当饲养管理差、饲养密度大、饲料营养缺乏、鸡舍空气污浊、饲养器具卫生条件恶劣、环境温度突变或环境过于干燥、疫苗免疫应激和感染一些病毒性（尤其是一些免疫抑制性疾病）、细菌性或寄生虫性疾病条件下，致病性大肠杆菌就会迅速繁殖，导致雏禽、青年禽甚至成年禽的大肠杆菌病的发生。

禽致病大肠杆菌可以通过种蛋、空气粉尘、污染的饲料或饮水进行传播；种禽还可以通过交配或人工授精而传播。该病的传播无季节性，但由于饲养环境的问题在冬春气温较低的季节，以及气候比较闷热潮湿的季节较容易发生。冬春季节多见，但雏鸡、肉用仔鸡可见于各个季节。

2. 临床症状与病理变化

（1）大肠杆菌败血症　是最常见的一种病型，雏禽、青年禽和成年禽均可发生，尤其多见于肉仔鸡。雏禽和青年禽感染表现为精神委顿，头、颈、翅下垂，不吃不喝，鼻炎呆立，呼吸困难，排白色或黄白色粪便。死后多表现全身淤血，颜色发暗、发紫。成年蛋鸡感染表现精神沉郁，排黄白色粪便，腹部羽毛脏乱，腹部胀满；重症发生卵巢炎、输卵管炎的表现腹部下坠，直立时似企鹅状，所产带菌的种蛋或由粪便污染种蛋，往往会导致孵化后期或出壳前死亡，不死者多发生脐炎。病雏表现为腹部胀满、无力，排白色或者黄绿色泥土样粪便，多在1周之内死亡。

因病原感染的途径不同，病理变化的进程也有所不同。但其典型病变均表现为心包膜增厚，心包内乳白色或黄白色积水，进一步形成纤维素性的心包炎，使心包膜与心外膜粘连；气囊浑浊增厚，肝脏肿大、肝周炎，肝脏表面有坏死灶；脾脏肿胀、腹膜炎，腹腔内有黄白色渗出物，青年禽病程较为持久的慢性病例，往往会出现输卵管干酪样物栓塞。

（2）脐炎型　病雏腹部膨大，脐孔愈合不良，表现为脐环发炎，脐孔周围羽毛稀疏，皮肤发红、肿胀，局部皮下胶冻样浸润。或脐孔闭合不全、脐带不脱落；卵黄吸收不良，剖检卵黄与腹壁粘连，卵黄囊内容物呈黄褐色糊状或者青绿色水样。

（3）卵黄腹膜炎型　腹腔充满淡黄色液体或破碎凝固的卵黄，有恶臭。肠管、输卵管相互粘连；卵泡变形呈灰色、褐色或酱色，输卵管扩张变薄，内有黄色或黄白色轮层状干酪样物。

（4）慢性肉芽肿型　多于十二指肠、盲肠和后段回肠出现典型的大小不等的、灰白色或黄白色肿瘤样小结节，此外还出现于肝脏、肠系膜。切开肉芽肿，切面光滑湿润，有弹性。

（5）关节炎型　多发于跗、膝、髋、翅关节等处，表现为关节肿胀，跛行。关节囊内有黄白色黏性、脓性分泌物，甚至形成干酪样物。但往往有多种细菌并发感染。

(6) 肠炎型　表现为拉稀。小肠黏膜有多量规则而大小不一的出血斑点，肠腔有黏性、血性分泌物。

3. 实验室诊断

根据流行特点、临床症状和病理变化可作出初步诊断，要确诊此病需要细菌分离、致病性试验及血清鉴定。继发性大肠杆菌病的诊断，必须在原发病的基础上分离出大肠杆菌。

（二）防控措施

1. 预防

（1）加强饲养管理　大肠杆菌是条件性致病菌，该病的发生与外界环境息息相关。防控该病的关键是搞好饲养管理。如通过加强禽舍的环境卫生管理，提供安全全价的饲料，减少各种可能给禽群带来应激的不利因素发生，可大大降低禽群通过饲料、饮水和空气环境感染疾病的概率。孵化场严格控制种蛋来源，并做好种蛋的消毒工作，防止蛋源性大肠杆菌通过雏鸡传播。

（2）疫苗免疫　对于大肠杆菌十分严重，且大肠杆菌耐药谱太广的禽场，可以通过制备自家灭活疫苗、多价氢氧化铝苗、蜂胶苗和多价油佐剂苗进行免疫，具有一定的防治效果。

2. 治疗

通过药物敏感试验，选择敏感药物，正确合理使用抗生素治疗有效。

六、禽巴氏杆菌病

禽巴氏杆菌病，又称禽霍乱，是由多杀性巴氏杆菌引起的败血性传染病。

（一）诊断要点

1. 病原与流行特点

该病的病原是多杀性巴氏杆菌，组织或血液涂片瑞氏染色，菌体呈两极着色。巴氏杆菌对消毒药的抵抗力不强，在5%生石灰、1%漂白粉、50%酒精、0.02%升汞溶液内1分钟即可杀死。该菌对热的抵抗力不强，60℃经10分钟即死亡。在日光直射下，薄涂片的病菌可很快死亡。在腐败尸体中可存活3个月。对各种试验动物，如小白鼠、家兔、豚鼠等均可致死。

该病对多种禽类均具有感染性。相对野禽而言，家禽有更高感染率，尤其是鸡、火鸡和鸭等家禽最易感染，鹅易感性不高；雏鸡对巴氏杆菌的抵抗力较强，极少感染；较容易感染的是3~4月龄的鸡和成年鸡。

巴氏杆菌可存在于鸡只呼吸道中，是一种条件病原菌；该病的发生可由内、外源性感染所致，其感染途径较为广泛，可经呼吸道、消化道和损伤皮肤等感染；该病的主要传染媒介有感染鸡群的排泄物、使用的器械及皮肤组织脱落物等。

饲养管理不当、气候剧变、体温失调、营养不良和机体抵抗力下降是该病的主要发病因素，而饲料突变、长途运输和某些疾病的存在也可诱发该病；该病一年四季均可发生，无显著季节性，常见于天气骤然变化、高温高湿时节发病，多呈地方流行或散发。

2. 临床症状与病理变化

该病自然感染潜伏期通常为2~9天，人工感染发病一般为24~28小时。临床症状分为3种：最急性型、急性型和慢性型。

（1）最急性型　鸡只患病几乎未表现症状即快速死亡。部分鸡只精神沉郁，继而突然发病，大批死亡；病程长则几小时，短则几分钟，鸡只死亡多伴有拍打翅膀和抽搐等症状。剖检无明显病变，个别病鸡可见心脏外膜和心冠状沟有出血点。

（2）急性型　在临床上最为常见，多发生于成年鸡。病鸡精神不振、体温升高达42~43℃，食欲减退或废绝、闭目缩颈、呼吸困难、饮水增加、口鼻分泌物增多，伴有腹泻，排黄绿色恶臭稀粪；鸡冠和肉髯呈青紫色，个别病鸡肉髯肿胀；产蛋鸡产蛋量下降或停止，最终衰竭昏迷而亡。病程长则1~3天，短则半天。急性型病例存活下来将康复或转为慢性型。

病死鸡全身性出血、充血明显，腹部皮下组织、脂肪沉积部位及肠道黏膜有点状出血，心冠脂肪和心外膜出血明显，肌胃出血明显，肠道特别是十二指肠呈卡他性和出血性肠炎，肺脏水肿、充血，脾脏肿大，肝脏肿大呈黄棕色，表面弥漫灰白色坏死点，质脆。

（3）慢性型　常见于该病流行后期，病鸡消瘦、呼吸困难、频繁腹泻，鸡冠和肉髯苍白，关节肿大，出现跛行；部分病鸡鼻腔发炎部位显著，有大量恶臭分泌物排出；鸡群产蛋量下降；多呈慢性胃肠炎、慢性呼吸道炎及慢性肺炎症状；病程长达数周。

各器官组织慢性病变，当临床表现为呼吸道症状时，支气管、气管和鼻腔呈卡他性炎症，有大量黏性分泌物存在于鼻窦和鼻腔中。

实验室采集病死鸡心血或肝脏制成涂片，通过瑞氏或吉姆萨染色，镜检，可见卵圆形、两极染色的短小杆菌，即可确诊。

3. 实验室诊断

根据病史、临床症状和病理变化怀疑禽霍乱时，可用肝脏或心血做涂片，分别进行革兰氏或瑞氏染色、镜检。当发现有大量的两极染色的革兰氏阴性小杆菌时，可作出初步诊断。最后确诊必须进行病原分离培养、鉴定和动物接种试验。

（二）防控措施

1. 预防

（1）加强日常饲喂管理 实行全进全出的饲养制度，引进种禽时应加强检疫，严格鸡场卫生消毒；鉴于多杀性巴氏杆菌为条件致病菌，为此要最大限度消除诸如长途运输、营养缺乏、鸡舍潮湿和鸡群拥挤等各种发病诱因，避免各种不良因素的存在致使鸡机体抵抗力降低而引发该病。

（2）免疫接种 选用禽霍乱蜂胶苗、禽霍乱氢氧化铝苗等灭活菌苗肌内注射，通常于10~12周龄首免，16~18周龄进行二次免疫，免疫期是3~6个月；选用禽霍乱G190E 40弱毒菌苗饮水免疫，通常于6~8周龄首免，10~12周龄再次免疫，免疫期为3~3.5个月。

对鸡舍、饲喂管理用具和周围环境进行彻底消毒，及时清除粪便并做好堆积发酵处理工作；病死鸡应进行深埋或烧毁。

2. 治疗

通过药敏试验选择有效抗菌药物并正确使用，治疗有效。

七、沙门氏菌病

禽沙门氏菌病是由不同血清型沙门氏菌属种的一种沙门氏菌所引起的禽类的急性或慢性疾病的总称。由鸡白痢沙门氏菌所引起的称为鸡白痢，由鸡伤寒沙门氏菌引起的称为禽伤寒，由其他有鞭毛能运动的沙门氏菌所引起的禽类疾病则统称为禽副伤寒。

（一）诊断要点

1. 病原与流行特点

鸡白痢沙门氏菌、鸡伤寒沙门氏菌为革兰氏阴性菌，无芽孢、无荚膜、无鞭毛，禽副伤寒不产生芽孢，正常带有周鞭毛，能运动。在麦康凯培养基上形成无色菌落，在SS琼脂上形成无色透明菌落，在伊红美蓝琼脂上形成淡蓝色菌落，不产生金属光泽。

易感动物非常广泛，包括各种年龄畜禽及人。但幼禽较易感。禽白痢主要感染2~3周龄的雏禽，发病率和死亡率都很高。禽伤寒主要感染成年鸡和青年鸡。禽副伤寒常在10日龄内严重暴发，1月龄以上幼禽很少死亡。

传染源是病禽、带菌者。通过粪、尿排菌，污染饲料、水及其环境。通过多种传播途径，如消化道、呼吸道和眼结膜。但最主要的是经卵垂直传播。

鸡白痢感染的母鸡所产的蛋有33%是带菌的（垂直传播），此类带菌蛋进行孵化时，可出现死胚和雏鸡出壳后发病死亡。

雏禽在孵化器中或出雏后感染时，则2~3日龄开始发病，10日龄达高峰。

2. 临床症状和病理变化

（1）鸡白痢　雏鸡精神委顿，怕冷寒战、翅下垂、羽毛松乱、排白色糨糊样粪便，糊肛。成年鸡慢性经过，垂腹。心肌、肺、肝、肌胃等有大小不等的灰白色结节，盲肠芯等。

（2）禽伤寒　体温升高、排黄绿色稀粪、个别鸡迅速死亡。肝肿大呈青铜色，青铜肝。

（3）禽副伤寒　雏鸭颤抖、喘息及眼睑水肿，猝倒。肝、脾充血，有针尖状出血和坏死灶，出血性肠炎等。

3. 实验室诊断

须进行细菌分离与鉴定、全血平板凝集反应等。

（二）防控措施

1. 预防

严格的卫生检疫和检验措施，淘汰阳性和可疑鸡，建立健康种鸡群（净化）。

2. 治疗

发病后可选择敏感药物治疗，降低死亡率，但治疗好转后大群带菌。

八、支原体病（鸡败血支原体与滑液囊支原体）

禽支原体病是由禽支原体引起的家禽的一种传染病，主要包括鸡毒支原体、滑液囊支原体和火鸡支原体病3种。

（一）诊断要点

1. 病原与流行特点

支原体是介于细菌和病毒之间，能营独立生活的一群微生物，属于软膜体纲支原体目支原体科支原体属成员。

支原体对外界环境的抵抗力不强，离开鸡体后很快失去活力。在18~20℃的室温下可存活6天。在20℃的鸡粪中存活1~3天。在棉布中20℃时存活3天或37℃ 1天，在卵黄中37℃时存活18周或20℃ 6周。加热易杀死，加热

45℃ 1 小时、50℃ 20 分钟即可失去毒力。低温条件下存活时间长，在 5℃ 冰箱中经 21 天毒力丧失，-20℃ 下其传染性可保持 3 年，-30℃ 可保持 5 年之久。低温冻干的病鸡鼻甲骨中的霉形体，在 4℃ 冰箱中可以存活 10~14 年之久，肉汤培养物-60℃ 保存 10 年之后仍可培养成功。在兽医实际中，常用的消毒药可迅速杀死。

青霉素、新霉素、磺胺类药物以及低浓度的醋酸铊（1∶4 000）对支原体没有作用，但对链霉素及其他广谱抗生素（如土霉素、四环素、金霉素、红霉素、卡那霉素及泰乐菌素等）敏感，可用于防治。

试验动物以火鸡或雏鸡（成鸡结果不定）最好，呼吸道（如气管、窦内）接种后可产生更为严重的窦炎、气囊炎和腱鞘炎。

鸡支原体易感日龄 1 周龄、3~6 周龄、7~12 周龄、21~30 周龄检出高峰。鸡毒支原体 1~2 月龄易感，冬春易发，引起鸡呼吸道病、鼻窦炎、气囊炎，发病率高，降低生产率、出雏率。滑液囊支原体 3~9 周龄易发，引起鸡和火鸡关节滑膜炎、气囊炎，造成呼吸道疾病，发病率高，死亡率低。

2. 临床症状与病理变化

禽支原体病主要发生在 1~2 月龄的幼雏，症状也较成鸡严重。病初见鼻液增多，流出浆性和黏性鼻液，初为透明水样，后变黄较浓稠，常见一侧或两侧鼻孔堵塞，病鸡呼吸困难，频频摇头，打喷嚏。鸡冠、肉髯发紫，呼吸啰音，夜间更明显。初期精神和食欲尚可，后期食欲减少或不食，幼鸡生长受阻。患鸡头部苍白，跗关节或爪垫肿胀。急性病鸡粪便常呈绿色。有的病鸡流泪，眼睑肿胀，因眶下窦积有干酪样渗出物导致上下眼睑粘合，眼球突出呈"凸眼金鱼"样，重者可导致一侧或两侧眼球萎缩或失明。

成鸡的症状与幼鸡基本相似，但较缓和。病鸡食欲不振，不活泼，多呆立一隅，有气管啰音，流鼻液和咳嗽。公鸡症状较母鸡明显，但母鸡产蛋量、蛋孵化率和孵出雏鸡的成活率均降低。

火鸡发生窦炎，窦有脓性肿胀，眼球受到压迫发生萎缩，甚至失明。该病主要是慢性经过，病程可长达 1 个月以上，甚至 3~4 个月。死亡率一般在 5%~10%，若并发感染或饲养管理不良，可达 30%~50% 或更高。

鼻腔、气管、气囊、窦及肺等呼吸系统的黏膜水肿、充血、增厚和腔内贮积黏液，或干酪样渗出液。肺充血、水肿，有不同程度的肺炎变化：胸部和腹部气囊膜增厚、浑浊，囊腔或囊膜上有淡黄白色干酪样渗出物或增生的结节性病灶，外观呈念珠状，大小由芝麻至黄豆大不等，少数可达鸡蛋大，且以胸、腹气囊为多。严重的慢性病鸡，眼下窦黏膜发炎，窦腔中积有浑浊的黏液或脓性干酪样渗出物。眼结膜充血,眼睑水肿或上下眼睑互相粘连,一侧或两侧眼内有脓样或干酪样渗出物,有的病鸡可发生纤维蛋白性或化脓性心包炎、肝被膜炎。产蛋鸡,还可见到输卵管炎。

发生支原体性关节炎时,关节肿大,呈关节滑膜炎,患部切开后流出浑浊的液体,有时含有干酪样物。

患部黏膜组织由于单核细胞浸润和黏液腺增生而呈现明显增厚,而在患部黏膜下层组织,则常发现淋巴组织增生的局灶区。支气管周围形成淋巴组织增生的小结节,并间有肉芽肿样病变。当胚胎受感染时,可于孵化期间任何时候死亡,但多数死于"啄壳"时期,死胎生长迟滞,关节化脓肿大,全身水肿,肝、脾肿大,肝坏死,心包炎和呼吸道有豆腐样物质。

3. 实验室诊断

确诊须进行血清平板凝集试验。用7号针头在洁净检测板上滴加鸡滑液支原体血清平板凝集试验抗原2滴(约0.025毫升),然后滴加等量被检血清,充分混合,涂成直径约2厘米大小的液面,摇动检测板。在2分钟终了时判定结果。出现明显凝集颗粒或凝集块,为阳性;不出现凝集,为阴性;介于二者之间,为可疑。

(二)防控措施

1. 预防

强化饲养管理,切断支原体的传播途径,加强带鸡消毒、环境消毒、种蛋消毒,有效控制支原体的水平传播和垂直传播。清洗消毒后,空舍时间超过1周;污染的鸡舍,经过清洁和消毒后再空舍1周,然后将1日龄的雏鸡放进去,没有引起感染。

2. 治疗

青霉素等抗生素对支原体药物无效。通过药敏试验,筛选敏感抗生素并正确使用,治疗有效,可减少生产中的损失,但无法消除感染。常用有效的抗生素有大环内酯类和喹诺酮类等,红霉素、泰乐菌素、泰妙菌素、土霉素、强力霉素、恩诺沙星、氟苯尼考等都有较好效果。

预防鸡毒支原体引起的慢性呼吸道疾病常用的疫苗有鸡毒支原体活疫苗(F-36株)、鸡毒支原体灭活疫苗(CR株)等。制订合适的免疫程序,正确免疫。

鸡毒支原体活疫苗(F-36株),用于1日龄鸡,以8~60日龄时使用为佳,按瓶签注明羽份,用灭菌生理盐水或注射用水稀释成20~30羽份/毫升后进行点眼接种。接种前2~4天、接种后至少20天内停用治疗鸡毒支原体病的药物；不要与鸡新城疫、传染性支气管炎活疫苗同时使用，两者使用间隔应在5日左右。免疫期为9个月。

鸡毒支原体灭活疫苗（CR 株），用于颈背部皮下或大腿部肌内注射，40日龄以内的鸡，每只0.25毫升；40日龄以上鸡，每只0.5毫升；蛋鸡在产蛋前再接种1次，每只0.5毫升。注射部位不得离头部太近，在颈部的中下部为宜。免疫期为6个月。

九、鸡传染性喉气管炎

传染性喉气管炎是由传染性喉气管炎病毒引起鸡的一种急性高度接触性呼吸道传染病。

（一）诊断要点

1. 病原与流行特点

传染性喉气管炎病毒属于疱疹病毒科、α型疱疹病毒亚科、传染性喉气管炎病毒属的禽疱疹病毒Ⅰ型，有1个血清型，不同毒株的致病力不同，强、弱毒株在全球范围内广泛存在，给该病控制带来一定困难。病毒具有高度宿主特异性，一般只在鸡胚及其细胞培养物中增殖良好，最佳接种途径是绒毛尿囊膜接种。

该病毒对外界环境的抵抗力较弱，55℃存活10~15分钟，37℃存活22~24小时，生理盐水中的病毒在室温下90分钟可灭活，煮沸立即死亡。气管黏膜中的病毒阳光直射6~8小时死亡，但在黑暗禽舍中可存活110天。3%来苏尔、1%氢氧化钠溶液、3%过氧乙酸等1分钟内可使病毒迅速灭活。甲醛、过氧乙酸等也有很好的消毒效果。5%过氧化氢喷雾能完全抑制病毒的活性。在低温条件下，病毒存活时间长，如在-60~-20℃条件下可存活数月至数年。

该病主要侵害鸡，各种年龄及品种的鸡均可感染，但以4~10月龄的成年鸡症状最为特征。褐羽褐壳蛋鸡品种发病较为严重，来航白、京白等白壳蛋鸡有一定的抵抗力。病鸡及康复后带毒鸡是主要传染源，病毒存在于喉头、气管和上呼吸道分泌物中。约有2%耐过鸡带毒并排毒，带毒时间长达2年。该病经呼吸道及眼结膜传播，亦可经消化道传播。种蛋蛋内及蛋壳上的病毒不能经鸡胚传播。被病鸡呼吸器官及鼻腔分泌物污染的垫草、饲料、饮水及用具可成为该病的传播媒介，人和野生动物的活动也可机械传播病毒。易感鸡和接种活疫苗的鸡长时间接触，也可感染该病。

该病在易感鸡群内传播速度很快，2~3天可波及全群，感染率可达90%以上，病死率5%~70%。平均为10%~20%。高产的成年鸡病死率较高。急性感染的鸡比康复带毒鸡传播更为迅速。

该病一年四季都能发生，但以冬春季节多见。

2. 临床症状与病理变化

该病自然感染的潜伏期为 6~12 天，人工气管内接种为 2~4 天。

急性型（喉气管炎型）：在流行初期，常有个别最急性型病鸡突然死亡。继之出现精神沉郁，食欲减少。随后表现特征性症状，鼻孔有黏液，呼吸时发出湿性啰音，继而出现咳嗽、喘气和甩头。严重病例出现高度呼吸困难，每次呼吸时突然向上向前伸头张口并伴有喘鸣音，咳嗽多呈痉挛性，并咳出带血的黏液或血凝块，血痰常附着于墙壁、水槽、食槽或鸡笼上。检查喉部，可见喉头部黏膜有泡沫状液体或淡黄色凝固物附着，不易擦去，喉头出血。病鸡迅速消瘦，鸡冠发绀，多为窒息死亡，病程一般为 10~14 天，蛋鸡产蛋量下降。有的鸡逐渐康复可获得较坚强的保护力，但康复后的鸡可能成为带毒者。

急性型典型病变为喉头和气管的前半部黏膜肿胀、充血、出血，甚至坏死，喉和气管内可见带血的黏液性分泌物或条状血凝块，中后期死亡鸡只喉头气管黏膜附有黄白色纤维素性伪膜，并在该处形成栓塞，患鸡多因窒息而死亡。严重时，炎症可扩散到支气管、肺和气囊或眶下窦，甚至上行至鼻腔和眶下窦。内脏器官无特征性病变。产蛋鸡卵巢异常，卵泡变软、变形、出血等。

温和型（眼结膜型）：有些弱毒株感染时，流行比较缓和，发病率低，症状不明显，因而该型也呈地方流行型。其症状为雏鸡生长迟缓，产蛋鸡产蛋减少、畸形蛋增多，常伴有结膜炎、窦炎、黏液性气管炎。严重病例见眶下窦肿胀，持续性鼻液增多和出血性结膜炎。一般发病率为 2%~5%，病鸡多死于窒息，呈间歇性死亡。病程短的 1 周，最长可达 4 周，多数病例可在 10~14 天恢复。

温和型有的病例单独侵害眼结膜，有的则与喉、气管病变合并发生。主要病变是浆液性结膜炎，结膜充血、水肿，有时有点状出血。有些病鸡眼睑特别是下眼睑发生严重水肿。有的病鸡则发生纤维素性结膜炎，角膜微混浊。

3. 实验室诊断

根据流行特点、典型症状和病变可作出诊断。在病鸡表现不典型时需要进行实验室检查。

（二）防控措施

1. 预防

严格坚持隔离消毒制度，加强饲养管理，提高鸡群抵抗力是防止该病发生和流行的有效方法。病愈鸡不可与易感鸡混群饲养，耐过的康复鸡在一定时间内带毒、排毒，所以要严格控制易感鸡与康复鸡接触，最好将病愈鸡淘汰。来历不明的鸡要隔离观察，可放数只易感鸡与其同养，观察2周，不发病，证明不带毒，这时方可混群饲养。

一般情况下，在从未发生过该病的鸡场不主张接种疫苗。在该病的疫区和受威胁地区，应考虑接种传染性喉气管炎弱毒疫苗进行免疫预防。注意避免将接种疫苗的鸡与易感鸡混群饲养尤为重要。

一般首免40～50日龄，二免在70～90日龄进行，免疫途径多采用点眼。该疫苗毒力较强，免疫后的鸡群可能出现轻重不同反应。一般鸡群接种疫苗3～4天，会出现轻度眼结膜反应，个别鸡只出现眼肿，甚至眼盲，可用含1 000～2 000单位/毫升庆大霉素或其他抗生素滴眼。也可以直接在疫苗液中加入青霉素、链霉素各500单位/只，以防止鸡群出现眼结膜炎。疫苗免疫期可达半年至1年。

2. 治疗

发病后，对患病鸡进行隔离，防止未感染鸡接触感染。鸡舍内外环境用过氧乙酸等消毒，每天1～2次，连用10天，对尚未发病的鸡用传染性喉气管炎弱毒疫苗滴眼接种。

十、鸡传染性支气管炎

传染性支气管炎是由传染性支气管炎病毒引起鸡的一种急性高度接触性呼吸道和泌尿生殖道疾病。

（一）诊断要点

1. 病原与流行特点

传染性支气管炎病毒属于冠状病毒科γ冠状病毒属，是冠状病毒科的代表毒株。该病毒容易发生变异，已发现至少有30多种血清型，而且新的血清型和变异株还在不断出现。不同血清型之间没有或仅有部分交叉免疫力，这给诊断和预防带来很大困难。IBV主要血清型包括M株、Conn株、4/91株等。我国广泛使用的鸡传染性支气管炎活疫苗主要是H120、H52、D41等均属于M血清型，Conn株与M血清学交叉保护性差，4/91株1991年首次分离于英国，目前在多个国家流行。

病毒对外界环境抵抗力不强，在56℃处理15分钟或45℃处理90分钟可被灭活，病毒在50%甘油盐水中保存良好。该病毒在-20℃保存容易失活，但在-30℃以下可存活数年。该病毒对强酸、强碱耐受力不同，一些毒株可耐受pH值2或pH值12环境。病毒对一般消毒剂敏感，1%甲醛溶液、0.01%高锰酸钾溶液、1%来苏尔溶液及70%乙醇中3~5分钟可将其灭活。

该病仅发生于鸡，其他家禽均不感染。各种年龄的鸡都可发病，但雏鸡和产蛋鸡最为易感。如在20日龄以内发生感染，输卵管则发育不全，甚至造成生殖器官持久性损伤，而失去产蛋能力。病鸡和康复后的带毒鸡主要通过呼吸道和泄殖腔排毒，病鸡恢复后仍可带毒。该病主要通过呼吸道传播，也可通过被污染的饲料、饮水及饲养用具经消化道感染。该病传播迅速，常在1~2天波及全群。

该病一年四季均能发生，但以冬春季节多发。鸡群拥挤、过热、过冷、通风不良、维生素和矿物质缺乏，特别是强烈的应激作用，如疫苗接种、转群等都可诱发该病发生。

2. 临床症状与病理变化

由于传染性支气管炎病毒血清型多，该病病型复杂，通常可分为呼吸型、腺胃型、肾型、生殖道型和肠型等多种，其中还有一些变异的中间型。

（1）呼吸型　自然感染的潜伏期为36小时或更长一些。病鸡常看不到前驱症状，突然出现呼吸症状，并迅速波及全群。4周龄以下鸡常表现伸颈张口呼吸、咳嗽、喷嚏、甩头、气管啰音，病鸡精神不振，食欲减少，昏睡，扎堆，2周龄以内的病雏还常见鼻窦肿胀、流黏性鼻液、流泪等症状。康复鸡发育不良。

5周龄以上的鸡突出症状是气管啰音、气喘和微咳，尤以夜间最清楚。同时伴有减食、沉郁和下痢，但常无鼻涕。产蛋鸡感染后呼吸道症状温和，但产蛋量下降，并持续4~8周，同时产软壳蛋、畸形蛋、沙壳蛋，蛋白稀薄如水，蛋黄和蛋白分离以及蛋白黏着于壳膜表面等。产蛋鸡幼龄时感染可形成永久性损伤，鸡只外观正常但终生不产蛋。

剖检可见气管、支气管、鼻腔和窦内有浆液性、黏液性或干酪状渗出物，气管下部黏膜充血、肿胀，有出血点，管腔内有透明黏稠液体；肺淤血，气囊混浊；雏鸡在支气管下段可能有干酪样栓子，在大的支气管周围可见到小灶性肺炎。幼雏感染，有的见输卵管发育受阻，变细、变短或成囊状。产蛋母鸡腹腔可见液状的卵黄物质，卵泡充血、出血、变形，甚至破裂。

（2）肾型　多见于20~40日龄以内发病，10日龄以下、70日龄以上比较少见。呼吸道症状轻微或不出现，或呼吸道症状消失后，病鸡持续排白色水样稀粪，粪便中几乎全是尿酸盐，病鸡沉郁、厌食、挤堆、迅速消瘦，饮水量明显增加。

主要为肾肿大、苍白，肾小管和输尿管因尿酸盐沉积而扩张，外形呈白线网状，俗称"花斑肾"。严重病例在心包和腹腔脏器表面均可见白色尿酸盐沉着。

（3）腺胃型 多发于20~80日龄的鸡。主要表现精神沉郁，生长缓慢，排黄绿色稀粪，有呼吸道症状，消瘦，最后衰竭死亡。出现死亡时呼吸道症状相对减轻。病程为10~25天。

主要表现腺胃明显肿大，为正常的2~3倍，腺胃乳头平整融合，轮廓不清，可挤出脓性分泌物，腺胃壁增厚，黏膜有出血和溃疡。十二指肠有不同程度炎症及出血，盲肠扁桃体肿大。还可见肾肿大，法氏囊、胸腺萎缩等。

（4）生殖道型和肠型 外观症状与呼吸型、肾型、腺胃型类似，大部分为混合型。生殖道型发生于产蛋鸡群，主要表现产蛋下降，出现软壳蛋、畸形蛋，同时蛋品质下降。肠型主要表现剧烈腹泻，还可出现呼吸道症状。

生殖道型传染性支气管炎病鸡，初期气管有黏液。卵泡充血、出血、变形，输卵管萎缩、变形。肠道有卡他性炎症。肠型病鸡主要为肠道出血明显。也可出现呼吸道病变和肾肿大，尿酸盐沉积，输卵管发育不全等。

3. 实验室诊断

根据流行特点、症状和病理变化，可作出初步诊断。确诊须进行实验室检查。

（二）防控措施

1. 预防

加强饲养管理，搞好环境卫生，防止鸡群拥挤、过冷、过热，定期消毒。合理配合饲料，防止维生素，尤其是维生素A缺乏。加强通风，以防有害气体刺激呼吸道。

适时接种疫苗。目前国内常用的传染性支气管炎疫苗有弱毒苗和灭活苗。弱毒疫苗有H120、H52和Ma5等。H120毒力较弱，对雏鸡安全，主要用于雏鸡的首次免疫。H52毒力较强，多用于4周龄以上鸡的免疫。Ma5用于肾型传染性支气管炎。灭活油苗可用于各种日龄的鸡。

传染性支气管炎病毒血清型多且交叉保护力弱，单一疫苗只能对同型传染性支气管炎病毒感染产生免疫，而对异型传染性支气管炎病毒只能提供部分保护或无保护作用。因此在生产中注意应用同型传染性支气管炎预防。

2. 治疗

该病尚无特异性治疗方法。根据鸡群发病情况采取综合性措施，及时隔离患病鸡群，鸡舍带鸡消毒。

饮水中加入黄芪多糖，肌内注射家禽基因工程干扰素、聚肌胞。对肾型传染性支气管炎，降低饲料中蛋白质含量，并加入肾肿解毒药和电解多维（特别是维生素A）；呼吸型传染性支气管炎，可在饮水中加入止咳平喘药。同时对假定健康鸡群用传染性支气管炎油佐剂灭活疫苗进行紧急预防接种。同时合理应用抗生素以控制细菌感染。

十一、禽白血病

禽白血病是由禽白血病/肉瘤病毒群中的病毒引起禽类的多种肿瘤性疾病的总称。在临床上有多种表现形式，包括淋巴细胞性白血病、成红细胞性白血病、成髓细胞性白血病、血管瘤、骨髓细胞瘤、内皮瘤、肾瘤、纤维肉瘤、结缔组织瘤和骨化石病等，其中以淋巴细胞性白血病最常见。

（一）诊断要点

1. 病原与流行特点

禽白血病/肉瘤病毒属逆转录病毒科正逆转录病毒亚科、甲型逆转录病毒属的RNA病毒。对外界环境的抵抗力很弱，在外界环境存活时间比较短。病毒对热不稳定，高温条件下很快失活，只有在-60℃以下时，病毒才能存活数年并保持感染力。在pH值4.5~9时，能保持稳定，超出这一范围，灭活率显著升高；对脂溶性、去污剂和甲醛敏感，蛋白酶能够去除病毒粒子表面的部分糖蛋白，十二烷基磺酸钠可裂解病毒，释放出RNA和核心蛋白，对紫外线的抵抗力相当强。

该病在自然条件下，只有鸡能感染。人工接种野鸡、珠鸡、鸭、鸽、火鸡等，可以引起肿瘤的发生。不同品种鸡的易感性有差异，产褐壳蛋的母鸡易感性高。传染源为病鸡和带毒鸡。经卵由母鸡传给后代是造成该病扩散的主要原因，先天性感染的雏鸡出现免疫耐受，并将终生带毒，其血液和组织中含有大量病毒，病毒随粪便和唾液大量排出，通过鸡与鸡之间的直接或间接接触造成水平感染。由免疫母鸡的蛋孵出的雏鸡不带病毒，母源抗体可维持4~7周。失去母源抗体的雏鸡，可能被感染产生一过性病毒血症，并出现抗体。该病常见于4~19月龄的鸡，出生后最初几周接触感染的雏鸡，发病率很高，随感染时间的后移，则发病率迅速下降。公鸡是病毒的携带者，通过接触及交配传播。

该病的感染虽很广泛，但临床病例的发生率相当低，一般多为散发。

2. 临床症状和病理变化

自然感染潜伏期很长，发病常见于14周龄后的任何时间，但通常在性成熟时发病率最高。由于感染的毒株不同，禽白血病有多种病型。常见以下几种。

(1) 淋巴细胞性白血病　最常见。14周龄以下的鸡极为少见，至14周龄以后开始发病，在性成熟期发病率最高。病鸡衰弱，进行性消瘦和贫血，冠髯苍白、皱缩，偶见发绀。腹部常明显膨大，触诊时常可触摸到肝、法氏囊和肾肿大。羽毛有时有尿酸盐和胆色素沾污的斑。最后病鸡衰竭死亡。

剖检可见肿瘤主要发生于肝、脾、肾、法氏囊，也可侵害心肌、性腺、骨髓、肠系膜和肺。肿瘤呈结节状、粟粒状或弥漫性，灰白色到淡黄白色。结节性肿瘤大小不一，单个或大量出现，切面均匀一致，很少有坏死灶。粟粒状肿瘤多见于肝，肿瘤均匀分布于肝实质中，肝发生弥散性肿瘤时，呈均匀肿大，且颜色为灰白色，俗称"大肝病"。

(2) 成红细胞性白血病　此型比较少见。多发于6周龄以上的高产鸡。病鸡虚弱、消瘦和腹泻，毛囊出血，鸡冠稍苍白或发绀。该病分增生型（胚型）和贫血型两种类型。剖检时见两种病型都表现全身性贫血，皮下、肌肉和内脏有点状出血。增生型相对较常见，主要是以血流中成红细胞大量增加为特点。特征病变是肝、脾、肾弥散性肿大，呈樱桃红色或暗红色，且质软易脆。贫血型以血流中成红细胞减少，血液淡红色，显著贫血为特点。剖检可见内脏器官（尤其是脾）萎缩，骨髓色淡呈胶冻样。

(3) 成髓细胞性白血病　此型很少自然发生。病鸡嗜睡、腹泻、贫血和消瘦。血液不良，羽毛囊出血。病程比成红细胞性白血病长。外周血液中白细胞增加，其中成髓细胞占3/4。剖检可见骨髓质地坚硬，呈灰红或灰白色。实质器官增大而脆，偶然在肝有灰色弥漫性肿瘤结节。晚期病例，肝、肾、脾出现弥漫性灰色浸润，使器官外观呈斑驳状或颗粒状。

(4) 血管瘤　见于皮肤或内脏表面。血管腔高度扩大形成"血疱"，通常单个发生。"血疱"破裂可引起病禽严重失血而死亡。内脏血管瘤剖检时可见肝、脾等器官有暗红色血瘤，并有出血，内脏附近有大块凝血块。

(5) 骨髓细胞瘤　此型自然病例极少见。特征病变是骨骼上长有暗黄白色、柔软、脆弱或呈干酪状的骨髓细胞瘤，通常发生于肋骨与肋软骨连接处、胸骨后部、下颌骨和鼻腔软骨处，也见于头骨的扁骨，常见多个肿瘤，一般两侧对称。

3. 实验室诊断

根据流行病学特点、病理变化，以及鸡发病在16周龄以上，病鸡渐进性消瘦，内脏器官发生肿瘤，可作出初步诊断，确诊须进行病毒分离与鉴定、琼脂扩散试验、补体结合试验和酶联免疫吸附试验等实验室检查。

（二）防控措施

1. 预防

（1）生物安全措施　加强饲养管理和环境卫生消毒，给鸡群提供良好的外部环境条件，减少应激。特别是育雏期（最少1个月）封闭隔离饲养，并实行全进全出饲养管理制度。病毒抵抗力不强，重视日常消毒，及时处理粪便。发现病鸡、可疑鸡应坚决淘汰，以消灭传染源。

（2）种群净化　该病主要为垂直传播，病毒型间交叉免疫力很低，雏鸡免疫耐受，对疫苗不产生免疫应答，所以对该病的控制尚无切实可行的方法。减少种鸡群的感染率和建立无白血病的种鸡群是控制该病的最有效措施。种鸡在8周龄和18~22周龄时，用阴道拭子采集原料检查抗原，在22~24周龄时，检查是否有病毒血症，同时检测蛋清、雏鸡胎粪中的抗原，阳性种鸡、种蛋和种雏全部淘汰，选择试验阴性母鸡的受精蛋进行孵化，要求在隔离条件下出雏饲养，连续进行4代，建立无病鸡群。但此法由于费时长、成本高、技术复杂，一般种鸡场还难以实行。

（3）提高非特异性免疫　使用免疫增强剂，如黄芪多糖、人参多糖、党参多糖、干扰素、鸡转移因子、肿瘤坏死因子、白细胞介素等，以增强禽对白血病病毒的抵抗力。另外也可用抗病毒中药，如板蓝根、穿心莲、大青叶、金银花、鱼腥草、黄连、龙胆草等，作为鸡的日常保健，也能提高鸡抵抗白血病的能力。

2. 治疗

该病没有治疗价值。

十二、传染性法氏囊病

传染性法氏囊病是由传染性法氏囊病毒引起的鸡的一种急性高度接触性、免疫抑制性传染病。

（一）诊断要点

1. 病原及流行特点

对法氏囊病毒分离株进行血清分型，主要分为血清Ⅰ和血清Ⅱ，由于血清Ⅱ病毒没有毒力，所以我们经常谈到是血清Ⅰ型法氏囊病毒。根据法氏囊病毒的抗原特性与致病力，血清Ⅰ型又可以分为3种：经典型、超强型（vvIBDV）和变异型（nVarIBD）（如果把弱毒株的疫苗毒株也考虑进去，则可称为4种型）。根据监测，目前国内流行的法氏囊毒株，超过80%是变异株。

自然感染仅发生于鸡,各品种的鸡都能感染,主要发生于2~15周龄的鸡,以3~6周龄的鸡最易感。近年报道成年鸡和1周龄雏鸡也发生该病。成年鸡多为隐性感染,10日龄以内雏鸡感染后很少发病。病鸡和隐性感染鸡是主要传染源,病毒通过粪便排出,污染饲料、饮水、用具等,主要经消化道感染,亦可经呼吸道、眼结膜感染。

该病往往突然发生,传播迅速,通常在感染后第3天开始死亡,5~7天达到高峰,以后很快停息,表现为高峰式死亡和迅速康复的曲线。死亡率差异很大,严重发病鸡群死亡率可达60%以上。

由于该病造成免疫抑制,使鸡群对新城疫、大肠杆菌病、支原体更易感,常出现混合感染。这种现象常使发病率和死亡率急剧上升。全年均可发生,无明显季节性。

2. 临床症状与病理变化

潜伏期为2~3天,最初发现有些鸡啄自己的泄殖腔。随即病鸡出现采食减少或不食,羽毛蓬松,畏寒,挤堆,腹泻,粪便呈灰白色石灰浆样,偶带血液。严重者颈和全身震颤,精神委顿,步态不稳,卧地不动。后期体温低于正常,严重脱水,极度虚弱,最后死亡。整个鸡场的死亡高峰在发病后3~5天,以后2~3天逐渐平息。

病死鸡明显脱水,胸肌、腿肌和翅肌等肌肉发生条纹状或斑块状出血。法氏囊病变具有特征性,法氏囊水肿和出血,比正常大2~3倍,囊壁增厚,外形变圆,浆膜水肿,外包裹有淡黄色胶冻样渗出物,严重时法氏囊广泛出血,如紫葡萄状。切开囊腔后,常见黏膜皱褶有出血点或出血斑,囊腔内有灰白色糊状物,或灰黄色干酪样物。5天后法氏囊萎缩。

病死鸡胸腺有出血点,脾可能轻度肿大,表面有弥漫性的灰白色病灶。发病中后期肾明显肿胀,由于输尿管和肾小管内尿酸盐沉积而使肾呈红白相间的花斑状外观。急性死亡者,腺胃和肌胃交界处见有条状出血点。肝肿胀、出血、黄染。盲肠扁桃体出血。

根据临床诊断可作出初步判断。进一步确诊须进行实验室诊断。

需要指出的是,法氏囊病毒不同分型的区别是经典型和超强型法氏囊病毒感染鸡群,除了都有典型的腿肌出血、法氏囊肿大出血,如紫葡萄等临床病变与症状外,超强型还能造成花斑肾和腺胃出血等病变;经典型法氏囊病毒致死率在10%~50%,超强型法氏囊病毒致死率在50%~100%。

变异株法氏囊病毒相比经典型和超强型比较特别,感染后鸡群很少出现伤亡,也很少有典型的临床症状,精神外观仅表现轻微的萎靡状态,解剖可见法氏囊萎缩、法氏囊苍白并有黏液渗出,部分法氏囊腔内有出血或干酪物。

由于变异株造成中枢免疫器官法氏囊损伤,导致严重的免疫抑制,带来鸡群生长发育不良、料比升高和生产性能降低等问题,检测才能发现。此外,变异法氏囊病毒感染不止有以上危害;有研究证实,它还能导致新城疫和流感疫苗免疫效价下降至少2个滴度,同时鸡群因为免疫抑制还容易感染传染性支气管炎、传染性喉气管炎、马立克病等多种疾病。

3. 实验室诊断

根据流行特点、临床症状和病理变化可作出初步诊断,确诊须进行实验室检查。

(二) 防控措施

1. 预防

(1) 生物安全措施至上 场舍彻底清洗消毒,注重日常消毒和批次管理。

法氏囊病毒非常稳定,耐酸、耐碱、耐一定消毒剂和高温。在pH值为12时才开始失活(一定耐碱性),pH值为2病毒(耐酸性)不受影响,对一般消毒剂都有一定的耐受时间。

同时也耐受一定高温。研究发现,将IBDV感染组织埋在粪便堆肥中14天,温度升至55℃以上时,持续8.8天,IBDV完全失活(这也是法氏囊病毒在夏季检出率很高的原因之一)。注意平时鸡舍内外的消毒,注重鸡粪的处理与转运;发生过法氏囊病的场区对鸡舍进行严格的"2清2消"(清理-清洗-喷洒消毒-熏蒸消毒)。因为法氏囊病难以灭活,批次间根据是否发病空场10~30天不等,减少场舍内病毒载量。

(2) 提高雏鸡免疫力,加强管理,减少应激 当前,除法氏囊病等免疫抑制病发病增多外,病毒性关节炎和传染性贫血等免疫抑制病发病率相对增多,建议在2~3日龄或7日龄免疫用转移因子等提高雏鸡免疫力,同时加强日常饲养管理、通风管理以及水料等管理,减少应激,维持鸡雏对外界的免疫抵抗力。

(3) 搞好免疫接种 目前可供选择的疫苗有重组亚单位疫苗、灭活疫苗、活疫苗(温和型、中等毒力活疫苗等)、抗原抗体复合物疫苗和载体疫苗(HVT-VP2)可供使用。

建议选择安全性高、免疫应答强和同时能诱导细胞免疫、体液免疫的效果好的亚单位疫苗;污染严重地区,可以用亚单位灭活疫苗和中等毒力活疫苗联合免疫(虽然活疫苗对法氏囊有一定损伤,但是在14天以后,可以进行免疫，占位效果好）。推荐免疫程序见表2-2。

表2-2 推荐免疫程序

品种	日/周龄	疫苗	IBDV 毒株组合	使用方法	剂量（毫升/只）
白羽肉鸡、黄羽肉鸡、817肉鸡	1天或7天	鸡新城疫、传染性支气管炎、禽流感（H9亚型）、传染性法氏囊病四联灭活疫苗（N7a株+M41株+SZ株+rVP2蛋白）	标准+变异	颈部皮下注射	0.15~0.2
蛋鸡	1周龄			颈部皮下注射	0.4
蛋种鸡	1周龄			颈部皮下注射	0.4
蛋种鸡	16~17周龄			皮下或肌内注射	0.5
白羽肉种鸡 黄羽肉种鸡	1周龄			颈部皮下注射	0.4
白羽肉种鸡 黄羽肉种鸡	20~22周龄			皮下或肌内注射	0.5

母源抗体一般保护雏鸡1~3周，但用油佐剂亚单位VLPs疫苗加强免疫后，被动免疫力可延长至4~5周，生产中使用灭活疫苗（包括变异株）免疫种鸡以获得高水平的母源抗体，商品代可根据需要免疫新流法或新支流法等疫苗。

2. 治疗

发病时立即清除患病鸡、病死鸡，并深埋或焚烧。鸡舍用0.3%过氧乙酸或次氯酸钠，按每立方米30~50毫升带鸡消毒，每天上下午各1次，同时对鸡舍周围以及被病死鸡污染的场所和所有用具，用2%烧碱水和10%石灰乳剂彻底消毒。发病早期用高免血清或高免卵黄抗体皮下或肌内注射可获得较好疗效。同时降低饲料中的蛋白含量（降低至15%以下），在饮水中加入复方口服补液盐、多种维生素、5%的葡萄糖或1%~2%奶粉，以保持鸡体水、电解质、营养平衡，促进康复。用抗生素、磺胺或喹诺酮类药物饮水以防继发感染，对假定健康鸡用中等毒力活疫苗双倍量紧急免疫接种。

十三、马立克病

马立克病是由马立克病病毒（MDV）引起的一种高度接触传染病。

(一) 诊断要点

1. 病原与流行特点

马立克病病毒属疱疹病毒科、α 疱疹病毒亚科、马立克病病毒属。有 3 个血清型，即血清 Ⅰ 型（鸡疱疹病毒 Ⅱ 型）、血清 Ⅱ 型（疱疹病毒 Ⅲ 型）、血清 Ⅲ 型（火鸡疱疹病毒 Ⅰ 型）。其中，血清 Ⅰ 型能引起肿瘤，而血清 Ⅱ 型和血清 Ⅲ 型均不致瘤，可以用作疫苗预防血清 Ⅰ 型 MDV 的致瘤作用。按照毒力不同，血清 Ⅰ 型 MDV 包括以下几个致病型，温和型马立克病病毒（mMDV）、强毒型马立克病病毒（VMDV）、超强毒型马立克病病毒（MDV）和特超强毒型马立克病病毒（vv+MDV）。马立克病病毒的抵抗力较强。

鸡是最重要的自然宿主，其他禽类如火鸡、野鸡、鹌鹑也可感染，但相当少见，其他动物不感染。不同品种、年龄、性别的鸡均可感染。来航鸡抵抗力较强，母鸡感染性略高于公鸡，年龄越小越易感，特别是出雏和育雏室的早期感染导致发病率和死亡率都很高。年龄大的鸡感染但大多不发病。病鸡和带毒鸡的排泄物、分泌物及鸡舍内垫草均具有很强的传染性。该病主要通过带毒尘埃经呼吸道传播，也可经消化道和吸血昆虫叮咬感染，经种蛋垂直传播的可能性很小。发病鸡只有极少数能康复。各种应激因素都可促进该病的发生。

2. 临床症状与病理变化

自然感染潜伏期 3~4 周至几个月不等。一般在 50 日龄以后出现症状，70 日龄后陆续出现死亡，90 日龄以后达到高峰，很少晚至 30 周龄才出现症状，偶见 3~4 周龄的幼龄鸡和 60 周龄的老龄鸡发病。

根据临床表现和病变发生的部位，该病可分为神经型、内脏型、眼型和皮肤型等 4 种类型。

（1）神经型 常侵害周围神经，以坐骨神经和臂神经最易受侵害。当坐骨神经受损时，病鸡一侧腿或两侧腿发生不全或完全麻痹，站立不稳，两腿前后伸展，呈"劈叉"姿势，此为该病典型特征，病侧肌肉萎缩，有凉感，爪子多弯曲；当臂神经受损时，翅膀下垂；支配颈部肌肉的神经受损时，病鸡低头或斜颈；迷走神经受损，鸡嗉囊麻痹或膨大，食物不能下行。一般病鸡精神尚好，并有食欲，但往往由于饮不到水、吃不到料而衰竭，或被其他鸡只践踏，最后均以死亡而告终。

剖检，多见坐骨神经、臂神经、腰荐神经和颈部迷走神经等肿大，神经粗细不匀，病变神经可比正常神经粗 2~3 倍，神经横纹消失，呈灰白色或淡黄色，有时水肿，多侵害一侧神经，有时双侧神经均受侵害。有时还可见性腺、肝、脾、肾等内脏器官形成肿瘤。

（2）内脏型　常见于50～70日龄的鸡，病鸡精神委顿，食欲减退，鸡冠苍白、皱缩，有的鸡冠呈黑紫色，腹泻，渐进性消瘦，胸骨似刀锋，触诊腹部能摸到硬块。病鸡脱水、昏迷，最后死亡。

内脏型主要病变为内脏多器官出现肿瘤，肿瘤多呈结节性，为圆形或近似圆形，数量不一，大小不等，略突出于脏器表面，灰白色，切面呈脂肪样。常侵害的脏器有肝、脾、性腺、肾、心脏、肺、腺胃、肌胃等。有的病例肝上不具有结节性肿瘤，但肝异常肿大，表面粗糙或呈颗粒性外观。脾肿大，表面可见呈针尖大小或米粒大的肿瘤结节。卵巢肿瘤比较常见，呈花菜样肿大，甚至整个卵巢被肿瘤组织代替。腺胃外观有的变长，有的变圆，胃壁明显增厚或薄厚不均，切开后可见黏膜出血或溃疡。心脏肿瘤常突出于心肌表面，米粒大至黄豆大。肌肉肿瘤多发生于胸肌，呈白色条纹状。一般情况下法氏囊不见肉眼可见变化或见萎缩。

（3）眼型　很少见到。病鸡瞳孔缩小，严重时仅有针尖大小，虹膜边缘不整齐，呈环状或斑点状，颜色由正常的橘红色变为弥漫性的灰白色，呈"鱼眼状"。轻者表现对光线强度的反应迟钝，重者对光线失去调节能力，最终失明。

（4）皮肤型　较少见。主要表现为羽毛囊出现小结节或瘤状物，病变可融合成片。以大腿外侧、翅膀、腹部尤为明显。

以神经型和内脏型多见，有的鸡群发病以神经型为主，内脏型较少，一般死亡率在5%以下，且当鸡群开产前该病流行基本平息。有的鸡群发病以内脏型为主，兼有神经型。

3. 实验室诊断

根据临床症状、典型病理变化可进行初步诊断，对于临床上较难判断的可送实验室进行病毒分离鉴定、血清学检查、病理组织学检查等方法确诊。

（二）防控措施

1. 预防

（1）卫生防疫措施　加强养鸡环境卫生与消毒工作，尤其是孵化室卫生与育雏舍的消毒，防止雏鸡的早期感染。及时清除舍内外脱落的羽毛、皮屑及尘土等，坚持严格消毒，消毒药最好为碘制剂。防止应激因素和预防能引起免疫抑制疾病的发生。同时应用黄芪多糖等免疫增强剂提高抵抗力。

（2）疫苗接种　目前国内使用的疫苗有多种，这些疫苗均不能抗感染，但可防止发病。出壳后24小时内2倍量注射单价苗或双价苗或多价苗。也可采用1日龄和3～4周龄进行两次免疫。通常父母代用血清Ⅰ型或血清Ⅱ型疫苗，商品代则用血清Ⅲ型疫苗，以免血清Ⅰ或血清Ⅱ型对母源抗体的影响，父母代和子代均可使用 SB-I 或 301B/I+HVT 等二价疫苗。对可能存在超强毒株的高发鸡群使用 814+SB-1 二价苗或 814+SB-1+FC126 三价苗。

2. 治疗

该病尚无特效药物治疗。在感染的场地清除所有的鸡，将鸡舍清洁消毒后，空置数周再引进新雏鸡。一旦开始育雏，中途不得补充新鸡。

十四、禽痘

禽痘是由禽痘病毒引起禽类的一种急性高度接触传染性疫病。

（一）诊断要点

1. 病原与流行特点

禽痘病毒属于痘病毒科、脊椎动物痘病毒亚科、禽痘病毒属中的成员。对外界的抵抗力强，特别是对干燥的耐受力更强，可在痂皮中存活数月至数年，但对热、阳光、酸、碱及氧化剂敏感。鸡痘病毒对氯仿敏感，但能耐受乙醚，这是痘病毒分类的重要标准之一。病毒能耐受 1% 石炭酸和 1:1 000 福尔马林超 9 天以上。2% 氢氧化钾或氢氧化钠对病毒有灭活作用，50℃ 作用 30 分钟或 60℃ 作用 8 分钟即可灭活病毒。病毒在鸡粪和泥土中活力可保持几周，阳光照射数周不失活。鸡痘病毒能在冷冻干燥的环境中和 50% 甘油盐水中长期保持活力。

家禽中以鸡的易感性最高，不分年龄、性别和品种的鸡都可感染，火鸡、鸭、鹅等家禽虽也能发生，但并不严重。鸟类、鸽子也常发生，但病毒类型不同，一般不交叉感染。该病以雏鸡和青年鸡最常发病，雏鸡易引起死亡。

该病通过接触传播，病鸡脱落和破散的痘痂是散布病毒的主要形式。病毒亦可通过唾液、鼻液和泪液排出。禽痘一般须经过皮肤或黏膜的伤口感染。蚊子和体表寄生虫亦可传播该病。鸡群过分拥挤、体表有寄生虫、维生素缺乏等营养不良及饲养管理太差等，均可促使该病发生和加剧病情。如有葡萄球菌病、慢性呼吸道病等并发感染，可造成大批死亡。一年四季都能发生，皮肤型夏秋季多发，黏膜型冬季多发。

2. 临床症状与病理变化

潜伏期 4~6 天。按病毒侵犯部位的不同，可分为皮肤型、黏膜型和混合型 3 种病型，偶有败血型。

（1）皮肤型　以头部皮肤，有时见于腿部、泄殖腔周围和翅内侧的皮肤上形成一种特殊的痘疹为特征。常见于鸡冠、肉髯、喙角、眼睑、耳叶等头部皮肤，起初出现灰白色麸皮状覆盖物，随即长出灰白色的小结节，后变为灰黄色，然后逐渐增大如黄豆大的痘疹，表面凹凸不平，呈干硬结节，内含有黄脂状糊块。痘疹互相连接融合，形成大块厚痂。痂皮可以存留3~4周之久，以后逐渐脱落，留下平滑的灰白色疤痕。轻症可能没有疤痕。眼部痘疹可使眼睑闭合、眼睛失明。一般无明显的全身性症状。但病重的幼雏表现精神萎靡、食欲废绝等症状，甚至引起死亡。产蛋鸡产蛋量减少或停产。

（2）黏膜型（白喉型）　多发于小鸡和青年鸡。病死率高，小鸡可达50%。病初表现鼻炎症状，流黏液至脓性鼻液。2~3天在口腔和咽喉等处黏膜出现痘症，开始为黄色圆形斑点，逐渐扩大融合成一层黄白色伪膜。随着病情发展，伪膜扩大增厚成凹凸不平的棕色痂块，并有裂缝。痂块不易剥离，若强行剥离，则露出易出血的溃疡面。病鸡出现呼吸和吞咽障碍，喙无法闭合，张口呼吸，发出"嘎嘎"的声音，严重时窒息死亡。有些病鸡在眶下窦和眼结膜亦可发生痘疹，结膜充满脓性或纤维蛋白性渗出物，甚至引起角膜炎而失明。

（3）混合型　即皮肤和黏膜同时受害，病情严重，死亡率高。

（4）败血型　很少见。病鸡无明显的痘疹，以严重的全身症状开始，精神沉郁，下痢，逐渐衰竭而死。病禽有时也表现为急性死亡。

该病的病理变化和临诊所见相似。口腔黏膜的病变有时可延伸到气管、食道和肠道。肠黏膜可能有点状出血。肝、脾、肾常肿大。心肌有时呈实质变性。

3. 实验室诊断

皮肤型和混合型禽痘根据临床症状和病理变化可以作出判断。单纯的黏膜型鸡痘不易诊断，可通过采用病料接种鸡胚或人工感染健康雏鸡进行鉴别。

(二) 防控措施

1. 预防

（1）注意鸡舍内外环境卫生，定期实施消毒　鸡舍要钉好纱窗、纱门，并在蚊蝇滋生季节，用杀虫剂杀死鸡舍内外的蚊蝇等。及时修理笼具，防止尖锐物刺伤皮肤。出现外伤及时用5%碘酊涂擦伤部。

（2）预防接种　目前国内应用的疫苗有鸡痘鹌鹑化弱毒苗和鸡痘鹌鹑化细胞苗。国内用鸡痘鹌鹑化弱毒疫苗，一般6日龄以上的雏鸡用200倍稀释于鸡翅内侧无血管处皮下刺种1针；20日龄以上鸡用10倍稀释疫苗刺种1针；1月龄以上鸡可用100倍稀释液刺针1针。刺种后3~4天，刺种部位出现红肿、水疱及结痂，2~3周痂块脱落，表明接种有效。免疫期成年鸡5个月，雏鸡 2 个月。首次免疫多在 10~20 日龄,二次免疫在开产前进行。

2. 治疗

发病后,要及时隔离病鸡,对鸡舍、运动场和一切用具进行严格消毒,对死亡和淘汰的病鸡及时进行深埋或焚烧等无害化处理,同时对易感鸡群进行紧急免疫接种。

轻症鸡痘进行治疗。大群鸡可在饲料中添加清瘟解毒中药(鸡痘散:柴胡、葛根、甘草、石膏、白芷等)连用 7 天。在饲料中添加维生素 A 有利于禽体的恢复。在饲料或饮水中加入广谱抗生素,如环丙沙星、恩诺沙星等连用 5~7 天,以防继发感染。

经治疗转归的鸡群应在完全康复后 2 个月方可合群。

十五、鸭病毒性肝炎

鸭病毒性肝炎是由鸭甲肝病毒引起雏鸭的一种急性、高度致死性传染病。以发病急,传播快,死亡率高及肝炎、出血和坏死为特征。

(一) 诊断要点

1. 病原与流行特点

该病的病原为鸭甲肝病毒。

在自然条件下,主要感染 3~20 日龄的雏鸭,尤其以 5~10 日龄最易感,不感染鸡、火鸡和鹅。病鸭和带毒鸭是主要传染源,病愈鸭仍可排毒 1~2 个月。野生水禽可能成为带毒者,成年鸭感染不发病,但可成为传染源。

该病主要通过消化道和呼吸道感染,但不经种蛋传播,在野外和舍饲条件下,该病可迅速给鸭群中的全部易感小鸭,雏鸭的发病率与病死率均很高,1 周龄内的雏鸭病死率可达 95%,1~3 周龄的雏鸭病死率为 50% 或更低,4~5 周龄以上的小鸭发病率与病死率较低。

该病一年四季均可发生,但主要流行于孵化季节。饲养管理不当,鸭舍内湿度过高,密度过大,卫生条件差,缺乏维生素和矿物质等都能促使该病的发生。

2. 临床症状与病理变化

该病的潜伏期 1~4 天。发病急,传播迅速,死亡一般多发生在 3~4 天。病鸭表现为精神萎靡、食欲废绝,缩颈、翅下垂、不爱活动、行动呆滞或跟不上群,常蹲下,眼半闭呈昏迷状态。不久即出现神经症状,全身性抽搐,病鸭多侧卧,头向后背,两爪痉挛性地反复踢蹬,有时在地上旋转。出现抽搐后,约十几分钟即死亡。喙端和爪尖淤血呈暗紫色。死前多数病鸭头向后弯,呈角弓反张姿势,俗称"背脖病",这是死前的典型症状。少数病鸭死前排黄白色和绿色稀粪。

该病的特征性病变在肝,表现为肝肿大,质脆易碎,色暗或发黄,肝表面有大小不等的出血斑点;胆囊肿胀,呈长卵圆形,充满胆汁,胆汁呈褐色,淡茶色或淡绿色;脾有时见有肿大呈斑驳状;许多病例肾肿胀、充血。心肌苍白、柔软、无光泽、如煮肉样、其他脏器常无明显肉眼可见病变。

3. 实验室诊断

结合该病突然发生、传播快、病程短、死亡率高的流行特点以及角弓反张样的外观和肝脏出血病变,易对该病作出临床诊断。确诊须进行病毒的分离和鉴定。

(二) 防控措施

1. 预防

(1) 做好引种工作,强化养殖场生物安全,加强饲养管理 坚持自繁自养和全进全出的饲养制度。对4周龄内雏鸭采取严格隔离饲养。从鸭病毒性肝炎阴性场引种;做好生物安全工作,降低养殖场病原载量,减少疫病发生。提供全价营养和饲料,加强日常饲养管理,避免各种不良应激。病毒性肝炎在鸭舍内带毒期较长,适当延长空栏期(建议40天以上)。

(2) 免疫接种 疫苗接种仍是有效预防措施。可用鸡胚化鸭肝炎弱毒疫苗给临产蛋种鸭皮下接种,在种鸭产蛋前4周进行皮下或肌内注射免疫,共两次,间隔2周。母鸭的抗体至少可维持4个月,其后代雏鸭的母源抗体可保持2周左右。但在一些卫生条件差、常发肝炎的疫场,则雏鸭在10~14日龄时仍需进行1次主动免疫。未经免疫的种鸭群,其后代1日龄时经皮下或腿肌注射0.5~1毫升弱毒疫苗,即可受到保护。

对商品蛋鸭群的免疫,无母源抗体鸭群,1日龄免疫鸭病毒性肝炎活疫苗;母源抗体较高的鸭群,7日龄免疫鸭病毒性肝炎活疫苗;产蛋之前免疫2次鸭病毒性肝炎灭活疫苗,可达到良好的免疫效果。商品蛋鸭鸭病毒性肝炎免疫程序可参考表2-3。

表2-3 商品蛋鸭病毒性肝炎参考免疫程序

免疫日龄(天)	免疫剂量(毫升或羽份)	疫苗(活/灭活)	免疫方式	备注
1	1羽份	活疫苗	颈部皮下	无母源抗体
7	1羽份	活疫苗	颈部皮下	有母源抗体

(续表)

免疫日龄 (天)	免疫剂量 (毫升或羽份)	疫苗 (活/灭活)	免疫方式	备注
70~80	0.3毫升	灭活疫苗	胸部肌内	
100~110	0.5毫升	灭活疫苗	胸部肌内	

2. 治疗

该病目前尚无有效的治疗措施。已发病或受威胁的雏鸭群，可尝试经皮下注射康复鸭血清、高免血清或免疫母鸭蛋黄匀浆 0.5~1 毫升，同时投服抗病毒中药、抗生素，防止继发感染，降低死亡率。

十六、鸭浆膜炎

鸭浆膜炎又称鸭疫里默氏菌感染，是由鸭疫里默氏菌引起的主要侵害雏鸭等多种禽类的一种急性或慢性接触性传染病。

(一) 诊断要点

1. 病原与流行特点

该病病原为鸭疫里默氏菌，属黄杆菌科、里默氏菌属，革兰氏阴性、不运动、不形成芽孢的杆菌，分为 21 个血清型。对青霉素、红霉素、林克霉素等敏感，对卡那霉素不敏感。

1~8 周龄的鸭易感。但以 2~3 周龄的小鸭最易感。1 周龄以下或 8 周龄以上的鸭极少发病。除鸭外，小鹅亦可感染发病。

病鸭和带菌鸭是主要传染源。该病可通过污染的饲料、饮水、飞沫、尘土等媒介经呼吸道、消化道或通过皮肤伤口（特别是爪部皮肤）、蚊虫叮咬等多种途径感染而发病。库蚊是该病的重要传播媒介。育雏密度过大，空气不流通，潮湿，过冷过热以及饲料中缺乏维生素或微量元素、蛋白水平过低等均易造成发病或发生并发症。

该病发生无明显的季节性，但以低温、阴雨、潮湿的季节以及冬、春季多见。卫生及饲养管理条件好的鸭场常表现为散发且多为慢性。

2. 临床症状与病理变化

该病的潜伏期一般为 1~3 天，少数可达 7 天左右，根据病程长短和临床表现可分为最急性、急性、亚急性或慢性 3 种类型。

最急性病例多见于 1~2 周龄雏鸭，不表现任何临床症状突然死亡。

急性病例多见于 2~4 周龄雏鸭，潜伏期 1~3 天，发病突然，病鸭表现为精神沉郁、嗜睡、食欲不振、不愿行走、运动失调、眼睛流浆液性或脓性分泌物，致使两眼周围羽毛脱落形成眼圈，排黄绿色稀粪。后期病鸭出现神经症状，摇头晃脑，翻个，两腿呈划水样，出现角弓反张，最后衰竭死亡。

亚急性或慢性病例多见于4~8周龄雏鸭，病程较长可达7~10天，病鸭嗜睡，精神沉郁，食欲减退或废绝，两腿无力，不愿行走，摇头缩颈，排黄白或黄绿色稀粪。少数病鸭出现头颈歪斜，转圈或后退。病鸭表现生长不良，出现僵鸭。

该病特征性病变是浆膜炎上纤维素性渗出物，主要表现为心包炎、肝周炎、气囊炎、脑膜炎。最先出现心包炎，心包膜与心外膜粘连，心包有黄色液体蓄积，心脏外面覆盖一层灰白色或灰黄色纤维素性渗出物。其次是肝周炎，肝脏肿大，质地较脆，呈灰褐色，表明覆盖一层灰白色或灰黄色纤维素性渗出物。再次是气囊炎，气囊浑浊，气囊与胸部或腹部粘连，表明覆盖一层灰白色或灰黄色纤维素性渗出物。最后是脑膜炎，脑膜水肿、充血、出血。产蛋鸭感染多表现输卵管炎，输卵管水肿、出血，其中充满大量干酪样物质。脾脏肿大，呈大理石样外观。

3. 实验室诊断

根据临床症状和病理变化可作出初步诊断。确诊须进行实验室检查。

（二）防治措施

1. 预防

（1）平时的预防措施　首先要改善育雏室的卫生条件，特别注意通风、干燥、防寒以及饲养密度。尽力减少雏鸭转舍、气温变化、运输和驱赶等应激因素对鸭群的影响。

（2）疫苗接种　由于该菌的血清型多，各血清型之间缺乏交叉免疫保护，因此在疫苗应用时，要经常分离鉴定各地流行菌株的血清型，选用同型菌株的疫苗，以确保免疫效果。

鸭传染性浆膜炎灭活疫苗用于疫区或非疫区预防血清Ⅰ型鸭疫里默氏杆菌引起的鸭传染性浆膜炎，免疫期为3个月。健康鸭颈部皮下注射，3~7日龄鸭，每只0.25毫升；8~30日龄鸭，每只0.5毫升。

2. 治疗

建立在药敏试验基础上，应用敏感药物进行预防和治疗。但对于症状和病变比较严重的病鸭，即使使用敏感药物，疗效也并不理想。

十七、鸡球虫病

鸡球虫病是由1种或多种艾美耳球虫寄生于鸡肠道上皮细胞引起的原虫病,主要表现出血性肠炎。

(一) 诊断要点

1. 病原与流行特点

(1) 球虫的繁殖力和抵抗力　鸡感染1个孢子化的卵囊,7小时后可排出100万个卵囊。温暖潮湿的场所有利于卵囊发育,卵囊在土壤中可以保持生命力达4~9个月,在有树荫的运动场上,可达15~18个月。当气温在22~30℃时,一般只需要18~36小时就可发育成感染性卵囊。卵囊对高温、低温和干燥的抵抗力较弱,一般消毒液不易将其杀死。

(2) 感染特点　所有日龄和品种的鸡对球虫都有易感性。球虫病多发于3月龄以内的幼鸡,其中以15~50日龄的鸡最易感,很少见于11日龄以内的雏鸡,成鸡多为带虫者。禽球虫为细胞内寄生虫,对宿主和寄生部位有严格的选择性,即侵袭鸡的球虫不会侵袭火鸡等其他家禽,感染其他家禽的球虫也不会感染鸡。

(3) 流行季节和诱因　发病时间与气温和雨量关系密切。通常在温暖潮湿的季节流行。北方以4—9月多发,7~8月为高峰期,南方及北方密闭式现代化鸡场,一年四季均可发病。鸡舍潮湿、拥挤、饲料品质差以及维生素A和维生素K缺乏可促进该病的发生与流行。

2. 临床症状与病理变化

病雏羽毛松乱,翅下垂,眼半闭,缩颈呆立或挤成一堆,不食,嗉囊充满液体,粪极稀、带血。后排血液,明显贫血,自血便后1~2天大批死亡。毒害艾美耳球虫引起小肠球虫病,多见于大雏到仔鸡阶段,成年产蛋鸡往往也可成群发病,症状与柔嫩艾美耳球虫相似。但排泄的血便混有黏液,色泽稍黑。

剖检是确诊的重要依据。柔嫩艾美耳球虫急性死亡病例可见盲肠肿胀、充满血液。发病2~3天,盲肠硬化变脆充满凝血和干酪状物质,发病4~6天,盲肠显著萎缩,内容物极少,全部呈樱红色。毒害艾美耳球虫急性死亡病例,小肠中段气胀,粗细达2倍以上,肠道内含有大量血液黏液,黏膜上有无数粟粒大的出血点和灰白色病灶。虽然盲肠中往往也充满血液,但这是小肠出血流入盲肠的结果。

3. 实验室诊断

镜检粪便或肠管病变部刮屑物,在急性血便症状时镜检粪便往往找不到卵囊，而取病变部刮屑物涂片，吉姆萨染色，常可发现大量裂殖体、裂殖子和宿主的脱落上皮细胞等，待血便停止后即可检出无数卵囊。不能单纯根据粪检发现卵囊就确诊为球虫病，因为鸡群中无症状有卵囊的隐性感染极为普遍，因此必须结合症状和病变进行综合判断。

（二）防治措施

1. 预防

（1）加强饲养管理和环境卫生消毒　雏鸡与成年鸡分开饲养，以免带虫的成年鸡散播病原导致雏鸡暴发球虫病。保持鸡舍干燥、通风，及时清除粪便，堆积发酵以杀灭卵囊。用0.5%的次氯酸钠溶液消毒。补充足够的维生素K和维生素A可加速鸡患球虫病后的康复。发现病鸡立即隔离，轻者治疗，重者淘汰。

（2）免疫预防　目前已经在生产上应用的疫苗如下。

柔嫩艾美耳球虫弱毒疫苗。虫苗在4~8℃冰箱中保存半年仍有很高的免疫效果。该疫苗具有安全、高效、价廉、使用方便等优点，适用于肉鸡。

Cocci-Vac虫苗。这种虫苗包含多种毒力球虫的活卵囊，经饮水免疫，使鸡轻度感染而产生免疫力。

遗传工程苗。与药物治疗和活虫苗免疫相比，用遗传工程生产的死疫苗既没有毒力致病之忧，又易于掌握，使用方便。

藻酸盐包裹致病系球虫卵囊疫苗。将致羽系球虫卵囊用藻酸盐包裹起来，混在饲料中分多日投服。

2. 治疗

使用的药物有化学合成药和抗生素两大类。常用的如下。

（1）氯羟吡啶（克球多、克球粉、可爱丹、灭球清）　预防按125~150毫克/千克饲料混饲。治疗量加倍。育雏期连续给药。

（2）氯苯胍　预防按33毫克/千克饲料混饲，连用1~2个月，治疗量加倍，连用3~7天，后改预防量予以控制。

（3）氨丙啉　治疗120~240毫克/千克饲料混饲，或每升水加60~240毫克，连服7天，以后按半量饲喂。应用本药期间，饲料中维生素B_1的含量应不超过10毫克/千克饲料为宜。

（4）盐霉素（球虫粉，优素精）　预防按50~70毫克/千克饲料混饲。

（5）莫能菌素　预防按80~120毫克/千克饲料混饲，与盐霉素合用有累加作用。

此外，磺胺类药物也有较好的治疗效果。但要注意休药期，并遵守轮换用药、穿梭用药和联合用药的原则。

发病时尽早用药物治疗。抗球虫药对球虫生活史早期作用明显,而一旦出现症状和造成组织损伤,再用药物往往收效甚微。

十八、禽网状内皮组织增殖病

禽网状内皮组织增殖病是由网状内皮组织增殖病病毒引起的鸡、火鸡、鸭和野鸡等禽类的一群病理学综合征,包括免疫抑制、急性网状细胞瘤、矮小病综合征和淋巴组织与其他组织的慢性肿瘤形成等。

(一) 诊断要点

1. 病原与流行特点

该病的病原是网状内皮组织增殖病病毒,为反转录病毒科、正反转录病毒亚科、丙型反转录病毒属,可被脂溶剂如乙醚、5%氯仿和消毒剂破坏,不耐酸。对紫外线有相当的抵抗力。网状内皮组织增殖病病毒的自然宿主仅限于禽类,主要包括鸡、火鸡、鸭、鹅和鹌鹑等,其中鸡和火鸡最常见。患病家禽是该病的主要传染源,可从口、眼分泌物及粪便中排出病毒,通过水平传播使易感鸡感染。该病亦可通过种蛋垂直传播,但感染率较低,有证明表明亦可经蚊子传播。污染网状内皮组织增殖病病毒的疫苗是造成该病传播的主要原因,鸡群接种被网状内皮组织增殖病病毒污染的疫苗,如 MD 液氮苗或鸡痘苗可造成网状内皮组织增殖病的大面积流行,引起较高的发病率和死亡率。

日龄小的鸡,尤其是新孵出的雏鸡及胚胎感染的鸡可引起严重的免疫抑制和免疫耐受。而大龄鸡感染后不出现或仅出现一过性病毒血症。该病通常为散发,发病多在 80 日龄左右,近年发现发病日龄集中在产蛋前后,高温季节不易发病。该病呈慢性死亡,病程约为 10 周。

2. 临床症状与病理变化

急性网状细胞瘤病例无明显症状,突然死亡。矮小综合征病例表现生长停滞、消瘦、苍白、羽毛粗乱和稀少,并出现肠炎症状,常发生免疫抑制。慢性肿瘤的病鸡常无明显症状。剖检,急性网状细胞瘤病死鸡的肝、脾肿大,表面有局灶性或弥漫性白色浸润病灶;矮小综合征的病死鸡的胸腺和法氏囊萎缩,末梢神经肿大,腺胃炎、肠炎、贫血、肝和脾坏死;慢性肿瘤病死鸡的肝、法氏囊、脾、性腺、肾脏等可见肉髓。

3. 实验室诊断

由于禽网状内皮组织增殖病缺乏特征性的临床症状和病理变化,且疾病的表现形式多种多样,许多变化容易与其他肿瘤病混淆,可以进行病毒分离鉴定、血清学检测和分子生物学检测等实验室诊断。

(二) 防控措施

1. 预防

该病在防治上至今没有行之有效的方法,虽然有一些商品化的疫苗,但对疫苗的使用还存在一定的争议。对该病的防控主要通过加强平时的饲养管理,严格相关禽用疫苗制品生产过程中的生物安全规程,杜绝疫苗中网状内皮组织增殖病病毒的污染。通过种源净化,切断其垂直传播途径。加强引种管理,防止引种过程中的水平传播。

2. 治疗

尚无特效治疗方法,病禽也无治疗价值,发现病鸡则予以淘汰,并严格消毒。

十九、鸡病毒性关节炎

鸡病毒性关节炎又称病毒性腱鞘炎或滑液囊炎,是由禽呼肠孤病毒感染引起的鸡或火鸡的重要传染病,以鸡跛行、关节炎、腱鞘炎、腓肠肌断裂等为主要特征。该病传播速度快、发病范围广,不同日龄、不同品种的鸡均可感染,但对商品肉鸡的危害最为严重。该病属免疫抑制类疾病,能损伤鸡体免疫器官,造成免疫功能低下,从而增加其他病原的易感性,给我国养鸡业造成严重经济损失。

(一) 诊断要点

1. 病原与流行特点

禽呼肠孤病毒属于呼肠孤病毒科、刺突呼肠孤病毒亚科、正呼肠孤病毒属病毒,对环境的抵抗力较强,对氯仿轻度敏感,对2%来苏尔、3%福尔马林、DNA代谢抑制物等有抵抗力。但2%~3%氢氧化钠溶液、70%乙醇和0.5%有机碘可使病毒失活。

该病一年四季均可发生,卫生条件差、饲养密度过大、气温骤变等应激因素可促进该病的发生。该病传播速度快,发病范围广,遍及世界各地,不同品种、不同日龄的鸡均可感染。腱鞘炎在肉用型或肉蛋兼用型等体积较大的鸡中最为流行,成年商品蛋鸡感染后可导致败血症。鸡群的发病率可达80%~100%,腱鞘炎病例的死亡率为1%,但发生败血症的成年鸡死亡率可达5%。感染率和发病率亦因鸡日龄不同而有差异,1日龄雏鸡最易感,鸡日龄越大,易感性逐渐下降,16周龄后感染情况明显降低。雏鸡感染后发病率和死亡率显著高于青年鸡和成年鸡。自然病例主要发生于4~6周龄,也有8~10周龄发病的报道。日龄大的鸡感染后潜伏期较长,有的可耐过。病鸡、带毒鸡是主要传染源。该病主要通过消化道和呼吸道方式水平传播,也可经卵垂直传播,但垂直传播率通常较低。刚孵出的雏鸡对该病最易感,通常垂直传播后可迅速发生水平传播。病初,病毒存在于病鸡血液中,此时也可通过吸血昆虫传播,以后病毒局限于腱膜组织和关节部位。

2. 临床症状与病理变化

急性病鸡表现跛行、跗关节肿胀、患腿伸展困难、趾屈曲、不愿走动、蹲伏。慢性病鸡跛行更明显,步态不稳,常蹲伏不动,在日龄较大的鸡可见腓肠肌断裂,导致顽固性跛行。后期病鸡头部苍白、消瘦、生长停滞,最后衰竭死亡。产蛋鸡产蛋量下降。种蛋受精率下降。

剖检,跗关节肿胀、充血或有点状出血,关节腔内有大量淡黄色或血色渗出液,趾屈肌腱和跖伸肌腱发生炎性水肿,腓肠肌腱出血、坏死或断裂。炎症进一步发展,腓肠肌腱部可见增生的结节状物或腱鞘硬化与粘连,关节软骨糜烂溃疡。骨膜增生,使骨干增厚,有时可见肝、脾、肾充血及心肌上有小坏死灶。

3. 实验室诊断

根据流行特点、临床症状和病理变化可作出初步诊断,确诊须进行实验室检查。

(二) 防控措施

1. 预防

建立健全兽医卫生管理制度。采取全进全出的饲养制度。1~7日龄和4周龄各接种一次油佐剂灭活苗。

2. 治疗

无特效的治疗方法,可在饲料中合理添加抗菌药物,以控制继发或并发感染。

二十、禽脑脊髓炎

禽脑脊髓炎是由禽脑脊髓炎病毒引起的一种急性高度接触性传染病,又称流行性震颤。

(一) 诊断要点

1. 病原与流行特点

该病的病原是禽脑脊髓炎病毒,抵抗力强,对氯仿、乙醚、酸、胰蛋白酶、去氧胆酸盐、去氧核酸酶等有抵抗力。

自然感染见于鸡、雉、鹌鹑和火鸡，鸡对该病最易感。各种日龄均可感染，但3周龄以内雏鸡易感性最高，有明显的临床症状，日龄越大，症状越轻，有明显的日龄抵抗性。成年蛋鸡可引起产蛋率下降和孵化率降低，雏鸭、雏火鸡、雏鹌鹑、雏鸽子、珠鸡等均可被人工感染，但豚鼠、小白鼠、兔、猴等对该病毒脑内接种有抵抗力。

禽脑脊髓炎病毒具有很强的传染性，能通过接触水平传播和经卵垂直传播。无论是自然感染还是人工感染的鸡，均可通过直接或间接接触传播该病。在自然条件下，禽脑脊髓炎主要通过肠道感染，病鸡通过粪便排毒，持续时间为5~14天，幼雏排毒时间2周以上，3周龄雏鸡排毒时间仅为5天。病毒在粪便中可存活4周以上，容易通过人员流动、污染物而发生水平传播，易感鸡接触到被污染的饲料、饮水等便可发生感染。垂直传播是该病很重要的一种传播方式，产蛋鸡感染后3周内所产的种蛋均带有病毒，这些种蛋可能在孵化过程中死亡，或者能孵化出壳，但孵出的雏鸡在1~20日龄发病死亡。因此，种鸡是否感染了脑脊髓炎病毒，往往通过其后代才能表现出来。感染后的种鸡会逐渐产生循环抗体，种鸡的带毒和排毒情况也随之减轻，一般感染后3~4周种蛋内的母源抗体就可以保护雏鸡顺利出壳，不再出现该病的任何症状。

该病发生无明显的季节性，一年四季均可发生。雏鸡发病率一般为40%~60%，死亡率为10%~25%，甚至更高。

2. 临床症状与病理变化

该病主要侵害雏鸡的中枢神经系统，雏鸡主要表现共济失调、渐进性瘫痪和头颈部肌肉震颤，主要病变是非化脓性脑炎。产蛋鸡感染后出现短暂的产蛋率和孵化率下降。

雏鸡发病后表现精神迟钝，不愿走动、运动失调、步态不稳，部分病鸡头颈部震颤，有时翅膀和尾部也出现震颤，最后瘫痪。病雏耐过后，生长发育迟缓，在育成阶段出现一侧或两侧眼球的晶状体浑浊或呈浅蓝色褪色，眼内有絮状物，瞳孔光反射弱，眼球增大，最后失明。产蛋鸡出现一过性产蛋下降，蛋重变小，有的可能表现轻微腹泻症状。

剖检，病雏肌胃的肌层中有白色小病灶，部分病鸡脑充血，成年鸡无明显肉眼可见病变。

3. 实验室诊断

根据流行特点、临床症状和病理变化等可作出初步诊断，确诊须进行实验室检查。

(二) 防控措施

1. 预防

严禁从疫区引进种鸡和种蛋，种鸡感染后1个月内的种蛋不能用于孵化。

由于该病可垂直传播、通过种鸡免疫接种可被动使雏鸡获得免疫保护力。目前疫苗有活苗和灭活苗两类，活苗包括两种，一种是弱毒活疫苗，这是一种温的野毒株，一般饮水免疫，适用于10~16周龄的种母鸡、疫苗免疫后1周即可产生抗体，3周后达到较高水平，免疫期1年，母源抗体可保护代6周内不受病毒感染。该活疫苗具有一定的毒力，接种疫苗后1~2周仍然能排出病毒，因此小于8周龄的鸡不能使用此苗，以免引起发病。产蛋鸡接种该疫苗后会出现产蛋量下降10%~15%、在种蛋中携带病毒，持续时间达10~14天。另一种活苗是禽脑脊髓炎-鸡痘二联弱毒苗，育成鸡一般于10周龄以上至开产前4周通过翼膜刺种免疫。

目前已有多种灭活疫苗投入使用、包括禽脑脊髓炎单苗、多联疫苗等，在生产中均取得了较好的预防效果。油乳剂灭活疫苗安全性好、免疫后不排毒、不带毒，特别适合于疫区种鸡群免疫。一般种鸡开产前1个月肌内注射免疫，通常免疫1次，可保护终生，为雏鸡提供较高的母源抗体。推荐免疫接种程序：10~12周龄饮水或滴眼免疫1次弱毒疫苗，开产前1个月免疫1次油乳剂灭活疫苗。

2. 发病后处置

目前该病尚无特异性药物治疗，若种鸡群感染，立即用0.2%过氧乙酸与0.2%次氯酸钠带鸡喷雾消毒，交替使用。产蛋下降期所产的蛋不能作为种蛋使用，自产蛋下降之日算起，在1个月左右、种蛋只可作商品蛋处理，不可用于孵化，产蛋量恢复后所产的蛋应在严格消毒后孵化。雏鸡一旦发病、出现症状的雏鸡应立即淘汰、焚烧或深埋。若发病率高，可考虑全群淘汰，彻底消毒后，重新进鸡。

二十一、鸡传染性鼻炎

鸡传染性鼻炎是由副鸡禽杆菌引起鸡的一种急性呼吸道疾病，以眶下窦肿胀、脸面部单侧或双侧肿胀、流鼻液为特征。

(一) 诊断要点

1. 病原与流行特点

副鸡禽杆菌是一种革兰氏阴性、两极浓染、不形成芽孢、无荚膜、无鞭毛、不能运动的小球杆菌。在 24 小时的培养物中，该菌呈杆状或球杆状，长 1~3 微米，宽 0.4~0.8 微米，并带有形成丝的倾向；在 48~60 小时培养物中，该菌发生退化，出现碎片和不整形态，如再移植于新鲜培养基，又可重新形成单个的、成对的和短链的短杆状或球杆状菌体。

副鸡禽杆菌主要存在于病鸡的鼻、眼分泌物和面部肿胀组织中。对外界环境的抵抗力很弱，在自然环境中数小时即死。对热、阳光、干燥和常用消毒药均十分敏感，培养基上的细菌在 4℃ 时能存活两周，在 45℃ 存活不过 6 分钟。但该菌对寒冷抵抗能力强，低温下可存活 10 年，因此，在真空冻干条件下可以长期保存。

各个日龄的鸡都能感染，以 4~12 月龄的鸡最易感，特别是初产蛋鸡易感性最高，13 周龄鸡可 100% 被人工感染、病情也比幼龄鸡严重，幼龄鸡通常不会出现严重发病。成年鸡感染后具有较短的潜伏期，急性发病，表现出严重症状，病程持续时间长。笼养在鸡舍角落的鸡最先发病，当空气不流通、氨气浓度过高，湿度较大，尘埃较多时，自然感染发病率可达 70%~100%，1 月龄内雏鸡也会出现症状。

该病全年任何季节都能够发生，其中秋冬季节较为常见，以 5—7 月和 11 月至翌年 1 月较多发。气候寒冷、舍内过于潮湿、通风不良、鸡群饲养密度过大以及不同年龄鸡群混养等都可诱发该病。病鸡和带菌鸡是该病的主要传染源，主要经尘埃和空气传播，还可通过污染病菌的饲料、饮水、用具、流动的饲养人员及其衣物进行传播，其他易感鸡主要通过呼吸道感染。由于病原体抵抗力很弱，离开鸡体后 4~5 小时即死亡，故通过人、鸟、兽、用具等传播的机会不大，通过空气、尘质等远距离传播的可能性很小。

2. 临床症状与病理变化

轻症病鸡仅表现流稀薄鼻液，无全身症状。严重病鸡流黏稠鼻液，并有难闻的臭味，干燥后凝结成黄色结痂；时常打喷嚏；眼结膜潮红、肿胀、流泪，严重时可失明，单侧或双侧眼睑和脸面部肿胀；食欲减少，幼鸡生长发育不良，育成鸡开产期延迟，产蛋鸡产蛋减少或停止，公鸡肉髯常见肿大；若炎症蔓延至下呼吸道，则呼吸困难，并有啰音。

剖检，鼻腔和眶下窦黏膜充血、肿胀，表面有大量黏液和炎性渗出物凝块，严重时可见气管黏膜也有同样的炎症表现，早期死亡病例可见肺炎、气囊炎，眼结膜充血、肿胀，内有干酪样凝块，脸和肉髯皮下水肿。

3. 实验室诊断

根据流行特点、临床症状和病理变化等可作出初步诊断，确诊须进行实验室检查。

(二) 防治措施

1. 预防

加强鸡群的饲养管理，特别注意消除发病诱因。管理不善导致的气温突变、高温高湿、鸡群过分拥挤、鸡舍通风不佳、环境卫生差、外来人员出入频繁及消毒不及时等均可能成为发病的诱因。应保持鸡群的饲料营养合理，多饲喂含有维生素 A 的饲料，以提高鸡群的抵抗力。杜绝引入病鸡和带菌鸡，远离老鸡群，进行隔离饲养。防止其他传染病的发生，如葡萄球菌等病原微生物的感染。

该病发生后，应隔离病鸡，加强消毒和检疫。病鸡即使经过治疗康复，也不能留作种用。要从鸡场中清除病原，必须全部清除感染鸡或康复鸡，对鸡舍和设备进行清洗和消毒后，重新饲养清洁鸡前，鸡舍应空闲 2~3 周。

疫苗是预防传染性鼻炎的重要手段，目前使用的疫苗都是灭活苗，有单价（A 型）、二价（A+C 型）和三价（A+B+C 型）灭活疫苗。由于传染性鼻炎灭活疫苗只对疫苗中含有相应血清型的副鸡禽杆菌具有保护性，因此疫苗中含有靶鸡群中存在的血清型菌株是预防该病的关键。已证实血清型 A 型和 C 型灭活疫苗间几乎没有交叉保护作用，血清型 B 型是真正存在的具有完全致病性的血清型，这表明在存在血清型 B 型菌株的地区所使用的灭活苗必须含有这一血清型。且血清型 B 型的不同菌株间只能提供部分交叉保护，因此在血清型 B 型流行的地区可考虑使用包含多个 B 型分离株的疫苗。

对未污染地区，首免于 40~50 日龄进行，肌内注射 0.3 毫升/只；二免于 110~120 日进行，肌内注射 0.3 毫升/只，可以保护整个产蛋周期。对污染严重地区，应进行 3 次以上的免疫，即在 75 天左右加强免疫 1 次；蛋鸡和种鸡开产后免疫 1 次，必要时过 3~4 个月再接种 1 次。

2. 治疗

该病发生后可采用以下药物治疗。磺胺间甲氧嘧啶，以 0.05% 比例溶于加有小苏打的饮水中，连用 4~5 天；强力霉素，按 0.01% 饮水，连用 4~5 天；环丙沙星，按 0.01% 饮水，连用 4~5 天。

治疗时注意，副鸡禽杆菌耐药性较强，应通过药物敏感试验选择敏感的药物；传染性鼻炎易复发，用药时应连用 2 个疗程。

二十二、禽坦布苏病毒感染

禽坦布苏病毒感染是由坦布苏病毒感染引起的鸭、鹅等水禽和鸡、鸽子等多种禽类感染的一种急性、病毒性传染病,主要感染水禽。我国水禽坦布苏病毒病始发于2010年4月,传播速度快,波及范围广,危害大,大部分省份及水禽主产区几乎受损。

(一) 诊断要点

1. 病原与流行特点

坦布苏病毒属黄病毒科、黄病毒属的恩塔亚病毒群。该病毒抵抗力不强,不能耐受丙酮、氯仿等有机溶剂,不耐热,56℃处理30分钟即可将其灭活,但对酸较敏感,pH值越低,病毒的滴度下降越明显。

自2010年4—6月在浙江、江苏等水禽主产区的产蛋鸭、鹅中发现该病以后的短短半年时间内,全国15个省份均有不同程度的暴发流行,几乎波及所有水禽主产区。高发病率,低致死率。多个品种的肉鸭、肉鹅也可感染发病,10~25日龄的肉鸭和产蛋鸭的易感性更强。

该病呈地方流行性或散发性,主要发生于新种水禽,经年的种水禽很少发病。在南方,反季节生产的水禽产蛋期主要在夏季,发病率较高,而自然产蛋的水禽秋季开产,发病率较低。该病的流行以夏季和秋季为主,冬季也有零星发生。

2. 临床症状与病理变化

禽坦布苏病毒感染的主要临床特征是体温升高、减食、瘫痪、死淘率增加,产蛋水禽产蛋率下降,甚至绝产,卵泡充血出血。

在自然条件下,禽坦布苏病毒感染的潜伏期一般为3~5天,发病率高达100%,但死亡率一般在1%~5%。急性感染的种禽群,发病1周左右产蛋急剧下降至5%以下,病禽蛋品质下降,产软壳蛋、砂皮蛋、畸形蛋和无壳蛋。患病初期,大群精神尚好,采食量下降,病禽体温升高,排出稀薄、绿色粪便,污染肛周被毛,接着采食量明显减少甚至食欲废绝,部分病禽行走摇摆不稳,共济失调,甚至瘫痪、双腿向后伸展,产蛋明显减少。大多数耐过的病禽于发病1周左右开始好转,2~3周才能基本恢复病前采食量,但产蛋率难以再次达到高峰。

剖检病死禽,育成禽少有特征性病变。产蛋禽主要病变集中在卵巢,表现为卵泡萎缩、变形,卵泡膜充血、出血,蛋黄破裂甚至引起卵黄性腹膜炎。有时见腺胃出血,胰腺水肿出血,心冠脂肪出血,脾脏斑驳呈大理石样,有的极度肿大并破裂。

3. 实验室诊断

根据流行特点、临床症状和病理变化等可作出初步诊断,确诊须进行实验室检查。

(二) 防控措施

1. 预防

建立良好的生物安全体系、加强饲养管理、改善养殖环境是防控该病的根本措施。

（1）建立良好的生物安全体系　加强水禽场工作人员和物资的生物安全管理。增强所有场内工作人员的生物安全意识，自觉遵守并认真实施各项生物安全制度和兽医卫生防疫措施，禁止无关人员入场，谢绝参观。

加强水禽群的控制，引进健壮的雏禽。不从疫区和发病禽群引进种蛋、禽苗和种禽，引种禽群应严格遵守检疫制度。严格按照饲养管理规程，全进全出，减少禽群应激，留心禽群健康状况，做好日常管理，培育体质健壮的雏禽群，提高机体抵抗力，降低成禽易感性。禽群放牧时应注意避开疫源地、候鸟栖息地和喷洒过农药的地方，确保放牧禽群的安全。

加强水域管理。水域是水禽饲养环境不可或缺的环境，也是许多传染病病源的自然传播途径。要保持水禽场水体清洁卫生，最好直接引用无污染的江河洁净水源，通过进水排水系统控制水质。定期用漂白粉等对水体进行消毒。

加强日常卫生消毒管理。对粪便、垫料、饲料残渣、病死禽等废弃物要进行无害化处理。

（2）免疫预防　使用鸭坦布苏病毒病灭活疫苗（HB株）颈部皮下或肌内注射。1~4周龄鸭颈部皮下注射0.5毫升；4周龄以上鸭，每只肌内注射10毫升。首次免疫后2周加强免疫1次，每只肌内注射10毫升。免疫保护期4个月。

2. 治疗

无特效治疗方法和治疗药物。使用抗病毒中药，配合抗生素控制继发感染，可降低死亡率。

二十三、禽腺病毒感染

禽腺病毒感染常见的有鸡包涵体肝炎和产蛋减少综合征。

(一) 鸡包涵体肝炎

1. 诊断要点

（1）流行特点　鸡包涵体肝炎由禽腺病毒引起。主要发生于鸡，尤其是5~7周龄的肉仔鸡，也可见于青年母鸡和产蛋鸡。鹌鹑和火鸡也可感染发病。

(2）临床症状与病理变化　病鸡精神沉郁，羽毛无光泽，蹲伏，嗜睡，白色水样腹泻，冠、肉髯及颜面苍白或黄染，多数呈急性死亡。剖检病鸡肝肿大，色变淡呈淡黄白色，质脆易碎，表面和切面上可见大小不等的出血斑点，并有胆汁淤积的斑纹。严重病例可见肾脏也肿大，色泽苍白，常见尿酸盐沉积，全身浆膜、皮下、肌肉等广泛性出血，有时黄染，血液稀薄，骨髓变为灰白或黄色，法氏囊萎缩变小。

2．防治

（1）预防　禁止从疫区引进种蛋、种鸡。加强新城疫、传染性法氏囊病、传染性贫血、大肠杆菌病等疾病预防。

（2）治疗　无特效疗法，发病时饲料中加倍量使用多种维生素，并添加抗菌药物，以防并发或继发感染。

（二）鸡减蛋综合征

1．诊断要点

（1）流行特点　由禽腺病毒感染引起。主要发生于鸡，以产褐壳蛋的母鸡最易感。主要发生于24~30周龄产蛋高峰期的鸡群。鸭、火鸡、鹅及野禽也可感染病毒。

（2）临床症状与病理变化　病鸡一般无明显临床症状，主要表现为鸡群突然发生群体性产蛋下降。病初蛋壳的色泽变淡，很快出现蛋壳变薄、变软，甚至出现小蛋、畸形蛋、沙皮蛋，异常蛋占10%以上。蛋的蛋白稀薄，蛋黄颜色变浅，蛋的孵化率明显下降。产蛋下降可持续4~10周。

主要病变是卵巢萎缩变小、出血，成熟卵泡部分软化；输卵管子宫部黏膜潮红、水肿，管腔内有白色渗出物或干酪样物积存。其他内脏器官常无病变。

2．防治

（1）预防　从无该病的种鸡场购进鸡苗。严格执行检疫制度、加强消毒工作。免疫接种，一般在110~130日龄用油乳剂灭活苗肌内注射，免疫期为1年。

（2）治疗　无特效治疗办法，一旦发病，可用疫苗紧急接种，以缩短病程。另外，在产蛋恢复期，可在饲料中添加一些增加蛋量的中药，同时增加维生素用量，以加速产蛋的恢复。

二十四、鸡传染性贫血

鸡传染性贫血又称蓝翅病、出血综合征或贫血性皮炎综合征，是由鸡传染性贫血病毒引起的以雏鸡再生障碍性贫血和全身性淋巴组织萎缩为主要特征的免疫抑制病。

(一) 诊断要点

1. 病原与流行特点

由鸡传染性贫血病毒引起。自然感染常见于2~4周龄雏鸡，1周龄以内雏鸡的易感性最高，公鸡比母鸡易感，肉鸡比蛋鸡易感。

2. 临床症状与病理变化

病鸡精神沉郁，瘦弱，行动迟缓，羽毛松乱，喙、肉髯、冠、面部和可视黏膜苍白。生长不良，临死前可见腹泻。

剖检可见病鸡消瘦，肌肉、内脏器官苍白，肝、脾、肾肿大褪色，有时肝表面有坏死灶；血液稀薄如水，凝血时间延长；骨髓萎缩呈黄色，胸腺、法氏囊和胰脏萎缩，局部皮下、肌肉、腺胃黏膜出血；翅膀皮下常见出血，呈蓝紫色，故称"蓝翅病"；若继发感染，则导致严重的皮肤炎。

3. 实验室诊断

根据流行特点、临床症状和病理变化等可作出初步诊断，确诊须进行实验室检查。

(二) 防控措施

1. 预防

(1) 加强生物安全防控　养殖场采取全进全出的饲养制度，严禁从有发病史的鸡场引入。场区做好日常的消毒管理工作，使用消毒剂（如戊二醛、碘酸混合溶液、次氯酸钠溶液或者过硫酸氢钾复合物粉）进行严格消毒，鸡舍可使用5%双链季铵盐络合碘等消毒剂轮换带鸡喷雾消毒，确保不留死角。鸡舍做好通风管理，控制好鸡群饲养密度，给鸡群创造一个舒适的环境，避免有害气体危害鸡群健康。同时做好人员、物资、车辆的消毒管理工作，预防病原的侵入。

(2) 免疫接种　种鸡在90~100日龄时，用鸡传染性贫血活毒疫苗进行饮水免疫。需要注意的是，种鸡群在产蛋前3~4周和40日龄以内的雏鸡不适宜接种鸡传染性贫血弱毒疫苗。

2. 治疗

无特异治疗方法，发病时饲料中应合理添加抗菌药物防止继发感染。

二十五、禽偏肺病毒感染

禽偏肺病毒感染是一种具有高度传染性的呼吸道疾病，最初由禽偏肺病毒感染引起的疾病被称为禽肺炎病毒感染、火鸡鼻气管炎或鸡的头部肿胀综合征。在鸡和火鸡身上主要表现为咳嗽、鼻窦水肿、流涕、饮食下降、饮水减少等。

(一) 诊断要点

1. 病原与流行病学

鸡和火鸡似乎是禽偏肺病毒的天然储存库,但有少量研究发现几种野生和家养禽鸟也有感染禽偏肺病毒的情况。目前尚不清楚在康复火鸡体内是否仍有病毒,尽管已经从输卵管组织中检测到病毒且观察到雏禽感染的现象,但仍没有证据证明禽偏肺病毒可以垂直传染。病毒可以通过与易感或感染禽鸟的直接接触感染,也有研究表明可以通过气溶胶小滴、病毒污染的靴子、衣物或设备等间接方式感染。实验室已经证明了该病毒可以通过空气传播,但在各饲养场之间的传播还未被证实。

2. 临床症状与病理变化

临床症状随着日龄、性别、并发感染以及管理方面等因素的差异而有所不同。幼龄火鸡的临床症状包括流鼻涕、泡性结膜炎、眶下肿胀且伴有下颌水肿。病禽有可能在临床症状减轻时死亡。商品火鸡的死亡率不等,死亡多数是由于继发感染导致的,淘汰率通常会在病毒感染的前2周内有所升高。火鸡种母鸡的产蛋量会下降10%~30%,死胎率有所上升。种禽的死亡率通常小于2%,但若火鸡群曾进行过巴斯德菌活疫苗免疫则表现为较高的死亡率。鸡感染禽偏肺病毒后可能会有亚临床症状或伴随其他病原的头部肿胀综合征和产蛋率下降等方面的问题。

成年雌性火鸡,在产蛋量显著性下降的同时有蛋壳质量不好、腹膜炎和子宫部下垂的症状。实验室感染导致水样鼻涕、气管黏液增多且伴随卵黄性腹膜炎和产劣质卵和异常卵的现象。细菌性继发感染会加重气囊炎、心包炎、肝周炎和肺炎等病变。实验室感染病例镜下观察有局部纤毛减少、上皮细胞坏死、充血、鼻黏膜下层单核细胞为主的炎症以及暂时性纤毛脱落的现象。对于鸡来说,通常伴有由埃希氏大肠杆菌的继发感染,最后发展为在头部皮下组织有黄色胶状的脓性分泌物,眶周以及眶下窦肿胀的头部肿胀综合征,并伴有上呼吸道局部的短暂炎症。

3. 实验室诊断

通过病史以及打喷嚏、流鼻涕、鼻窦肿大等症状可提示为禽偏肺病毒感染,因为与其他呼吸系统传染病相似,所以需要通过实验室检测来确诊。

(二) 防控措施

1. 预防

禽偏肺病毒在自然界中的宿主目前还不明确，可能是野禽。受感染禽群是否会终身携带病毒目前仍然未知，但其始终是病毒潜在的来源。防控偏肺病毒感染要避免直接或间接接触可能的病原库（野禽和感染禽）。目前有限的研究表明，各种禽肺病毒间可能存在不完全交叉保护。由于该病通过直接或间接接触病原传染，实施严格的生物安全保护和良好的卫生措施是十分必要的，应引起重视。

对于禽偏肺病毒最基础的生物安全保护措施应包含以下几点：第一，与禽鸟接触（疫苗接种、搬运、运输活禽、授精）的人员必须严格监控，应当穿着一次性或清洁干净的衣物及鞋子；第二，跨禽场运输或与家禽或禽鸟接触过的设备（粉刷工具、搬运设备、运输活禽的卡车、垫料装卸卡车、装卸器以及疫苗接种的设备等）需要使用清洁剂和消毒剂清洗；第三，家禽使用的设备需要避免与野禽接触；第四，在禽偏肺病毒感染地区应实行常规监测，早期检查可采用血样的血清学检测和鼻后孔拭子的 PCR 检测，为建立其他疫情控制措施打下基础。

2. 治疗

该病尚无有效治疗方法，使用抗生素可以减少并发的细菌性感染，通过减小养殖密度、增加供热以及优良管理等可减少该病带来的经济损失。

二十六、鸡红螨病

鸡红螨病也称为鸡刺皮螨病、鸡螨病或栖架螨病。由于该虫具有很强的繁殖力，且容易形成耐药性，很难在生产实践中完全根除，加之其可作为传播其他疾病的媒介，造成巨大的危害，影响养殖户的经济效益。

(一) 诊断要点

1. 病原与流行特点

鸡刺皮螨属于蜘蛛纲螨目，是禽类体外寄生虫中的一种。虫体在白天往往在笼框、柄架、鸡窝缝隙以及鸡舍墙缝中隐藏，还可隐藏在干涸粪块以及饲料渣下面，并在以上环境中繁殖、产卵。该虫具有昼伏夜出的习性，一般在夜间或光线较暗的阴天时，幼虫和成虫会爬到鸡体上吸食血液，吸饱后就会离开，并返回缝隙中栖息。成虫的耐饥饿性较强，在没有血源的情况下也能够存活 80~100 天。另外，虫体能够携带并传播很多疾病的病原体，目前已知其能够携带鸡伤寒沙门氏菌、大肠杆菌、葡萄球菌和志贺氏菌。

2. 临床症状

发病鸡群表现出烦躁不安,经常啄肛、啄羽,无法正常休息,机体消瘦,增加耗料,生产力降低。如果病鸡寄生有大量刺皮螨,会导致机体消瘦、贫血,且产蛋量明显降低,雏鸡发病后会由于贫血而容易发生死亡。发病后期,病鸡往往容易出现继发症,混合感染致使机体明显衰竭,出现死亡。

虫体在吸食血液后会呈红色,其会在鸡舍内密集爬行,经过仔细观察非常容易发现。为进一步确定,可使用光学显微镜对虫体进行常规方法检查,观察发现虫体呈红色或棕黑色,为长椭圆形,后部略宽。虫体长度在0.5~0.8毫米,宽度在0.3~0.5毫米。虫体表面存在短毛和细皱纹,足末端处生有吸盘,并有一对螯肢,且具有一整块的背板。通过与寄生虫标准图谱比较,发现虫体特征完全符合鸡皮刺螨,从而可确诊发生该病。

3. 实验室诊断

根据流行特点、临床症状和病理变化等可作出初步诊断,确诊须进行实验室检查。

(二) 防治措施

1. 预防

鸡场要采取全进全出的饲养方式,禁止混养,避免交叉感染。每批鸡淘汰后,鸡舍内的所有用具都要使用杀虫剂进行充分浸泡、冲刷,接着置于阳光下晾晒。另外,鸡舍的地面、墙壁以及鸡笼的全部缝隙都要进行全面清扫,接着喷洒杀虫剂蝇毒磷杀虫,连续使用2次,经过至少20天才可再次进鸡。堵塞墙缝,及时清除污物、杂草,经常清理粪便,并运送至指定地点采取集中堆肥发酵等,以杀灭其中所含的虫体。定期喷洒杀虫剂来预防发病,通常在每批鸡出栏后都要对运动场地及圈舍喷洒辛硫磷,间隔10天再用药1次。

2. 治疗

根据鸡刺皮螨主要在夜间侵袭鸡,而白天隐藏于栖息处,因此必须采取内外兼治的方法,以将虫体完全消灭。

通常采取带鸡喷洒杀虫剂,注意要选用低毒、高效的杀虫剂,并适时更换。如0.05%蝇毒磷或0.02%溴氰菊酯,喷洒于虫体聚集处,确保喷洒仔细,不留死角。在气候炎热的夏季,选择在天气凉爽时(如早晨或傍晚)用药。三氯杀螨醇,即按1:1 000倍稀释,喷洒运动场及鸡舍。在喷洒体外杀虫剂的同时,鸡群可供给阿维菌素或伊维菌素,以将鸡体表寄生的虫体杀死。例如,可在饲料中添加0.2%的阿维菌素或伊维菌素预混剂1.5千克/吨,混合均匀后饲喂，连续使用5~7天，停用1周后再使用5~7天。

在药物治疗时，要求对全场所有鸡舍都采取统一用药，防止鸡舍间发生交叉感染，确保治疗效果良好。另外，在治疗过程中，要注意给鸡群补充适量的多维电解质，增强机体抵抗力以及抗应激能力。

二十七、鸡坏死性肠炎

该病是由产气荚膜梭菌引起的以鸡肠道黏膜坏死或溃疡为主要病症的传染病。

（一）诊断要点

1. 病原与流行特点

由产气荚膜梭菌引起。自然条件下该病在肉鸡、蛋鸡群中均可发生，尤其是2~8周龄地面平养鸡群，以及地面平养育雏和育成鸡群更容易发病。该病各个季节均可发生，但是在夏季高温高湿条件下更加多见。鸡群之所以发生该病，多数是有明显的诱因，例如饲养密集、空气污浊、冷风入侵、饲料营养不平衡、用药不当、暴发球虫病等不良因素，导致鸡体消化道内菌群失调，刺激致病性菌群繁殖迅速，诱发鸡群发生坏死性肠炎。同时如果环境卫生较差，产气荚膜梭菌的数量超标时，就会增加入侵鸡体的机会，也会诱发鸡群感染该病。

2. 临床症状与病理变化

鸡群发病后一般表现精神状况较差、不愿走动、食欲明显下降，采食量仅仅为原来的50%左右；鸡只羽毛蓬松，眼睛凹陷，鸡冠发绀；病鸡拉稀，粪便呈黄白色，有的呈黄褐色糊状，有的红色或煤焦油状，有的混合有血液和肠道黏膜。通常病程较短，一旦发病很快死亡。

病程较短的病死鸡只明显脱水，腹腔内发黑且有严重的尸腐臭味，小肠后段尤其是回肠和空肠显著肿大，一般膨大至正常小肠的2~3倍；外观肠壁极薄、充满气体，肠管内有黑褐色肠容物；肠黏膜脱落形成一层黄色假膜，有的肠壁出血。该病非常容易继发感染小肠球虫，除了表现上述病变外，在肠道黏膜表面还可见灰白色或红色出血点，肠腔内充满黑红色血凝块，肠道黏膜严重坏死。

3. 实验室诊断

根据流行特点、临床症状和病理变化等可作出初步诊断，确诊须进行实验室检查。

(二) 防治措施

1. 预防

（1）改善饲养环境　供给鸡群适宜的温度条件，否则温度忽高忽低带来冷应激或热应激，刺激机体消化系统菌群失调，诱发坏死性肠炎的发生。同时降低舍内湿度，减缓病菌繁殖速度和防止垫料发生霉变，并勤换垫料避免垫料堆积发生板结变质，保持舍内干燥卫生。

（2）合理加工和贮藏饲料　首先选择优质饲料原料来生产加工饲料，最好从粮库直接购买原料，有利于保障原料质量和减少病菌污染。在加工和贮藏过程中应保证通风良好，避免发生堆积和受潮现象，以免饲料营养成分分解氧化或发生霉变等。在饲喂前需要认真检查饲料温度、形状和气味等，如果发生温度超标、潮湿结块、霉变气味等异常情况，应立即剔除不能再继续饲喂鸡群，否则会严重危害鸡群健康。

（3）做好预防肠道疾病的工作　产气荚膜梭菌属于条件性致病菌，在鸡体肠道菌群平衡的条件下，本菌并不会发生致病性，只有在鸡只体质变差、肠道黏膜受损、菌群失调时，才会促使鸡群感染发病。因此一定做好预防肠道疾病的工作，尤其是防治寄生虫病的发生，例如鸡群感染球虫病后病程较长、容易反复发作，对肠道黏膜造成很严重的损伤，非常容易继发感染坏死性肠炎。

在日常管理中根据鸡群生长发育阶段或者季节的不同，需要定期在饲料中添加伊维菌素和丙硫咪唑等驱虫药物来预防线虫和绦虫等寄生虫病的发生。针对球虫可以定期在饲料中添加磺胺氯吡嗪钠、氨丙啉、地克珠利等，能够有效预防球虫病的感染，如果鸡场发病严重时，建议采取球虫疫苗免疫接种，可以有效防治球虫病的暴发。

2. 治疗

如果鸡群感染发生该病后，在饲料中添加利高霉素或林可霉素可以起到很好的治疗效果，同时添加杆菌肽调节肠道菌群平衡，促使机体尽快恢复健康。在通常情况下，鸡群感染坏死性肠炎后非常容易继发感染鸡球虫病，所以在治疗过程中应添加适当的抗球虫药物，先将球虫控制后才能彻底治愈鸡群。另外该病容易反复发生，在治疗时避免产生耐药性，需要提前做好药敏试验，选用高敏药物来轮换使用，保证治疗效果，防止反复发作增加治疗难度和延误病情，给鸡群造成更大的经济损失。

由于产气荚膜梭菌普遍存在于土壤、粪便、灰尘和污染的饲料、垫料中，因此在治疗控制该病时需要及时清除粪便和勤换垫料，并且对鸡舍内外定期清理和彻底消毒，搞好栏舍及周围环境的清洁消毒；将粪便运输到指定位置进行清火碱消毒或堆积发酵处理，彻底杀灭粪便中存活的病原微生物，降低鸡群发病机会；及时拣出病死鸡只，运送到远离鸡场的地方进行深埋或焚烧，避免病原体进一步扩散和蔓延。同时改善饲养环境、加强鸡舍通风换气工作，降低舍内湿度和保持良好的空气环境，通风也是最好的消毒方式，因为可以减少环境中的病菌含量。每天带鸡消毒1次，对鸡舍外环境也要每天彻底消毒1次，尽量杀灭环境中存活的病菌。清除潮湿垫料，尤其是水线下方的垫料应保持干燥，防止垫料发生霉变和降低病菌繁殖速度。提高鸡舍温度2~3℃，减少低温给鸡群带来的应激。

二十八、鸭呼肠孤病毒感染

鸭呼肠孤病毒病是由呼肠孤病毒引起的鸭的一种急性、高度致死性传染病，广泛存在于鸭群中。

（一）诊断要点

1. 病原与流行病学

呼肠孤病毒在自然界中广泛分布，很多鸟类携带该病毒，可感染多个品种的家禽。一年四季均可发生，但天气炎热、潮湿时发病率显著升高，在南方雏番鸭、半番鸭中常见发病。主要感染7~51日龄番鸭、2~3周龄的肉鸭、1月龄内的樱桃谷鸭，且日龄越小，发病率和死亡率越高。随着鸭免疫系统不断健全，成年鸭感染呼肠孤病毒病的概率不断下降，且发病鸭耐过后通常成为僵鸭；病程长短不一，通常为2~3周，发病后5~10天进入死亡高峰期，高峰期一般持续10~20天。发病率为20%~90%，病死率为25%~80%。同时，鸭呼肠孤病毒病也是一种免疫抑制性疾病，鸭感染后随着机体免疫功能降低，导致患病中后期对其他传染性病（如大肠杆菌、鸭传染性浆膜炎、新城疫病毒）的易感性增加，病死率更高。

鸭呼肠孤病毒病的传播直接受到传染途径、宿主日龄、病毒类型的影响，病鸭和带毒鸭是该病的主要传染源，通过其病死尸体、分泌物尤其是排泄物散毒（肠道存在更长的排毒时间，因此粪便成为呼肠孤病毒的传播载体），污染饲料、饮水、垫料、空气和用具等经消化道、呼吸道和脚蹼损伤等水平传播，短时间内蔓延至全群。该病也能垂直传播。饲养密度高、卫生条件差、鸭舍潮湿且温差幅度大等均可诱发该病，加重病情。

2. 临床症状与病理变化

受病毒毒力、感染年龄、机体状态、不良环境、免疫抑制病等因素影响，鸭呼肠孤病毒病在感染不同品种鸭的症状往往不尽相同，具体可细分为以下几类：第一，吸收障碍型。感染这类呼肠孤病毒病后，病鸭在初期的主要表现行走不便、精神萎靡、体质孱弱，在患病一段时间后存在骨质疏松、腹泻、长势不良等症状，对鸭致死率约为 10%；第二，关节炎型。一般在 4～7 周龄、14～16 周龄出现，病鸭主要症状包括行走不便、腓肠肌腱断裂、跗关节上腱束双侧及胫骨肿大，雏鸭患病后会出现心肌炎、肝炎等明显症状，如病鸭的病程稍长，则存在步态蹒跚、发育不良症状，很多时候无法恢复，这会导致养殖户提前淘汰，出现较大经济损失，关节炎型存在 6% 的致死率；第三，兼顾型。同时存在关节炎型和吸收障碍型症状，对鸭的危害极大，需要引起重视。

吸收障碍型的鸭呼肠孤病毒病会导致病鸭肝脏、脾脏、肾脏等器官出现集中病变，如肝脏肿大、质脆，表面和切面有大量白色针尖样坏死点；脾脏肿大，有针尖至米粒大小散在的灰白色坏死灶；肾脏苍白、有出血点和坏死点；胰脏水肿、有白色坏死点；此外，有的病例还能发现心肌出血、肺部出血等病变。

关节炎型鸭呼肠孤病毒病主要病变包括环伸肌腱和趾层肌腱肿胀、关节软骨增生等，其中慢性型病变较为常见。

3. 实验室诊断

根据流行特点、临床症状和病理变化等可作出初步诊断，确诊须进行实验室检查。

（二）防控措施

1. 预防

（1）强化饲养管理　重点做好养殖场的饲养管理，重视对养殖环境的改善，注意日常通风和光照管理，保证鸭舍温湿度适宜和空气流通，冬季做好养殖场的保温工作，夏季做好养殖场的通风工作。还要加强雏鸭的饲养管理，避免饲养密度过大；饲养的雏鸭苗最好来自本地培育，确须引进外来鸭苗，一定要从正规渠道引进手续齐全的健康雏鸭苗，避免引进来路不明和健康状况不知的外来鸭苗。加强对饲料的管理，在饲料中添加黄芪多糖等药物，在日常饮水中添加维生素和葡萄糖等，不断提高鸭群的抵抗力和免疫力。此外，加强日常鸭舍卫生及消毒工作，保持场地干爽，尽可能减少应激，生产上实行全进全出，空舍期对鸭舍进行彻底的清扫消毒，可有效预防下批鸭群感染，杜绝疾病的传播与蔓延。

（2）疫苗免疫　可考虑使用番鸭呼肠孤病毒疫苗。种鸭产蛋前 15～30 天注射 1 毫升/只，可有效保护 1 日龄雏鸭感染。如种鸭未进行免疫，产出的雏鸭应在 1～2 日龄接种疫苗 1 羽份/只。如雏鸭有母源抗体存在，应在 5～7 日龄加强免疫预防1次。各种基因工程疫苗（如亚单位疫苗、核酸疫苗和活载体疫苗）还处于研发试验阶段，拥有一定优势，但也存在缺陷和不足。

2. 治疗

在确诊出现鸭呼肠孤病毒病后，及时封锁、隔离病鸭，对没有治疗价值的病鸭及时淘汰，病死鸭进行焚烧、深埋等无害化处理，并加强环境消毒，可使用0.3%过氧乙酸开展带鸭消毒，持续4天，每天1次。

肌内注射植物血凝素和禽干扰素配合头孢噻呋钠，有良好治疗效果；亦可采用注射鸭高免卵黄抗体或血清治疗，同时使用敏感抗生素控制继发感染；在饲料或饮水中添加清瘟败毒口服液、黄连解毒散或扶正解毒散等中草药辅助治疗，疗效显著。

第二节 家禽常见普通病的诊断与防治

一、痛风

痛风是由于动物体内蛋白质代谢发生障碍所导致的一种营养代谢病，该病的主要特征是尿酸盐和尿酸晶体沉积于内脏、输尿管、肾脏和关节腔等器官中，这种尿酸盐由核蛋白产生，主要来源于饲料中的蛋白质或机体本身代谢。此外，该病可引起高尿酸血症。

（一）诊断要点

1. 发病原因

家禽痛风是由多方面的综合因素所造成的，其不仅与饲料营养配制有关，还与药物中毒、传染性疾病、饲养环境、肾脏机能障碍等有关，其中主要以原发性的尿酸生成为主。

（1）饲料营养因素　饲料（如鱼粉、豆饼、肉骨粉和动物内脏等）中的嘌呤碱代谢终产物和蛋白质（特别是核蛋白）含量过高；缺乏充足的维生素A；矿物质含量配合不当；饮水不足，均可引起痛风。

（2）药物因素　有些药物过量或配合不当会造成肾脏的机能障碍，如由于长期大量饲喂磺胺类药物，而又无碳酸氢钠等碱性药物的配合使用，就会使磺胺类药物以结晶体形式析出，进而沉积在肾脏及输尿管中，导致排泄障碍，引起痛风。一些植物毒素和霉菌（如卵孢霉素、橘霉素等）具有肾毒性，由其污染的饲料被家禽采食后也可引起肾功能的改变，导致痛风。

（3）传染性因素　2017年在我国部分地区发生的雏鹅痛风，雏鹅的死亡率可达20%~50%，给我国养鹅业造成了严重的经济损失，病毒分离鉴定证明是由新型鹅星状病毒引起，该病毒可导致鹅肾脏肿胀，肾功能下降，尿酸盐在体内沉积，引起痛风。除此以外，禽肾炎病毒（ANV）和其他相关病毒等具有一定的嗜肾性，引起肾炎和肾功能障碍，导致尿酸盐排泄障碍，也能导致禽痛风。

2. 临床症状与病理变化

该病多呈慢性经过。临床上病禽主要表现为精神不振，喙、趾和蹼色浅苍白、贫血，羽毛蓬松且有脱落，行动迟缓，跛行甚至瘫痪，腿、足、翅关节肿大，触摸有痛感，肛门松弛、收缩无力，排白色粪便，并污染肛周附近羽毛。根据尿酸盐在体内沉积位置的不同，可以分为内脏型痛风和关节型痛风。

关节型痛风病禽跛行，站立无力，脚趾和腿部关节肿胀，翅关节肿大。剖检可见关节腔流出膏状白色黏稠液体，关节面及周围组织中有白色尿酸盐沉着，甚至关节面出现溃疡、坏死、腐烂。

内脏型痛风临床多见。病禽食欲不振，逐渐消瘦、衰弱，精神委顿，羽毛蓬乱，贫血；腹泻，粪中含多量尿酸盐；产蛋减少；鸡冠苍白，脱毛。剖检可见肾、输尿管、心包内、胸膜、肠系膜、内脏等表面或管腔有多量白色石灰样尘屑状物质沉积。

（二）防治措施

1. 预防

根据饲养标准合理配制日粮，减少动物性饲料的供给。不要长期或大量使用对肾脏有损害作用的药物或消毒剂等。增加维生素A、B族维生素的供给，严格控制各生理阶段中钙磷供给量及其比例。

2. 治疗

发现该病时，首先查明病因，对于饲料高蛋白因素所致的痛风病，应立即停用或减少蛋白质含量高的（特别是动物性蛋白质，如肉鸭料或肉鸡料）饲料，同时要给予充足的饮水，以促进尿酸盐的排出；对于摄入食用磺胺类药物所引起的痛风病，应停止或减少使用该药物，控制好药物的用法用量。减小对肾脏损伤，并供给充足的饮水和新鲜青绿饲料，饲料中补充丰富的多种维生素（特别是维生素A），适当增加鹅群运动量。

对于已发病的禽群，可应用复方碳酸氢钠可溶性粉混饮，1~2克/升水，连用3天，夏季仅上午饮用。同时添加青绿饲料，多饮水，可促进病禽体内尿酸盐加速排出。

二、脂肪肝综合征

脂肪肝综合征又称脂肪肝出血综合征，是由于长期饲喂高能量低蛋白饲料所导致的以个体肥胖、产蛋量下降、肝脏脂肪变性或破裂出血为主要特征的一种营养代谢病。

（一）诊断要点

1. 发病原因

长期饲喂碳水化合物过高的日粮，同时饲料中胆碱、B族维生素、维生素E、蛋氨酸含量不足可引起大量脂肪沉积于肝脏，此外，环境高温、受惊等应激因素可诱发该病。

2. 临床症状与病理变化

常无明显临床症状而突然死亡，应激、受惊吓时死亡增加。病禽通常体况良好，仅产蛋减少或冠、肉髯贫血发黄等变化，多由于肝脏破裂的内出血而死亡。剖检可见冠、肉髯、肌肉苍白；腹部有多量脂肪；肝脏肿大，表面有出血点，包膜破裂，肝表面和体腔有大凝血块，肝色泽发黄、质脆易碎。

（二）防治措施

1. 预防

调整日粮配方，以适应不同环境条件下鸡群的需要。由于摄入能量过度是重要原因，因此要限制饲料喂量，使体重保持适当，同时要保证日粮中足够的胆碱和蛋氨酸等嗜脂因子。

2. 治疗

饲料中补加氯化胆碱 22~110 毫克/千克，连用 7 天有效；或每吨日粮中补加氯化胆碱 1 000 克、维生素 E 10 000 单位、维生素 B_{12} 12 毫克和肌醇 900 克；或每吨饲料添加氯化胆碱 550 克、硫酸铜 63 克、维生素 E 5.5 克、维生素 B_{12} 3.3 毫克、DL-蛋氨酸 500 克，连用 10 天。

三、笼养蛋鸡疲劳症

笼养蛋鸡疲劳症又称笼养产蛋鸡骨质疏松症，是由于饲料中维生素D、钙磷元素缺乏或钙磷比例严重失调导致成年笼养蛋鸡进行性骨钙流失，骨骼变形、骨质疏松的一种营养代谢病。该病以产蛋鸡瘫痪、骨骼质地变脆，易骨折，软壳蛋无壳蛋增多为特征，是目前影响蛋鸡养殖最重要的骨骼疾病。

(一) 诊断要点

1. 发病原因

(1) 营养因素 日粮中钙和磷缺乏或比例不当；饲料原料中骨粉、鱼粉、肉骨粉和贝壳粉等质量参差不齐，劣质的钙源也会导致钙缺乏；石粉或贝壳粉过细；产蛋后期对钙的需求量增加。

(2) 饲养管理因素 产蛋鸡疲劳症主要发生在笼养蛋鸡群，育成期上笼过早，笼内饲养密度过大，笼养环境下蛋鸡长期缺乏运动；夏季通风不合理、光照不足和过量饮水等；开产过早。此外，后备母鸡在开产前2~4周由于性激素分泌引起骨骼中钙、磷沉积加速，饲料中钙、磷含量应逐渐提高，否则不能满足机体需求而导致产蛋期骨钙沉积不足，鸡发生骨质疏松，所以，该病多发于初产蛋鸡，也称为新母鸡病。

(3) 遗传因素 选育蛋鸡时常考虑体重轻、能量利用率高、产蛋率高和产蛋期长等性状，培育出多个产蛋率高、蛋重大、早熟、体重低和能量利用率高的优良品种，在一定程度上忽视了蛋鸡代谢因素。即使给蛋鸡饲喂科学合理的配方日粮，机体吸收的钙也不能满足产蛋的需求而动员骨钙，因此，高产蛋鸡易发该病。

(4) 疾病因素 夏季一些传染性病原（如大肠杆菌、沙门氏菌、产气荚膜梭菌等）可引起蛋鸡发生肠道疾病，肠黏膜被破坏并长期下痢，机体电解质失调，肠道吸收功能减弱，导致钙、磷和维生素D等吸收不足，进而诱发该病。

2. 临床症状与病理变化

多数病鸡呈慢性经过。患病初期食欲和精神状态无明显变化，表现为轻度地站立不稳，喜蹲伏，或两腿交替站立，以减轻对另一侧腿的压力，薄壳蛋、软壳蛋，鸡蛋破损率明显增高。随着病程的发展，病鸡出现站立不稳，跛行，采食量下降，严重者不能站立而蹲伏于笼内，以翅着地，后期完全不能站立，此时若及时发现并治疗，多数病鸡可在3~5天恢复。发病鸡不能正常采食和饮水，逐渐消瘦、脱水、衰竭而亡。死亡多发生于夜间。

死亡鸡骨骼变软，易弯曲，胸骨变形、变软，胸骨的龙骨呈"S"状弯曲，肋间隙增宽，肋骨与胸骨、椎骨连接处内陷，呈内向弧形，肋骨两端形成串珠状结节。胸肌、腿肌苍白，质地变软。输卵管黏膜充血，管壁变薄，卵泡发育正常，由于体内钙缺乏，导致输卵管收缩无力，所以，输卵管中常有未产出的蛋。肺脏出血、水肿，呈紫红色。肝脏肿大，呈紫红色，质地变脆易碎。腺胃变薄、变软，弹性降低。心包有淡黄色液体渗出。肾盂有时呈急性扩张，肾实质囊肿，偶见尿酸盐沉积。

（二）防治措施

1. 预防

日粮配比时使用优质的原料，如磷酸氢钙、鱼粉、肉骨粉和贝壳粉等，保证全价营养，满足产蛋鸡钙和磷的需求，开产前2~4周饲喂含钙量2%~3%的饲料，增加骨钙含量，提高蛋壳质量；产蛋高峰期钙含量不低于3.5%，磷为0.4%，并在饲料中添加多种维生素，尤其是维生素D_3，每天摄入量不低于2 500单位。夏季高温时，蛋鸡采食量下降，可将饲料中含钙量提高至3.8%，磷降低至0.38%，维生素D_3提高至每天3 000单位，饮水中可适当添加电解多维防止热应激。产蛋鸡应提供合理的光照，光照强度为10勒克斯，光照时间每天约16小时，以保证机体维生素D_3的正常代谢和钙吸收利用。增加育成鸡群的运动，上笼时间以100日龄为佳，育雏和育成期采用平养方式。保持舍内外环境卫生，减少细菌性疾病的发生，出现下痢时应及时诊治，并选择不与钙形成络合物的药物进行治疗。适当添加一些药物或微生态制剂保护肠道，减少肠道疾病的发生，保证钙、磷等的吸收，有助于减少该病的发生。

2. 治疗

在饲养过程中，应勤于观察，一旦发现患病鸡只，应及时挑出并隔离饲养。症状较轻的病鸡改为地面平养为宜，便于自由活动采食，在饲料中添加足量的骨粉或颗粒性碳酸钙，一般经4~7天可恢复。一些停产的病鸡须单独饲喂，保证其正常的进食和饮水，一般不超过1周即可恢复。个别病情严重的病鸡可肌内注射维丁胶性钙注射液，2毫升/只，连用3~4天，或注射维生素D_3，每千克体重1 500单位，每天2次，连用3~4天。对于已发生多处骨折的病鸡，无治疗价值，应尽早淘汰处理。此外，大群饲料中添加2%~3%的颗粒性碳酸钙，每千克饲料中添加2 500单位的维生素D_3，再添加0.2%~0.5%鱼肝油，连用20天，鸡群血钙含量可恢复至正常水平，长骨钙化，大群康复。

第三章 牛羊常见病的诊断与防治

第一节 牛常见传染病的诊断与防治

一、口蹄疫

(一) 诊断要点

1. 病原及流行特点

由口蹄疫病毒引起。可感染多种动物,以偶蹄兽最易感,尤其是黄牛和奶牛。我国农业农村部将其定为一类动物疫病,其传播迅速,流行范围广。一年四季均可发病,但以春、秋两季易流行。

2. 临床症状及病理变化

病牛体温升高达 40~41℃,食欲不振,精神沉郁;流涎,1~2 天在唇内面、齿龈、舌面和颊部黏膜上发生蚕豆至核桃大的水疱并很快破裂,形成边缘整齐的红色糜烂,如继发细菌感染,即发生溃疡。在口腔发生水疱的同时,趾间和蹄冠皮肤红、肿,进而色苍白,形成水疱,水疱破溃后留下红色糜烂面,以后结痂,如有细菌感染,则发生化脓,蹄不能着地,甚至蹄壳脱落。乳头也常发生水疱,进而出现烂斑,有继发感染时,引起乳腺炎,泌乳停止。犊牛症状不明显,主要表现出血性肠炎和心肌麻痹,病死率很高;死后剖检可见心内外膜出血,心肌质地松软,有淡黄色斑纹或见不规则斑点,俗称"虎斑心"。

羊口蹄疫症状与牛大致相同,但绵羊蹄部症状明显,口腔变化较轻;山羊多见弥漫性口腔炎,水疱发生于硬腭和舌面,蹄部病症较轻;羔羊表现胃肠炎和心肌炎。

3. 实验室诊断

无菌抽取水疱液或剪取水疱皮,装于灭菌小瓶,冷藏保存,送有关部门鉴定;或者在康复后不久采取血清,进行补体结合试验或乳鼠血清保护试验、间接血凝试验、琼脂扩散试验等测定血清抗体。

(二) 防控措施

1. 控制

(1) 按照国家有关规定，采取紧急措施，防止疫情扩散　当发生疫情时，及时成立口蹄疫防治领导机构，统一指挥，动员各行各业全力以赴。本着"早、快、严、小"的原则，坚持采取"封锁隔离、检疫、消毒和预防注射"等综合措施。明确划定疫点、疫区、受威胁区、安全区的界线，及早做到封死疫点，封锁疫区，加强受威胁区和安全区的防范，严格控制疫情扩散。疫点内的疫情，应组织力量在短期予以扑灭。

(2) 划定疫点、疫区和受威胁区　由所在地县级以上兽医防控管理部门划定疫点、疫区和受威胁区。疫点为家畜发病所在的地点，即应以发病的规模养殖场或户、市场、屠宰场及自然村寨为疫点。通常以疫点边缘向外延伸3 000米的范围为疫区，以疫区边缘向外延5 000米的范围为受威胁区，但可根据地理环境条件和受威胁的程度增减范围，为加强紧急预防接种提供区域。

(3) 封锁疫区　由县级兽医行政管理部门向当地同级以上人民政府申请发布封锁令，对疫区进行封锁。封锁应根据口蹄疫的疫病性质，确定封锁疫区的起止时间，即从扑灭最后1头疫畜的时间算起，经紧急预防接种后的21天内没有新的疫畜出现为止，方可解除封锁。在这期间疫区的进出口必须安排值班人员进行24小时设卡把关，严密监视，不准动物及其产品出入。

(4) 扑灭　将疑似病例进行无害化处理。将病牛排泄物以及栏圈被污染的垫料、饲料、粪便进行清理深埋、焚烧，粪便堆积发酵，并做无害化处理。

2. 预防

(1) 定期注射疫苗　疫苗接种是防治策略中一个重要组成部分，通过提高牛群的整体免疫水平，才能降低口蹄疫暴发的影响和流行范围。疫苗接种分为常年计划免疫和疫点周围的环状免疫。

实施免疫接种应根据疫情、疫苗种类和防治政策选择疫苗种类、免疫方式、接种剂量和次数。疫苗选择时应注意疫苗毒株与流行毒株应匹配，现在常用疫苗包括口蹄疫 O 型、A 型和 Asia I 型三价灭活疫苗，O 型、A 型二价灭活疫苗，口蹄疫合成肽亚单位疫苗等。牛注射疫苗后14天产生免疫力并可维持4~6个月。免疫后应进行抗体检测和免疫效果评估，抗体合格率不达标时，应及时补注疫苗。我国目前正在进行口蹄疫 Asia I 型的全国性净化工作，由免疫无疫向非免疫无疫过渡。此外，疫苗接种应与生物安全措施紧密结合起来，尤其注意避免因操作不当而感染疾病，才能收到良好的预防效果。

(2) 健全生物安全体系　严格做好生物安全的相关措施，尤其要做好引种、人员、车辆和物品交流等方面的隔离和消毒、与其他敏感动物的接触控制、病死动物的无害化处理等，杜绝传染源和传播途径。同时，加强管理，增强牛只抵抗力。注意观察牛的日常健康状态，对采食、活动等行为以及口腔及舌部健康状况进行日常观察，及时发现病症，尽早采取控制措施。

二、牛流行热

（一）诊断要点

1. 病原及流行特点

由牛流行热病毒引起，又称三日热或暂时热，我国农业农村部将其定为三类动物疫病。主要侵害黄牛和奶牛。多发于蚊蝇活动频繁的季节（6—9月）。

2. 临床症状及病理变化

病牛突然高热（40℃以上），一般维持2~3天；流泪，眼睑和结膜充血、水肿；呼吸急促，发出哼哼声，流鼻液；食欲废绝，反刍停止，多量流涎，粪干或下痢；四肢关节肿痛，呆立不动，呈现跛行；孕牛可流产；奶牛泌乳量下降或停止。发病率高，病死率低，常取良性经过，2~3天即可恢复正常。

部检可见上呼吸道黏膜充血、水肿和点状出血；间质性肺气肿以及肺充血、肺水肿、淋巴结充血、肿胀、出血；真胃、小肠和盲肠黏膜肿胀、充血或出血。

3. 实验室诊断

可于发热初期采血进行病毒分离鉴定；或采取发热初期和恢复期血清进行中和试验、补体结合试验测定抗体效价变化情况。

（二）防控措施

1. 预防

（1）免疫接种　对牛群计划接种疫苗是该病疫区预防该病发生的有效措施、在昆虫发生季节前进行。推荐免疫程序：12月龄以上成年牛，颈部皮下接种牛流行热灭活疫苗4毫升/头，隔21天进行第2次接种，方法、剂量同前；12月龄以内的犊牛，进行3次免疫，即在正常的第2次免疫后2~3个月再进行1次加强免疫，每次免疫剂量均为3毫升/头。具体操作应按产品说明书使用。

（2）加强饲养管理　改善饲养条件、加强夏秋炎热季节的防暑降温管理，减少应激反应。加强环境卫生，消灭吸血昆虫。定期清理牛舍周围的杂草污物，保持牛舍及其周围环境的清洁；在吸昆虫活动期，在牛舍、周围场地、下水道等定期用高效安全的杀虫剂、避虫剂、防虫网或使用生物发酵法等驱除昆虫。

（3）建立隔离和消毒制度 在该病多发季节，特别要加强隔离消毒工作，严禁外来人员进入牛舍，饲养员不要串场串户。每天认真观察牛群动态和牛个体健康状况，及早发现病牛。一旦发现疫情，要及时隔离病牛并进行治疗，限制向未发病地区（地域）转移牛只，增加对牛舍、运动场及周围环境的消毒频率。病死牛要进行无害化处理。

2. 治疗

无特效治疗药物，病牛应立即隔离并进行对症治疗，以缓解呼吸困难和关节疼痛、减少肺气肿和水肿造成的心肺循环压力、防止继发感染等。高热时解热镇痛，可肌内注射复方氨基比林注射液 20~40 毫升，或 30% 安乃近注射液 20~30 毫升。重症病例给予大剂量的抗生素，如青霉素、链霉素等控制继发感染；并用葡萄糖氯化钠注射液 2 000~3 000 毫升，加维生素 C 2~4 克，碳酸氢钠注射液 500~1 000 毫升，静脉注射；10% 安钠咖注射液 2~5 克，维生素 B_1 一次量，100~500 毫克，肌内注射。四肢关节疼痛，可静脉注射水杨酸钠溶液。强心利尿排毒，可用于缓解气喘和呼吸困难；尼可刹米注射液 10~20 毫升，肌内注射。对卧地不起和瘫痪的病牛，可静脉注射生理盐水 1 000 毫升，10% 葡萄糖酸钙注射液 500 毫升，5% 葡萄糖注射液 1 000 毫升、10% 安钠咖注射液 10 毫升，维生素 C 10 克、维生素 B_1 1.5 克。对有肠胃臌胀和消化障碍的病牛，用酵母片 50~80 片、人工盐 100~200 克、碳酸钠 20~50 克、大黄末 20~60 克，加水 1 000 毫升灌服。

三、牛恶性卡他热

（一）诊断要点

1. 病原及流行特点

由恶性卡他热病毒引起，我国农业农村部将其定为三类动物疫病。各种年龄的牛均易感，以 2 岁左右的小牛最易感。鹿和绵羊呈隐性感染，牛发病与接触绵羊有关。一年四季均可发生，但以冬季、早春和秋季多发。

2. 临床症状及病理变化

病牛突然高热稽留（41~42℃），全身迅速虚弱。不久口、鼻、眼出现炎症，口腔流出带臭味的涎液；鼻腔流出脓样鼻液；羞明流泪，眼睑肿胀，有脓性分泌物，角膜浑浊甚至溃疡，最终导致失明；额窦、角窦、鼻窦发炎，角根松动或角脱落；鼻镜干裂、糜烂或坏死。少数病例伴发神经症状，沉郁或昏迷，有时兴奋，鸣叫，磨牙，攻击人、畜。

剖检可见鼻腔、喉头、气管、支气管、口腔、食道、真胃和小肠等部位的黏膜充血水肿、糜烂或溃疡；肝、脾、肾肿胀变性；心包及心外膜出血，心肌变性；全身淋巴结充血、出血和水肿。

确诊须进行实验室检查。

（二）防控措施

1. 预防

加强饲养管理，搞好牛舍卫生，尽可能将牛、羊分开饲喂和管理。

2. 治疗

发现病牛，立即隔离，严格消毒牛舍及用具，并采取对症治疗，如用0.1%高锰酸冲洗口腔，用2%硼酸冲眼，然后涂擦红霉素软膏等；注射抗生素控制继发感染。

四、牛病毒性腹泻

（一）诊断要点

1. 病原及流行特点

由牛病毒性腹泻病毒引起，我国农业农村部将其定为三类动物疫病。不同品种、性别、年龄的牛均易感，多见于6~8月龄犊牛。常发生于冬、春季节，在老疫区以隐性感染和慢性病例为主、在新疫区传染迅速，突然发病，发病率和病死率变动较大。

2. 临床症状及病理变化

病牛体温升高（40~42℃），鼻、眼有浆液性分泌物，口流涎，呼吸有臭味；腹泻，带有胶冻样黏液和血液；跛行；孕牛发生流产，或产下先天性缺陷的犊牛，因小脑发育不全而呈现共济失调或盲目运动。

剖检，见鼻镜、齿龈、上腭、舌面、颊部黏膜糜烂，食道黏膜糜烂呈线形排列，胃黏膜糜烂、水肿，肠黏膜水肿、增厚、集合淋巴结肿胀、出血，小肠黏膜特别是空肠、回肠黏膜肿胀、出血、溃疡、坏死，黏膜脱落。蹄冠和趾间糜烂、溃疡。运动失调的犊牛出现小脑发育不全和两侧脑室积水。

确诊须进行实验室检查。

（二）防控措施

1. 预防

引进种牛、羊时，必须严格检疫，防止引进带毒牛、羊。流行区的牛可用黏膜病弱毒疫苗或猪瘟弱毒疫苗进行预防接种。

2. 治疗

病牛及时隔离或急宰，对同群牛和可疑牛进行反复检疫，及时发现带毒牛；对持续感染牛应坚决淘汰。要严格消毒，并限制牛群活动，以防扩大传染。对病牛进行对症治疗（止泻、补液），防止继发感染。

五、牛传染性鼻气管炎

（一）诊断要点

1. 病原及流行特点

由传染性鼻气管炎病毒引起，又称传染性脓疱外阴阴道炎，农业农村部将其定为二类动物疫病。各年龄、品种的牛均可感染发病，肉牛比奶牛易感，其中以 20~60 日龄牛最易感。主要在秋、冬季节流行，舍饲和密集饲养可促进该病的传播。

2. 临床症状及病理变化

呼吸道型表现为高热，精神极度沉郁，拒食，鼻腔有大量黏液或脓性分泌物，鼻镜发红，眼流泪，咳嗽，呼吸高度困难。生殖道型出现尿频，从阴道流黏液脓性分泌物，外阴部肿胀，有散在多量的脓疱颗粒；公牛龟头、包皮、阴茎上发生脓疱，包皮肿胀及水肿。流产型主要以母牛流产为特征。脑膜脑炎型主要发生于犊牛，病初流涕流泪、呼吸困难，之后共济失调，沉郁、兴奋、惊厥，口吐白沫，倒地抽搐，角弓反张。肠炎型多见于犊牛，表现呼吸道症状，出现腹泻，排血便。结膜角膜型轻者结膜充血、眼睑水肿、流泪，重者表现为结膜出现灰色假膜，呈颗粒状外观，角膜呈云雾状，流黏脓性眼泪。

剖检，见鼻腔、咽喉、气管黏膜严重充血、肿胀，有浅溃疡，被覆黏脓性腐臭的渗出物，肺有成片的化脓灶；真胃黏膜充血、肿胀、有溃疡，大、小肠黏膜充血、肿胀、有黏液；流产胎儿皮下水肿，肝、脾有局灶性坏死。

确诊须进行实验室检查。

（二）防控措施

1. 预防

引种时，隔离检疫 3 周，种公牛采精检疫，以确保健康；在无病区搞好一般性防疫措施，在疫区和受威胁区要用疫苗接种预防。

2. 治疗

发病时，立即隔离、封锁，对孕牛以外的牛紧急接种弱毒疫苗，老疫区只对 5~7 月龄犊牛接种疫苗。病牛辅以抗生素防止继发感染。

六、牛结节性皮肤病

牛结节性皮肤病又称牛结节疹、牛结节性皮炎或牛疙瘩皮肤病，2019 年 8 月，我国首次在新疆伊犁哈萨克州确诊发生牛结节性皮肤病。

（一）诊断要点

1. 病原及流行特点

病原为牛结节性皮肤病病毒，抵抗力强，耐受外界条件影响，在结痂中至少存活 3 个月，在未清洁、遮光的牛舍内存活数月；对热敏感，紫外线可以杀死该病毒。传染源主要为感染牛结节性皮肤病的牛。感染牛和发病牛的皮肤结节、唾液、精液等含有病毒。以吸血昆虫（蚊、蝇、蠓、虻、蜱）的机械传播为主，其次是直接接触传播或者医源性传播。可感染所有牛，黄牛、奶牛、水牛等易感，无年龄差异。

2. 临床症状及病理变化

《OIE 陆生动物卫生法典》规定，其潜伏期为 28 天。在实验室条件下，潜伏期是 4~14 天不等，但是在野外条件下，自然感染动物的潜伏期可长达 35 天。

分为急性型、亚急性型 2 种，其中急性型临床症状比较明显，主要是肩胛下淋巴结或股前淋巴结肿大，体温升高至 40.5℃ 以上，全身皮肤（黏膜、器官）表面被结节覆盖，皮肤水肿，消瘦，泌乳牛产奶量急剧下降，发热持续 1~2 周，流眼泪、流鼻涕，伴随病程深入，鼻腔分泌物会变成脓性、黏性。

剖检，消化道和呼吸道表面有病灶，常见后遗症是肺炎。

3. 实验室诊断

采集全血分离血清进行抗体检测，或采集皮肤结痂、口鼻拭子、抗凝血等进行病原检测。病毒核酸检测可采用 qPCR、PCR 等方法。病毒分离鉴定可采用细胞分离培养病毒、动物回归试验等方法。

（二）防控措施

该病在我国为外来病，首次传入我国。目前除暴发地点新疆伊犁外，尚未发现其他地区有确诊病例。我国农业农村部将其确定为二类动物疫病。

养殖场（户）、兽医从业人员等都应高度重视该病防控工作，严格检疫监管，强化媒介控制，提升管理水平，做好被动监测，持续开展宣传工作，发现可疑病例要及时报告当地畜牧兽医机构，并隔离、限制牛只移动，防止疫病传播扩散。

疫苗免疫是防控该病传播最主要措施。省级农业农村部门可根据辖区内动物疫病流行情况，对牛结节性皮肤病实施强制免疫。目前已经有商品化的弱毒疫苗，如 Neethling 毒株，可产生良好保护，但产生短期副反应。异源性疫苗（如山羊痘和绵羊痘疫苗）发生副反应报道较少。

七、牛传染性角膜结膜炎

（一）诊断要点

1. 病原及流行特点

主要是由牛莫拉菌（又名牛嗜血杆菌）引起，俗称"红眼病"。多发于炎热潮湿的夏秋季节，传播迅速，呈地方流行性。

2. 临床症状及病理变化

病初多为单眼，然后发展为双眼。病初畏光，大量流泪，眼睑肿胀，其后角膜凸起，巩膜充血，瞬膜红肿，角膜上出现白色或灰色小点。严重者，角膜增厚，发生溃疡，形成痕，有时眼前房积脓或角膜破裂，晶状体脱落。一般无全身症状，愈后往往失明。

3. 鉴别诊断

应与传染性鼻气管炎和恶性卡他热等鉴别。

（二）防控

1. 预防

（1）检疫　在引进种牛过程中，避免带菌牛混入牛群。切勿从疫区引进牛、饲料及动物产品。引进的牛要隔离观察 3~7 天，严格消毒圈舍、器具，观察无病的方可入群。

（2）卫生消毒　坚持每天清扫圈舍，定期消毒，营造良好的养殖环境。消灭蚊虫，尤其是消灭各种吸血昆虫。加强环境护理，避免牛只接受强光刺激。

（3）加强免疫　国外有研究使用具有菌毛和血凝性的菌株研制的多价疫苗用于疾病防治，效果较好。在正常情况下，用于犊牛免疫注射，30 天后可产生很好的免疫效力。

（4）及时隔离　在日常饲养管理过程中，一旦有疑似病症出现，立即进行隔离治疗。发病区域立即划定为疫区，严禁疫区牛只随意出入。被污染区域立即进行全面、彻底、严格的消毒处理。病牛要早诊断、早治疗，避免强烈阳光刺激。

2. 治疗

若发现牛群中出现患传染性角膜结膜炎的病牛应及时隔离,将其安置在安静、避光的圈舍内,给予质地较软的饲料和干净的饮水。治疗时先用2%~4%硼酸溶液清洗病牛的病眼,随后滴入硝酸银溶液、蛋白银溶液、硫酸锌溶液或葡萄糖溶液等进行治疗,也可涂抹青霉素、四环素软膏或滴入抗生素眼药水进行治疗,如果病牛眼角膜浑浊或角膜翳时,可涂抹1%~2%黄氧化汞软膏。使用冰片、硼砂、明矾等中药研制成细末,撒在病眼或水煎后清洗病眼也可取得较好的治疗效果。也可采取注射的方式进行治疗,可使用庆大霉素20~50毫克或青霉素30万单位向病眼的结膜下注射,每日1次,连续3天;也可肌内注射盐酸四环素20毫克/千克体重,3天重复1次;或静脉注射磺胺二甲嘧啶100毫克/千克体重,可取得较好的效果。

若病牛角膜深层溃疡或角膜穿孔,可采取瞬膜瓣遮盖术进行治疗,有助于关闭已穿透的角膜溃疡。首先,对手术部位进行局部麻醉,必要时可加肌内注射镇静药物。先在结膜下注射抗生素,用灭菌三棱针经上眼睑外眼角由外向内进针,越过眼球经瞬膜内侧进针、从瞬膜外侧出针,隔数厘米再由瞬膜外侧进针、瞬膜内侧出针,最后至下眼睑的外眼角穹隆处由内向外穿出皮肤,打结后形成褥式缝合,也可做上下眼睑缝合术,以便对第三眼睑瓣提供支持。

八、牛炭疽

(一) 诊断要点

1. 病原及流行特点

由炭疽杆菌引起,属多种动物共患的二类动物疫病。呈地方性流行或散发,且以夏季多发。

2. 临床症状及病理变化

最急性型多见于流行初期,突然发病,行走摇摆,全身颤抖,呼吸困难,体温升高,眼结膜发紫,天然孔流血,猛然倒地,几小时死亡。

急性型最为常见,体温升高达42℃左右,呼吸急促,心跳加快,眼结膜发紫,腹围臌胀,有的兴奋不安,哞叫,天然孔流血,后期精神高度沉郁、体温下降、痉挛而死,病程1~2天。

亚急性型症状类似急性型,病情较轻,病程较长,常于颈、胸、腰、直肠、外阴部水肿或发生炭疽痈,颈部水肿波及咽喉时,加重呼吸困难,病程3~5天。

疑似和确诊病例一般禁止解剖检查，可耳尖采血涂片、染色镜检，或从尸体左侧最后一根肋骨后侧小心切开取小块脾脏涂片、染色镜检，可见带有荚膜的单个、成双或短链的粗大杆菌。必要时可在防止病菌散布条件下进行剖检，可见尸体迅速腐败、膨胀、尸僵不全，血液煤焦油样、凝固不良，皮下及浆膜下有出血性胶样浸润，脾脏显著肿大，松软青紫色。

（二）防控措施

1. 预防

禁止从疫区购买饲料，并注意牧场和水源的安全。常发生炭疽或 2~3 年曾发生过炭疽的地区，对全区所有易感动物每年进行炭疽疫苗预防注射。发生炭疽地区的健康动物应先用青霉素或抗炭疽血清预防，7 天后接种炭疽疫苗；受威胁区的健康动物则只接种炭疽疫苗。

2. 治疗

急性病例往往来不及治疗即死亡。病程稍长的病例，立即隔离进行治疗。青霉素肌内注射，4 次/天，连用 3 天，也可配合静脉注射抗炭疽血清；链霉素肌内注射，2~3 次/天。同时与青霉素、磺胺类药、抗血清配合使用，效果更好。此外，也可用尼考（甲砜素）、土霉素、四环素等治疗。

治疗痈型炭疽时，除静脉注射抗炭疽血清外，同时在肿胀部位给予分点注射，但不可对肿胀部位切开或乱刺。

九、牛气肿疽

（一）诊断要点

1. 病原及流行特点

由气肿疽梭菌引起。多见于 2 岁以下的小黄牛，炎热潮湿季节多发，常呈地方流行性。

2. 临床症状及病理变化

突然发病，体温升高（41~42℃），食欲废绝、反刍停止，出现跛行。不久在腰、荐、肩等肌肉丰满部出现炎性气性水肿，并迅速向四周扩散；肿胀部初有热痛、后变冷行性，无痛；肿胀部皮肤干燥，呈暗红色或黑色，压之有捻发音，叩诊呈鼓音；肿胀破溃或切开后，流出污红色带泡沫的酸臭液体。呼吸困难，脉搏细弱。

切开肿胀部位，可见肌肉内有暗红色坏死，有小空隙，切面呈海绵状，有酸味；肝、肾暗黑色，有大小不等的坏死灶；淋巴结充血、水肿或出血。

3. 确诊

取肿胀部位肌肉、水肿液涂片或肝脏表面压片，染色镜检，可见单个或两个连在一起的无荚膜、有芽孢的气肿疽梭菌。

(二) 防控措施

1. 预防

对疫区及受威胁区，每年春天给牛接种气肿疽菌苗，小牛长到 6 个月时再加强免疫 1 次。非疫区发病时，立即对全群进行检疫，健康牛注射疫苗并转移牧场；假定健康牛隔离观察，1 周后再注射疫苗；病牛和可疑牛就地隔离治疗。

2. 治疗

早期大剂量使用抗菌药物，如青霉素肌内注射，4 次/天，或 10%磺胺嘧啶钠溶液静脉注射，2 次/天。必要时配合强心解毒疗法。

早期可在局部肿胀的周围分点注射 0.25%普鲁卡因青霉素；如出现组织坏死，应进行外科手术切除，并用 2%高锰酸钾或 3%双氧水冲洗。

十、牛巴氏杆菌病

(一) 诊断要点

1. 病原及流行特点

由多杀性巴氏杆菌引起，又称牛出血性败血症。秋末、冬初及天气骤变时容易发病。

2. 临床症状及病理变化

急性败血型表现突然发病，体温升高达 40~42℃，精神沉郁，食欲废绝，呼吸困难，鼻流带血泡沫，腹泻，粪便带血，多在 12~48 小时死亡；肺炎型表现痛性干咳，叩诊胸部浊音，听诊有支气管啰音，胸膜摩擦音；水肿型表现胸前、头颈部水肿，舌咽高度肿胀，呼吸困难，眼红肿，流泪，有时出现血便。

剖检，可见黏膜和内脏表面广泛点状出血，胸腔内有纤维素样液体，肺与心包、胸膜等处粘连，肺组织肝样变，有小坏死灶；肿胀部位呈出血样胶样浸润。

3. 实验室诊断

病变部位采取组织或渗出液涂片，用碱性美蓝染色镜检，可见两极浓染的短杆菌。

(二) 防控措施

1. 预防

（1）加强管理　加强饲养管理，避免牲畜拥挤、受寒等应激因素。增强机体抗病力，尽量消除可能降低抗病力的因素。

（2）严格消毒　牛舍、饲喂用具等用10%石灰乳或5%氢氧化钠溶液进行严格消毒。对垫草等污染物进行焚烧处理。粪便堆积后用5%氢氧化钠溶液表面消毒后再进行生物热处理。对尸体应先消毒外表后再深埋。

（3）定期接种　发病地区，每年定期接种牛出血性败血症氢氧化铝菌苗，体重100千克以上的牛注射6毫升，体重100千克以下的小牛注射4毫升，皮下或肌内注射。

2. 治疗

病牛和疑似病牛，要严格隔离。早期应用青霉素400万单位、链霉素500万单位，肌内注射，3次/天，连用3天；或20%磺胺嘧啶钠注射液100毫升，加入500毫升5%葡萄糖注射液内静脉注射，每天2次。必要时进行强心、补液等对症治疗。

对症状表现严重的病牛，可用5%葡萄糖注射液500毫升、青霉素钠盐800万单位、0.5%氢化可的松注射液500毫克、40%乌洛托品注射液80毫升，静脉注射，每天2次。或用10%磺胺嘧啶钠注射液200毫升、40%乌洛托品注射液80毫升、10%维生素C注射液40毫升、生理盐水500毫升，静脉注射，每天2次。

呼吸困难者用氨茶碱注射液20毫升、5%葡萄糖注射液500毫升、新胂凡纳明3克，混合后避光静脉滴注，每天1次。

中药用金银花50克、连翘60克、射干60克、山豆根60克、天花粉60克、桔梗60克、黄连50克、黄芩50克、栀子50克、茵陈50克、马勃50克、牛蒡子30克，水煎取汁，1次灌服。

十一、犊牛大肠杆菌病

(一) 诊断要点

1. 病原及流行特点

由致病性大肠杆菌引起。多发于10日龄以内的犊牛，冬、春季节多发。气候骤变、阴冷潮湿、饲料和饲养条件变更，卫生不良，母乳过浓或不足，均可促进该病的发生与传播。

2. 临床症状及病理变化

败血型发生于2~3日龄的犊牛，呈急性经过，发热、沉郁，间有腹泻，迅速死亡；肠毒血型常突然死亡，但有的表现先兴奋，后沉郁甚至昏迷，腹泻；白痢型多发于1~2周龄的犊牛，初排黄色粥样稀便，后呈水样、灰白色，混有乳块、泡沫或血丝，恶臭，病末期肛门失禁，常腹痛，可继发肺炎和关节炎。

急性死亡的病犊剖检无明显病变。白痢型死亡者，见真胃内有凝乳块，黏膜充血、水肿，有出血点；小肠黏膜充血、出血及部分黏膜脱落，腔内有血液和气泡，肠系淋巴结肿大，切面多汁；心内膜出血；肝、肾苍白，有出血点；胆囊内充满黏暗绿的胆汁，病程长者，可见肺炎及关节炎的变化。

（二）防控措施

1. 预防

保证牛舍和牛体的卫生，搞好产房的卫生和消毒；让犊牛尽早吃上初乳，防止接触粪便；断奶期避免突然改变饲料，要逐渐过渡。母牛怀孕期间要给予足够的营养，产前1个月时注射相应血清型的大肠杆菌菌苗，以提高初乳中特异性抗体的含量。保证水质清净，可让犊牛自由饮用0.1%~0.5%的高锰酸钾水。若发现牛患病，须及时隔离，地面和垫草用生石灰全面消毒，对患病犊牛及时进行有效治疗。

2. 治疗

大肠杆菌病的治疗主要采用抗菌治疗配合其他对症治疗，如适时止泻、强心补液和调整、改善胃肠功能。

（1）抗生素治疗　常用的药物有以下3种，为了在生产实际中更为有效地防治大肠杆菌病，建议尽可能先做药敏试验，然后有针对性地进行用药。

庆大霉素注射液1~1.5毫克/千克体重，肌内注射，每天2次；磺胺甲基嘧啶注射液0.08~0.2克/千克体重，口服，每天2次；或链霉素10毫克/千克体重，肌内注射，每天2次。

（2）补液　补液的剂量依据脱水的程度来定，若有食欲或能自吮，可以口服补液盐，不能自吮时静脉注射补液。口服补液盐的配方为氯化钠3.5克，氯化钾1.5克，碳酸氢钠2.5克，葡萄糖20克，加水1 000毫升，也可以购买商品补液盐，配成水溶液，全天自由饮用，以防脱水。

病犊不能自食时可用葡萄糖氯化钠注射液或复方氯化钠液1 000~1 500毫升，静脉注射。发生酸中毒时，可用碳酸氢钠注射液80~100毫升缓慢静脉注射。

(3) 调整肠胃功能 用乳酸2克、鱼石脂20克，加水90毫升调匀，每次灌服5毫升，每天2~3次。也可口服保护剂和吸附剂，如次硝酸铋5~10克、白陶土50~100克、活性炭10~20克等，以保护肠黏膜，减少毒素吸收，促进早日康复。

(4) 调整肠道微生态平衡 病情有所好转时，可停止应用抗菌药物，口服调整肠道微生态平衡的生态制剂。如促菌生6~12片，配合乳酶生5~10片，每天2次；或健复生1~2包，每天2次；或其他乳杆菌制剂。

十二、牛沙门氏菌病

牛沙门氏菌病俗称犊牛副伤寒，是由沙门氏菌属菌引起的一种临床上以败血症和肠炎为主要特征的传染病，主要侵害幼龄犊牛，有的可引起妊娠牛发生流产。

(一) 诊断要点

1. 病原及流行特点

由鼠伤寒沙门氏菌和都柏林沙门氏菌引起。多见于10~30日龄犊牛，呈流行性，未喂初乳、乳汁不良、断奶过早、寒冷潮湿、寄生虫侵袭可诱发该病。

2. 临床症状及病理变化

病初体温升高（40~41℃），排黄色稀便，继而混有黏液、带血或纤维素性絮片；腹痛，脱水而死亡；未死亡者可能发生关节炎或支气管肺炎；成年牛多呈隐性感染，少数下痢、腹痛；孕牛可发生流产。

剖检，可见胃肠黏膜、浆膜出血斑，肠系膜淋巴结水肿、出血；脾肿大，质地坚硬如橡皮样，有散在坏死灶；肝脏有小坏死点；胆囊壁增厚；关节、腱鞘有胶样浸润。

(二) 防控措施

1. 预防

(1) 免疫接种 定期进行免疫接种，如肌内注射牛副伤寒氢氧化铝菌苗，1岁以下每次1~2毫升，2岁以上每次2~5毫升。

(2) 加强饲养管理 加强母牛及犊牛的饲养管理，消除各种致病诱因。及时清扫牛舍，彻底清除舍内污物及粪便，定期组织消毒，破坏细菌滋生的外部条件。定期检查饮水及所用饲料质量状况，保证食源洁净卫生。

(3) 及时饲喂初乳 保证犊牛尽早吃上初乳，尽快获得母源抗体，抵御疾病侵袭。

（4）加强检疫　加强疾病检疫工作，及时检出患病牛及带菌牛。根据疫病检疫结果，对有治疗价值的病牛，应进行隔离治疗。病重牛可予以淘汰，病死牛应进行无害化处理，深埋或焚烧，不能食用。

2. 治疗

首选药物为氟苯尼考 20 毫克/千克体重，口服，4 次/天，或剂量减半肌内注射；或庆大霉素注射液 1~1.5 毫克/千克体重，肌内注射，每天 2 次；或磺胺甲基嘧啶注射液 0.08~0.2 克/千克体重，口服，每天 2 次；或链霉素 10 毫克/千克体重，肌内注射，每天 2 次。

在应用上述药物治疗的同时，可用药物配合调整肠胃功能。对流产母牛，还须用 0.5% 高锰酸钾溶液冲洗阴道和子宫。伴发子宫内膜炎时，可用长效土霉素子宫灌注。

对重症牛可配合中药治疗，采用黄连解毒汤加减白头翁汤。

十三、布鲁氏菌病

布鲁氏菌病简称"布病"，是由布鲁氏菌引起的一种急性或慢性、多种动物共患的人兽共患传染病，在我国属二类传染病和优先控制净化病种。临床上以流产和发热为主要特征，主要影响家畜的生殖系统，致生殖器官和胎膜发炎，引起流产、不孕不育、关节炎、睾丸炎和各种组织的局部病灶。

（一）诊断要点

1. 病原及流行特点

由布鲁氏菌引起。多发于成年牛，犊牛有一定抵抗力。

2. 临床症状及病理变化

妊娠母牛主要表现流产，且多发生于妊娠 6~8 个月，流产前可发生阴道炎、排出污红色黏液，流产后多伴发胎衣不下或子宫内膜炎；流产胎儿多为死胎，若为活胎，则体质虚弱，行动不便，不久死亡；公牛常见睾丸炎、附睾炎。此外，也可见乳腺炎、关节炎和滑液囊炎。

剖检，可见胎盘呈淡黄色胶样浸润，表面有豆腐渣样絮状物和脓汁；胎儿真胃中有黄色或白色絮状黏液，胸、腹腔积液，脾、淋巴结肿大、坏死；公牛精囊、睾丸、附睾可见坏死、化脓灶；关节肿胀，内有积液。

3. 实验室诊断

取母牛阴道分泌物、胎衣、羊水，最好是胎儿胃内容物涂片，柯兹洛夫斯基（沙黄-孔雀绿）染色，镜检可见红色的球杆菌；也可取可疑牛的血清作凝集试验、补体结合反应及全乳环状试验等进行确诊。

（二）防控措施

2022年12月29日，中国动物疫病预防控制中心、中国疾病预防控制中心联合下发《布鲁氏菌病防控技术要点（第一版）》，从加强饲养卫生管理、规范免疫措施、畜间布病监测、畜间疫情报告和处置、开展布病净化和无疫建设、及时清理和消毒、严格报检和检疫、加强生物安全管理、做好人员防护、强化宣传教育、人间布病监测、人间布病疫情调查和处置、联防联控等13个方面，指导牛羊（牦牛、骆驼等易感动物）养殖等从业人员、基层动物防疫和疾控人员布病防控工作。

1. 规范免疫措施

《国家动物疫病强制免疫指导意见（2022—2025年）》中规定的布鲁氏菌病免疫范围为：对种畜以外的牛羊进行布鲁氏菌病免疫，种畜禁止免疫。各省份根据评估情况，原则上以县为单位确定本省份的免疫区和非免疫区。免疫区内不实施免疫的、非免疫区实施免疫的，养殖场（户）应逐级报省级农业农村部门同意后实施。各省份根据评估结果，自行确定是否对奶畜免疫；确须免疫的，养殖场（户）应逐级报省级农业农村部门同意后实施。免疫区域划分和奶畜免疫等标准由省级农业农村部门确定。

《布鲁氏菌病防控技术要点（第一版）》对牛布鲁氏菌病的免疫及免疫程序，可选用布鲁氏菌基因缺失活疫苗（A19-ΔVirB12株）或布鲁氏菌活疫苗（A19株）对3~8月龄牛进行免疫，皮下注射，必要时可在12~13月龄（即第1次配种前1个月）再低剂量接种1次；以后可根据牛群布病流行情况决定是否再进行接种。不可用于孕畜。

对羊的免疫，布鲁氏菌活疫苗（S2株）推荐皮下或肌内注射免疫，口服（灌服）免疫也可，不推荐饮水免疫。口服（灌服）免疫可用于孕畜（包括牛），注射免疫不能用于孕畜（包括牛），小尾寒羊、湖羊等四季配种产羔的羊种慎用。每年对3~4月龄健康羔羊实施免疫，以后每年可视免疫效果加强免疫1次。对于调入调出羊只频繁的育肥场（户）、阳性率较高的自繁自养场（户）剔除阳性家畜后，可每年春季或秋季对所有存栏羊只实施整群免疫。布鲁氏菌基因缺失活疫苗（M5-90Δ26株）或布鲁氏菌活疫苗（M5株），用于3月龄以上的羊免疫，母羊可在配种前2~3个月接种，腿部或颈部皮下注射。以后每年接种1次。不可用于孕畜。

2. 畜间布病监测

动物疫病预防控制机构按照《国家动物疫病监测与流行病学调查计划》

要求，规范开展家畜布病监测。对于免疫群，需要记录背景信息（包括动物种类、年龄、免疫时间、免疫途径、疫苗名称、疫苗厂家、调运情况等），牛免疫 A19 疫苗 12 个月后、羊免疫 S2 疫苗 6 个月后，可按监测要求进行疫病监测。对非免疫群，对大于 2 岁的所有牛群和大于 6 月龄的所有羊群，可按监测要求进行疫病监测。

同时，养殖场（户）要严格落实动物防疫主体责任，做好日常巡查，积极配合当地动物疫病预防控制机构做好布病监测工作。有条件的场户，可自行或委托兽医社会化服务组织对本场开展布病监测。

3. 畜间疫情报告和处置

规模养殖场（户）制定布病疫情报告和应急处置预案，当发生疑似病例时，根据规定向所在地农业农村主管部门或动物疫病预防控制机构报告。散养户发现流产等疑似病例时，及时报告村级防疫员或乡镇动物防疫人员，由其向当地动物疫病预防控制机构报告，或直接报告当地动物疫病预防控制机构。

接到报告后，相关机构应及时派专业技术人员到现场进行诊断和流行病学调查。确认畜间布病疫情的，按《布鲁氏菌病防治技术规范》要求严格处置，扑杀患病动物。开展流行病学调查，隔离饲养同群畜和有流行病学关联的畜群，加强临床排查，必要时开展应急监测。连续 2 次间隔 30 天检测为阴性的，解除隔离。

在养殖场生产区域下风口用 2 道栅栏或实体围墙隔离，设置阳性动物隔离区，与健康牛羊舍保持至少 5 米距离。隔离区内工作人员、车辆、用具等要相对固定，进出口设置专门消毒设施，对进出的人员和车辆等进行严格消毒。奶畜隔离区配备专门的挤奶设备和全密封巴氏高温杀菌设备，分区挤奶并对阳性动物产的鲜奶进行巴氏高温杀菌。

按照病死及病害动物无害化处理相关技术规范要求，或按照地方兽医管理部门规定，对病死、扑杀牛羊进行无害化处理，对日常检疫中发现的患病牛羊及其流产胎儿、胎衣、排泄物、乳、乳制品等进行严格彻底的无害化处理，对患病动物污染的场所、用具、物品严格进行消毒。由无害化处理公司统一处理的，一律收集后交由其进行处理；无统一处理条件的，设立专门的无害化处理池。污染的饲料、垫料和阳性动物粪便等，可采取深埋发酵或焚烧的方式无害化处理。

对阳性动物污染的牛羊舍、运动场、挤奶厅、运输设备、用具、物品等，要每天至少 2 次严格消毒，持续 2 周以上。阳性动物隔离区每天至少全面彻底消毒 2 次，直到隔离的阳性动物全部处置完毕为止。牛羊产后要对产房进行全面彻底消毒，对流产物污染的地方进行严格彻底消毒。

4. 开展布病净化和无疫建设

（1）开展布病场群净化和无疫建设　牛羊养殖场依据《动物疫病净化场评估技术规范》《无布鲁氏菌病小区标准》等技术指导文件，在各级动物疫病预防控制机构和相关机构的指导和帮助下，针对本场布病本底调查情况，并考虑自身条件和本场实际，"一场一策"制定相应净化或无疫小区建设方案。建立完善的防疫和生产管理等制度，优化生产结构和建筑设计布局，构建可靠的生物安全防护体系。采取严格的生物安全措施，加强人流、物流管控，实行"自繁自养"生产模式，降低疫病水平传播风险。强化对引入种用动物和本场留种动物监测，降低疫病垂直传播风险。持续开展病原学监测和感染抗体监测，通过淘汰带菌动物、分群饲养等方法建立健康动物群，以布病阴性的生产核心群为基础，逐步扩大健康群，最终实现全场净化和无疫。

（2）开展布病区域净化和无疫建设　有条件的地区，可集中连片推进布病场群净化或无疫小区建设，以点带面，积极推广疫病监测、风险评估、分级防控、调运监管、生物安全管理等布病区域净化技术，在区域内开展本底调查和风险评估，制定实施监测净化或无疫建设方案，建立区域生物安全综合防控体系，强化家畜流动监管措施，统筹规模场和散养户，统筹畜间防控和人间防控，推进区域内养殖、运输、屠宰全链条防控，全方位强化区域内布病系统治理水平，实现区域布病净化和无疫。

十四、牛结核病

（一）诊断要点

1. 病原及流行特点

由牛分枝杆菌引起。以牛（特别是奶牛）最易感，多为散发，厩舍拥挤、卫生不良、营养不足等均可诱使该病的发生与传播。

2. 临床症状及病理变化

由于牛分枝杆菌侵害部位不同，症状表现也有差异。肺结核以长期顽固的干咳为特点，清晨咳嗽明显，食欲正常、渐进性消瘦；乳房结核一般以乳房上淋巴结肿大、乳房出现局限性的或弥漫性的硬结为特点，硬结无热无痛，凸凹不平，泌乳量下降、乳汁变稀，严重者泌乳停止；肠结核以消瘦和持续性下痢或便秘下痢交替发生为特点，粪便中常带血、带脓汁，味腥臭；此外，牛分枝杆菌还可侵害其他器官而发生睾丸结核、子宫结核、脑结核、淋巴结核等。

剖检，可见肺、乳房、淋巴结、肠、脑等部位有小米粒大至鸡蛋大，灰白色或黄白色坚实干硬的结节，胸膜和腹膜有串状结节。

3. 实验室诊断

采取病灶组织涂片、抗酸染色，镜检可见红色杆菌；也可用结核菌素作变态反应检查。

（二）防控措施

国家规定牛结核病采用"检疫—扑杀"策略进行控制和净化。具体包括定期检疫、扑杀阳性牛、消毒和移动控制等措施。

1. 定期检疫

牛结核一般在春、秋季进行两次检疫。具体检疫频率与流行率高低、控制和净化目标等因素有关。

根据牛结核病净化过程可将牛群分为6个阶段，即感染群、控制群、暂时清洁群、确定无疫群、认证无疫群、维持无疫群。犊牛6周龄以上就可以进行检测。感染群每3~4个月检疫1次，淘汰阳性牛。当获得1次全群阴性后，牛群即成为控制群，可将检测间隔延长至6个月，及时淘汰阳性牛。当2次全群阴性后，牛群成为确定清洁群，检测间隔延长至6~12个月。当第3次全群阴性时，达到确定无疫群阶段。认证抽检阴性，达到认证无疫群阶段。此后在保证生物安全和全群阴性条件下，检测间隔时间可进一步延长，确保维持无疫状态。

2. 严格引种

在牛场进牛时，要严格进行隔离、检疫。引入牛隔离，间隔30天以上检疫2次，2次全为阴性时确认无牛结核病，可进行混群饲养。在牛繁殖方面，要选用来源可靠、品质优良、无结核病牛群的精液或胚胎，避免输入性牛结核病的发生。

3. 严格隔离、消毒

对于阳性牛群要严格隔离，及时扑杀。患结核病病牛要按规定进行无害化处理，防止疫情扩散。牛舍设计应符合环境卫生学要求；要做好消毒工作，每季度要进行大消毒，消毒液可用10%漂白粉溶液、3%中性甲醛溶液和3%~5%来苏尔溶液。

十五、牛坏死杆菌病

（一）诊断要点

1. 病原及流行特点

由坏死梭杆菌引起。夏季多发，呈散发或地方性流行。

2. 临床症状及病理变化

成年牛表现腐蹄病，病初跛行，无创口，但发热、肿胀，以后趾间或蹄后部皮肤出现坏死区，并向上蔓延，甚至波及关节，或引起蹄匣脱落。犊牛呈现坏死性口炎（犊白喉）。病初体温升高，厌食，流涎，有时发生咳嗽和呼吸困难，口腔及喉头有界限明显的硬肿，上覆坏死物，脱落后露出溃疡面。

成年牛坏死灶内充满黄色恶臭的脓汁；犊牛在肺内形成圆而硬的灰黄色坏死结节，肝、肠道也有坏死灶。此外，还有坏死性脐炎和腹膜炎。

3. 实验室诊断

可疑牛，由病、健组织交界处采取病料涂片，用石炭酸复红－美蓝染色，镜检可见着色不匀、浅蓝色长丝状杆菌。

（二）防控措施

1. 预防

避免皮肤、黏膜的损伤，避免在崎岖不平和碎石凌乱的道路上驱赶，加强环境卫生和护蹄，发生外伤要及时处理，补充钙源，防止犊牛异嗜乱啃。

2. 治疗

对犊白喉，小心除去口腔内的假膜，用鲁戈尔氏液或 3%过氧化氢冲洗，然后涂擦碘甘油，1～2 次/天，直至痊愈。对腐蹄病，应彻底清除坏死组织，用 0.1%高锰酸或 3%来苏尔冲洗，然后涂擦 10%福尔马林或大黄石灰末（大黄、石灰等量混配），用布带包扎，涂布石膏。重症者，辅以抗生素类药或磺胺类药物及必要的对症治疗。

十六、牛放线菌病

（一）诊断要点

1. 病原及流行特点

由多种放线菌引起。以 2～5 岁的牛易感。一般呈散发。

2. 临床症状及病理变化

病菌侵害颌骨时，上下颌骨肿大，界限明显，引起咀嚼、吞咽困难；侵害舌肌时，舌组织肿胀变硬、不灵活，流涎，咀嚼困难；侵害乳房时，出现硬块或整个乳房肿大、变形，排出黏稠、混有脓的乳汁；侵害肺脏时，多形成慢性肉芽肿。病程缓慢者皮肤破溃形成经久不愈的瘘管。

脓液呈乳黄色，其中有坚硬光滑的、黄白色的细小菌块，似硫黄样粒；肉芽肿呈圆形、隆起、黄褐色、蘑菇状，表面偶见溃疡。受损骨骼骨体肥大，骨质疏松。

3. 实验室诊断

取脓汁中的"硫黄颗粒",压片镜检,或取病变组织做成切片镜检即可确诊。

(二) 防控措施

1. 预防

该病一般是从损伤的口腔黏膜侵入组织而致病的。预防该病发生,应注意清除饲料中的金属异物和硬的谷物芒刺等。舍饲时最好将干草、谷糠等饲草浸软后再饲喂,避免刺伤口腔黏膜。还要防止皮肤、黏膜发生损伤,如有伤口,应及时处置。发现病牛要立即隔离治疗,并对污染的用具进行消毒。此外,还应避免在低洼湿地放牧。

2. 治疗

硬结小者,在硬结周围注射一定量的青霉素和链霉素;硬结大者,外科手术切除,若有瘘管形成要连同瘘管彻底摘除,创内撒布等量混合的碘仿和磺胺粉,然后缝合,创围注射10%碘仿醚或2%鲁戈尔氏液,同时内服碘化钾,成年牛5~10克/天,犊牛2~4克/天,连用2~4周;重症者,可静脉注射10%碘化钠,每次50~100毫升,每2天1次,共3~5次;若出现中毒现象,停用药5~6天。

骨骼受侵时,由于骨质改变,难以治愈。

十七、钱癣

(一) 诊断要点

1. 病原及流行特点

由皮肤真菌引起。冬季舍饲牛易发,幼龄牛比成年牛易感。潮湿、污秽、阴暗有利于该病在牛群中的传播。

2. 临床症状

在头、颈、肛门等处出现癣斑,初期见有豆粒大小的结节,逐渐向四周呈环状蔓延,呈现界限明显的秃毛圆斑,如古钱币。癣斑上被覆灰白色或黄色鳞屑,有时保留一些残毛。患牛瘙痒不安,日渐消瘦。

3. 实验室诊断

在病、健交界处刮取一些毛根或少许鳞屑,放在载玻片上,加几滴10%氢氧化钠。在弱火焰上微热,待其软化透明后,覆以盖玻片,进行显微镜检查，可见菌丝及孢子。

（二）防控措施

1. 预防

搞好牛体清洁卫生，经常刷洗被毛，对厩舍、用具经常性消毒，厩舍保持干燥和通风。

2. 治疗

发现病牛后，进行全群检查，及时隔离病牛并治疗。局部剪毛，用5%克辽林洗去痂皮，涂擦10%碘酒，或10%水杨酸酒精，或5%~10%硫酸铜溶液等，初期1次/天，以后每2~3天1次，直至痊愈为止。

第二节 羊常见传染病的诊断与防治

一、小反刍兽疫

（一）诊断要点

1. 病原及流行特点

由小反刍兽疫病毒引起，我国农业农村部将其列为一类动物疫病。山羊、绵羊等小反刍动物易感，其中3~8月龄的山羊最易感；以多雨季节和干燥寒冷季节多发。

2. 临床症状及病理变化

患病动物多呈急性经过，体温升高达41℃以上，持续3~5天。初期精神沉郁，食欲减退，鼻镜干燥，流黏液脓性鼻液，呼出气体恶臭；口腔黏膜充血、溃疡、坏死，大量流涎。后期出现带血水样腹泻，严重脱水，消瘦；咳嗽、胸部听诊啰音、腹式呼吸。死前体温下降。幼年动物发病率和病死率都很高。

剖检，见口腔和鼻腔黏膜糜烂、坏死；鼻甲、喉、气管等处有出血斑；肺脏有暗红或紫色病变区，质地坚硬；皱胃出现规则的、有轮的糜烂，其创面呈红色；肠道糜烂或出血，尤其盲肠、结肠近端和直肠出现线状充血、出血，呈斑马状条纹；淋巴结特别是肠系膜淋巴结肿大；脾脏肿大、坏死。

（二）防控措施

小反刍兽疫属于一类重大动物疫病，危害极其严重，必须进行科学处理和防范。一旦发现疫情，应立即按照《中华人民共和国动物防疫法》《重大动物疫情应急管理条例》和《小反刍兽疫防治技术规范》等法律法规，及时报告和确诊疫情，按照一类动物疫情处置方法立即划定疫点、疫区进行隔离封锁，对发病和感染动物进行扑杀、销毁，防止疫情继续扩散。对该病而言，没有特效药，防治最主要的方式还是以预防为主。从控制传染源、阻断传播途径、保护易感动物等方面进行防控。

1. 控制传染源

一旦有小反刍动物被确诊为小反刍兽疫的，应立即向当地兽医主管部门、动物疫病预防控制中心报告，由当地主管部门进行处理。对染疫的动物扑杀、消毒、进行无害化处理，对疫区和受威胁地区的动物进行紧急免疫接种，严格控制一切可能的传染源，禁止任何动物和相关动物产品进出疫区。同时，要禁止从发生过小反刍兽疫的国家和地区引进小反刍动物。

2. 阻断传播途径

切断传播途径最主要的方法就是消毒，酒精、酚类消毒剂、碘类消毒剂以及碳酸钠等碱类消毒剂对防控小反刍兽疫都有很好的效果。消毒前要清除被污染的饲料、饮用水、粪便等杂物。对不同的物品、场地等消毒要采取不同的消毒方式：对羊舍、车辆及屠宰加工等场所可以用消毒液清洗喷洒等方式消毒；对一些金属设备，可以采用火焰消毒和熏蒸消毒；对人员办公、居住的场所可以采用消毒液喷洒消毒方式。

3. 保护易感动物

一旦发生该病，必要时，经农业农村部批准，可以采取免疫措施。《国家动物疫病强制免疫指导意见（2022—2025年）》中规定，对全国所有羊进行小反刍兽疫免疫。开展非免疫无疫区建设的区域，经省级农业农村部门同意后，可不实施免疫。日常对易感动物进行免疫接种时，通常在6月之前对2~6月龄的羔羊进行免疫接种。目前，最常用的是小反刍兽疫弱毒疫苗，可经颈部皮下注射，2周左右即可产生免疫抗体。也可使用小反刍兽疫活疫苗和小反刍兽疫、山羊痘二联活疫苗，按说明书使用。

4. 加强饲养管理和检疫

平时搞好场区环境卫生，定期消毒，通风良好。同时，要避免从来源不明、风险较大的动物交易市场引进山羊或绵羊；及时对动物进行免疫，尤其是新生羔羊和刚引进的羊只。此外，经常检查动物的精神状态和临床表现，一旦发生可疑情况要及时上报相关部门，切忌私自解决，以免疫情进一步扩大。

二、绵羊痘和山羊痘

(一) 诊断要点

1. 病原及流行特点

由痘病毒引起,我国为二类动物疫病。绵羊以细毛羊、羔羊易感,山羊痘少发。多发于冬末春初。

2. 临床症状及病理变化

绵羊痘和山羊痘的潜伏期一般为 7~14 天,感染初期表现为发热,精神、食欲渐差,经 2~3 天,当体温升至 40℃ 以上时,即先在体表无毛或少毛部皮肤及可视黏膜上出现痘疹,随后在全身出现散在或密集的痘疹,进而形成痘肿,分典型痘肿和非典型痘肿。

典型(全经过型)痘肿:初起时,痘肿呈圆形皮肤隆起,皮肤呈微红色,边缘整齐,进而发展为皮下湿润、水肿、水疱、化脓、结痂等系列反应,同时,痘肿的质地由软变硬,皮肤颜色也由微红色逐渐变为深红紫红,严重的可成为"血痘"。患羊一般为全身发痘,并伴有全身性反应。

非典型(不全经过型)痘肿:痘肿在发生、发展,直至消退的全过程中,皮肤无明显红色,无严重水肿以及出现水疱、化脓、结痂等系列反应,痘肿较小,质地较硬及至有的成为"石痘"。患羊无严重的全身性反应。

随病程发展,有的病羊尚可见鼻炎、眼结膜炎,失明,浅表淋巴结肿大,喜卧不起,废食,呼吸困难,肺炎和继发感染等症状。严重的体温急剧下降,随后死亡。

存活病羊,可在痘肿结痂后 1~2 个月,因痂皮自然脱落,而在皮肤上留下痘痕(疤)。

病羊痘肿皮肤的主要病理变化表现为一系列的炎性反应,包括细胞浸润、水肿、坏死和形成毛细血管血栓等。尸体剖检,通常可见不同程度的黏膜坏死、全身淋巴结肿大,呼吸和消化器官上有大小、多少不等的痘斑、结节或溃疡。特别是在肺脏尤为明显。在肝、肾表面,偶能见到白斑。

3. 实验室诊断

在皮肤或可视黏膜上有明显呈散在或密集痘疹、痘肿或病理变化明显的判为病羊。精神、食欲、体态有异常,皮肤或可视黏膜上有疑似痘疹、痕(疤)的判为可疑羊。可疑羊应继续观察或做血清学试验以及电镜检查或包涵体检查才能确诊。

(二) 防控措施

1. 预防

(1) 疫苗预防　定期对羊群进行免疫预防，新生羔羊可经过初乳获得被动免疫。每年定期对流行地区的健康羊注射疫苗，不论羊只大小，一律在尾根内面或股内侧皮内注射弱毒疫苗，免疫期为 1 年。对重症病羊应用高免血清，可减轻症状，降低死亡率。

(2) 加强饲养管理　做好四季补饲，注意防寒保暖，严禁到疫区放牧，搞好圈内卫生。加强疫情监测，一旦发生疫情，及时上报，并采取强有力的措施进行封锁和扑灭，严防疫情扩散，对发病山羊及其同栏羊全部扑杀后深埋，对病死山羊尸体进行消毒后深埋。对羊舍、运动场地及时清扫，将羊粪、垫草等污物集中运往指定地点，消毒后堆积发酵，对羊栏、器具、水槽、料槽、发病羊舍、通道和周围环境消毒。对附近的羊群进行普查，对假定健康羊群实行圈养，禁止放牧，并及时接种山羊痘弱毒疫苗，严格限制羊只及其产品运出，严格实行产地检疫，复检后若为阴性，数月后解除封锁。严禁从疫区引进羊和购入羊肉、皮毛制品。从非疫区买羊也要进行检疫和隔离观察，证实无病后再合群。

2. 治疗

(1) 清疮治疗　给病羊用药物治疗皮肤上的痘疮，用 0.1%高锰酸钾溶液清洗，然后涂上碘甘油、紫药水，水疱或脓疱破裂后应先用 3%来苏尔洗涤后，再涂上紫药水。

(2) 药物治疗　用注射青霉素钾 80 万~240 万单位，柴胡注射液 10~20 毫升，肌内注射，2 次/天，连用 3 天。

三、羊传染性脓疱皮炎

(一) 诊断要点

1. 病原及流行特点

由羊口疮病毒引起。羔羊、幼羊（3~6 月龄）最易感，呈流行性；成年羊发病较少，多为散发。主要通过损伤的皮肤、黏膜感染。

2. 临床症状及病理变化

病羊首先在唇、口角、鼻等皮肤上出现散在的小红斑，很快形成黄豆大小的结节，继而形成水疱和脓疱，脓疱破溃形成疣状硬痂。若是良性经过，经 1~2 周，痂皮脱落而自愈。严重病例，患部附近继续发生丘疹、水疱、脓疱、痂垢，并相互融合，形成大面积痂垢；有时整个口唇肿大外翻呈桑葚状隆起，影响采食。有些病例危害到口腔黏膜，病羊采食、咀嚼、吞咽困难。在绵羊，通常在蹄叉、蹄冠或系部皮肤上形成水疱、脓疱，破溃后形成覆脓的溃疡。病羔吃乳时，还可使母羊的乳房皮肤发生丘疹、脓疱、烂斑和痂垢。此外，有时在阴唇及其附近的皮肤、阴鞘和阴茎上也可发生小脓疱和溃疡。

（二）防控措施

1. 预防

防止外伤，不从疫区引进羊及其产品，必须购进时，应隔离检疫2~3周，并彻底清洗蹄部，并进行多次消毒；在经常发病的牧场，用羊传染性脓疱皮炎活疫苗，预防羊传染性脓疱皮炎，GO-BT冻干苗免疫期为5个月，HCE冻干苗为3个月。HCE冻干苗在下唇黏膜划痕免疫；GO-BT冻干苗在口唇黏膜内注射。适用于各种年龄的绵羊、山羊，免疫剂量均为0.2毫升。对于有该病流行的羊群，均可用羊传染性脓疱皮炎活疫苗股内侧划痕免疫，剂量为0.2毫升。

2. 治疗

发现病羊立即隔离治疗，对污染的羊舍、用具用2%氢氧化钠或10%石灰乳彻底消毒。治疗时先用水杨酸软膏将痂垢软化，除去垢后再用0.1%高锰酸钾溶液冲洗创面，再涂2%龙胆紫、碘甘油或抗生素软膏，1~2次/天。蹄部损伤则先将蹄部置于5%~10%福尔马林溶液中浸泡1分钟，连泡3次；或隔日用3%龙胆紫溶液、1%苦味酸或抗生素软膏涂擦患部。

四、羔羊大肠杆菌病

（一）诊断要点

1. 病原及流行特点

由致病性大肠杆菌引起。多发于数日至6周龄的羔羊，有时3~8月龄的羊也发生，呈地方流行性或散发。放牧季节少发，而冬、春舍饲期间常发。气候不良、营养不足和羊舍污秽可诱发。

2. 临床症状及病理变化

败血型主要发生于2~6周龄羔羊，体温升高达41~42℃，全身虚弱，并出现明显的中枢神经系统紊乱症状，如步态失调、视力障碍、磨牙、角弓反张等。肠型主要发生于7日龄以内的羔羊，病羊排黄色、灰色、带有气泡或混有血丝的液体粪便。

死于败血型的病羊,病变可见体腔内大量积液,内有纤维蛋白絮状凝块;脑膜充血,有出血点;关节肿大。死于下痢的羔羊,剖检可见真胃和肠黏膜充血、出血,肠内混有血液和气泡,呈黄灰色,肠系膜淋巴结肿胀发红。

(二) 防控措施

1. 预防

加强母羊的饲养管理,做好抓膘、保膘工作,护理新生羔羊;搞好环境卫生,定期消毒;选择符合当地血清型的大肠杆菌灭活疫苗进行预防接种。

2. 治疗

病程缓慢的可选用土霉素 10~25 毫克/千克体重,口服,2~3 次/天,新生羔应加胃蛋白酶 0.2~0.3 克,或按 5~10 毫克/千克体重肌内注射,2 次/天,连用 3~5 天;或环丙沙星注射液 2.5 毫克/千克体重,肌内注射,2 次/天,连用 3~5 天;或庆大霉素注射液 2~4 毫克/千克体重,肌内注射,2 次/天,连用 3 天。同时注意对症疗法,补液可静脉注射葡萄糖氯化钠注射液,强心选用 10%安钠咖注射液。

五、羊传染性胸膜肺炎

(一) 诊断要点

1. 病原及流行特点

由支原体引起,又称羊支原体性肺炎。山羊、绵羊均易感,多见于早春、秋末冬初寒冷、潮湿季节。呈地方流行性。

2. 临床症状及病理变化

病初体温升高达 41~42℃,精神沉郁,食欲减退,随即咳嗽,流浆液性鼻液,4~5 天后咳嗽加重,干而痛苦,鼻液变成黏脓性,呈铁锈色;触诊胸壁有疼痛感;听诊出现支气管呼吸音、湿性啰音和摩擦音;叩诊肺部有浊音。最后因呼吸困难,黏膜发绀,窒息而死。孕羊流产,肚胀腹泻,口腔溃烂,唇部、乳房皮肤发疹,眼睑肿胀,濒死期体温下降至正常。

病变多局限于胸部,胸腔大量积液,呈淡黄色;肺炎多为一侧性,间或两侧,肺实质肝变,切面呈大理石样,肺小叶间质变宽,界限明显;胸膜变厚而粗糙,与肋膜和心包膜粘连;支气管淋巴结和纵隔淋巴结肿大,切面多汁,有出血点;心包积液,心肌松弛,变软;肝、脾、肾肿大,病程久者肺脏肝变区机化形成包囊。

(二) 防控措施

1. 预防

加强饲养管理。引进种羊时,隔离检疫 1 个月,证明健康方可混群;疫区可用山羊传染性胸膜肺炎灭活疫苗皮下或肌内注射,成年羊每只 5 毫升;6 月龄以下羔羊,每只 3 毫升。免疫期 12 个月。

2. 治疗

可选用恩诺沙星注射液 2.5 毫克/千克体重,肌内注射,2 次/天,连用 3 天,或泰乐菌素注射液 5~15 毫克/千克体重,肌内注射,1~2 次/天,连用 5~7 天。

六、羊肠毒血症

(一) 诊断要点

1. 病原及流行特点

由 D 型产气荚膜梭菌引起。绵羊多发,山羊较少见,且以 1 岁左右和膘情好的羊发病较多。

2. 临床症状及病理变化

突然发病,很少能见到症状,或在出现症状后很快死亡。病羊腹胀腹痛,常离群呆立、卧地或独自奔跑;临死前步态不稳,心跳、呼吸加快,全身颤抖,磨牙、口流泡沫,头颈后弯,倒地后四肢剧烈划动,昏迷而死。慢性病例则表现拉稀粪,混有血液或黏液,委顿和昏睡。

剖检,见真胃内残留未消化的饲料,肠道(尤其小肠)黏膜充血、出血,严重者整个肠壁呈血红色,有的还有溃疡;肾脏软化如泥,稍压即碎烂;体腔积液;心脏扩张,心内、外膜有出血点;全身淋巴结肿大,呈黑褐色。

3. 实验室诊断

采集小肠内容物、肾脏及淋巴结,制片镜检,可见有荚膜的产气荚膜梭菌。

(二) 防控措施

1. 预防

加强饲养管理,防止过食,放牧羊群春、夏之际少抢青、抢茬;秋季避免过食结籽饲草。在疫区于发病季节前,注射羊快疫、猝狙、肠毒血症三联灭活疫苗,不论羊只大小,肌内或皮下注射 5 毫升,免疫期 6 个月;或羊快疫、猝狙、羔羊痢疾、肠毒血症三联四防灭活疫苗,不论羊只大小,肌内或皮下注射

5毫升，预防肠毒血症免疫期6个月；或羊快疫、猝狙、羔羊痢疾、黑疫、肉毒梭菌（C型）中毒症、破伤风七联干粉灭活疫苗，肌内或皮下注射，按瓶签注明头份，临用时以20%氢氧化铝胶生理盐水溶液溶解成1毫升/头份，充分摇匀，不论年龄大小，每只1毫升，免疫期为12个月。

2. 治疗

发病急，死亡快，多来不及治疗，若病程缓慢者，可用免疫血清或投给10~20克磺胺类药物治疗，也可灌服10%石灰水，大羊200毫升，小羊50~80毫升。

七、羊快疫

（一）诊断要点

1. 病原及流行特点

由腐败梭菌引起。多发于6~18月龄营养中等以上的绵羊，山羊少见。

2. 临床症状及病理变化

病羊往往突然死亡，常在放牧时死在牧场或早晨发现死于圈内。病程稍长者，可见其精神沉郁，离群独处，不愿走动，继而磨牙抽搐，腹痛臌气，排粪困难或里急后重等，最后衰弱昏迷、口流带血泡沫、衰竭而死。

死尸迅速腐败臌胀，可视黏膜充血呈暗紫色；鼻孔流出血样带泡沫的液体，头颈部皮下可有血性胶样浸润，胸腹腔和心包积液；真胃黏膜有大小不等的出血斑块及坏死区，黏膜下组织水肿；心、内外膜有出血点；肝脏肿大变性；胆囊肿胀。

3. 实验室诊断

取病死羊肝脏被膜触片，瑞氏染色后镜检，可见两端钝圆，单在或短链状的粗大菌体，或无关节的长丝状菌体。

（二）防控措施

1. 预防

加强饲养管理，防止严寒袭击，严禁吃霜冻饲料；疫区禁饮死水，改饮河水；常发区，应定期用羊快疫、猝狙、肠毒血症三联灭活疫苗或羊快疫、猝狙、羔羊痢疾、肠毒血症三联四防灭活疫苗等免疫接种。

2. 治疗

病程短促，往往来不及治疗。病程长者，可选用青霉素肌内注射或内服磺胺嘧啶，或内服10%新鲜石灰乳，50~100毫升/次，连服1~2次。病死羊只深埋，严禁剥皮吃肉。

八、羊猝狙

（一）诊断要点

1. 病原及流行特点

由 C 型产气荚膜梭菌引起。主要发生于 1~2 岁的成年绵羊，呈地方流行性。

2. 临床症状及病理变化

病程短促，常未见症状即突然死亡；有时可见病羊掉群卧地，不安，衰弱或痉挛，常在数小时内死亡。

病死羊剖检，见十二指肠和空肠黏膜严重充血、糜烂，个别区段可见大小不等的溃疡灶；体腔积液；死后数小时可见骨骼肌间积聚血样液体，有气性裂孔。

（二）防控措施

常来不及治疗。流行区每年用羊快疫、猝狙、肠毒血症三联灭活疫苗，或羊快疫、猝狙、羔羊痢疾、肠毒血症三联四防灭活疫苗，或羊快疫、猝狙、羔羊痢疾、黑疫、肉毒梭菌（C 型）中毒症、破伤风七联干粉灭活疫苗等预防接种。

九、羔羊痢疾

（一）诊断要点

1. 病原及流行特点

由 B 型产气荚膜梭菌引起。主要发生于 1 周内羔羊，尤以 2~5 日龄羔羊更易感。以纯种细毛羊发病率和病死率最高。

2. 临床症状及病理变化

病羊发热，腹痛，排黄绿、黄白色稀便，或暗红色、恶臭、粥样粪便，磨牙，咩叫。有的表现腹胀而不下痢或排少量血便，主要表现神经症状，四肢瘫痪，呼吸急促，口鼻流沫，最后昏迷而死。

尸体严重脱水；真胃内有未消化的凝乳块；小肠尤以回肠黏膜充血发红，可见到直径 1~2 毫米的溃疡，溃疡周围有一出血带环绕；肠系膜淋巴结充血肿胀或出血；后部皮下水肿，腹腔积液；心包积液，心内膜点状出血；肝肿大；肾稍柔软；肺有充血区或淤斑。

（二）防控措施

1. 预防

增强孕羊体质，注意产羔季节的保暖；合理哺乳；做好消毒、隔离工作，定期注射羊快疫、猝狙、羔羊痢疾、肠毒血症三联四防灭活疫苗，或羊快疫、猝狙、羔羊痢疾、黑疫、肉毒梭菌（C型）中毒症、破伤风七联干粉灭活疫苗进行免疫防控。

2. 治疗

病初用轻泻剂，如硫酸镁2~3克、福尔马林0.2~0.3毫升，溶于30~40毫升温水中，一次内服，6~8小时后，再用1%高锰酸钾溶液15~20毫升内服，首次使用时2次/天，以后1次/天，连用2~3天；土霉素0.2~0.3克加等量胃蛋白酶，加水内服2次/天；鞣酸蛋白0.2克、次硝酸铋0.2克、碳酸氢钠0.2克，水调内服，3次/天；青霉素、链霉素联合肌内注射。同时，可进行对症疗法。补液可用葡萄糖氯化钠注射液20~100毫升静脉注射，强心可用10%安钠咖1~5毫升，食欲不佳的可用人工胃液（胃蛋白酶10克、稀盐酸5毫升，水1升）10毫升，内服，1次/天。

十、羊黑疫

（一）诊断要点

1. 病原及流行特点

由B型诺维氏梭菌引起。一般发生于1岁以上的绵羊，以2~4岁、体况较好的绵羊多发，山羊也可发病。在春、夏季肝片吸虫流行的低洼潮湿地区多发。

2. 临床症状及病理变化

病程短促，突然死亡。少数病程稍长的病羊，表现不食，不反刍，呆立，行动不稳。呼吸困难，流涎，体温41.5℃左右，昏睡而死。

病羊死后尸体迅速腐败，皮下静脉严重淤血，羊皮外观呈暗黑色（故称羊黑疫）；胸部皮下水肿，体腔积液；肝脏表面和深层有大小不一的灰黄色坏死病灶，界限明显，周围有一鲜红的充血带环绕，切面呈半圆形；心内膜有出血点；脾肿大，呈紫黑色，真胃幽门部和小肠充血、出血。

3. 实验室诊断

采集肝脏坏死灶边缘的组织涂片染色镜检，可见革兰阳性、粗大、两端钝圆的杆菌。

(二) 防控措施

1. 预防

严格控制肝片吸虫的感染；流行地区可定期用羊黑疫、快疫二联灭活疫苗肌内或皮下注射，不论年龄大小，每只5毫升，免疫期12个月；或用羊快疫、猝狙、羔羊痢疾、黑疫、肉毒梭菌（C型）中毒症、破伤风七联干粉灭活疫苗预防。

2. 治疗

病程稍长的病羊，肌内注射青霉素80万~160万单位，2次/天。

第三节　牛羊常见寄生虫病的诊断与防治

一、毛圆线虫病

(一) 诊断要点

1. 病原及流行特点

由毛圆线虫寄生于反刍动物的真胃和小肠引起。多发生于春季。

2. 临床症状

急性病例少见，多发生于羔羊，常呈突然发病、迅速发展的进行性贫血。慢性病例常见，以贫血和消化紊乱为主；患病动物被毛粗乱，消瘦，精神委顿，可视黏膜苍白，下颌间隙和体下部发生水肿；放牧时离群，常出现便秘，粪中带黏液，出现下痢的少见，最后多因极度虚弱而死亡。

3. 实验室诊断

用饱和食盐水漂浮法检查粪便虫卵，可发现大量毛圆线虫卵。病死动物剖检可在第四胃、小肠发现大量毛圆线虫的成虫或幼虫。

(二) 防控

1. 预防

在严重流行地区，可将硫化二苯胺混于精料或食盐内自行舔服，持续2~3个月，有较好预防效果。

尽可能避开潮湿草地和幼虫活跃时间放牧；建立清洁的饮水点，合理地补充精料和无机盐；全面规划牧场，有计划地进行分区轮牧，适时转移牧场，控制载畜量。

2. 治疗

根据当地的流行情况给全群牛、羊进行驱虫，一般春、秋季各进行1次。

冬季可用高效驱虫药驱杀黏膜内的休眠幼虫，以消除春季排卵高潮；在转换牧场时应进行驱虫。可选用的驱虫药有：左旋咪唑 8 毫克/千克体重，可混于饲料内喂给，也可作皮下注射；或丙硫咪唑 10~15 毫克/千克体重，拌入饲料中喂服或配成 10%混悬液灌服；或甲苯咪唑 10~15 毫克/千克体重，1 次口服；或伊维菌素注射液 0.2 毫克/千克体重，皮下注射。

二、食道口线虫病（结节虫病）

（一）诊断要点

1. 病原及流行特点

由毛圆科食道口线虫的幼虫寄生于反刍动物肠壁（从幽门到直肠之间任何部位）引起，成虫主要寄生于大肠内。主要发生于春秋季节，主要侵害羔羊和犊牛。

2. 临床症状

羔羊初期的急性症状是顽固性下痢，粪便呈黑绿色，多黏液，有时混血，呈现伸展后肢、弓背、翘尾等腹痛症状。转为慢性时，变为间歇性下痢，逐渐消瘦，贫血，生长受阻，常因极度衰弱而死亡。

3. 实验室诊断

粪便可检出虫卵，但食道口线虫卵和其他一些圆线虫卵很相似，不易鉴别。根据剖检时发现肠壁上有大量幼虫结节和肠腔内的多量虫体作出判断。

（二）防控措施

1. 预防

定期驱虫，加强营养。保护饲草、保持饮水清洁，对粪便进行热处理，避免牛羊摄入大量感染性幼虫等。

2. 治疗

驱虫参照毛圆线虫病。可用左旋咪唑、丙硫咪唑、伊维菌素、噻苯唑等药驱虫，并对重症病羊进行对症治疗。

三、仰口线虫病（钩虫病）

（一）诊断要点

1. 病原及流行特点

由仰口线虫寄生于牛、羊小肠内引起。

2. 临床症状

渐进性贫血，消瘦，下颌水肿，下痢，排黑色稀粪，体重下降，最后多因恶病质而死亡。

3. 实验室诊断

可采用饱和食盐水浮集法检查粪便中的虫卵，但仰口线虫卵与其他圆线虫卵在形态上很难区别。因此，确诊主要根据死后剖检发现十二指肠和空肠中有大量虫体，黏膜发炎，有出血点和小啮痕。

（二）防控措施

1. 预防

舍饲时应保持厩舍清洁干燥，严防粪便污染饲料和饮水，避免牛、羊在低湿地放牧或休息。

2. 治疗

驱虫参照毛圆线虫病。可用左旋咪唑、丙硫咪唑、噻苯唑、伊维菌素等药驱虫。

四、毛尾线虫病（鞭虫病）

（一）诊断要点

1. 病原及流行特点

由毛尾线虫寄生于反刍动物的盲肠引起，主要感染羊，牛、骆驼、鹿较少见，主要危害幼龄动物。

2. 临床症状

轻度感染时，有间歇性腹泻，轻度贫血，影响生长发育；严重感染时可出现下痢，贫血，消瘦，粪中常带黏液和血液，食欲不振，发育障碍等。

3. 实验室诊断

采用饱和食盐水浮集法可检出粪便中的虫卵。剖检可见盲肠和结肠内有多量虫体，黏膜有出血性坏死、水肿和溃疡。

（二）防控措施

参考毛圆线虫病。还可选用羟嘧啶（驱除毛尾线虫的特效药），每2~4毫克/千克体重，1次口服。

五、犊新蛔虫病

（一）诊断要点

1. 病原及流行特点

由牛新蛔虫寄生于犊牛小肠内引起。流行于我国南方各省，主要危害 2~5 月龄犊牛。

2. 临床症状

出生后 2 周的犊牛症状严重，表现精神沉郁、嗜睡，食欲不振，吮乳无力或停止吮乳，贫血，消瘦，腹胀，排稀糊样、灰白色腥臭粪便，有时腹痛、血便，口腔发出刺鼻的酸味。

3. 实验室诊断

采用饱和食盐水浮集法，可检出粪便中的蛔虫卵。

（二）防控措施

1. 预防

搞好环境卫生，及时清除粪便并堆肥发酵。

2. 治疗

在该病疫区，对出生 10 天的犊牛全部进行 1 次预防性驱虫；对 6 月龄以内的犊牛，全部进行普查，粪检发现蛔虫卵的犊牛全部进行 1 次驱虫。可选用枸橼酸哌嗪（驱蛔灵）200~250 毫克/千克体重，左旋咪唑 8 毫克/千克体重，混入饲料或饮水中给药；或丙硫咪唑 10~15 毫克/千克体重，混入饲料或配成混悬液给药，伊维菌素每千克体重 0.2 毫克，皮下注射或口服。

六、网尾线虫病

（一）诊断要点

1. 病原及流行特点

由胎生网尾线虫和丝状网尾线虫寄生于反刍兽支气管和细支气管内引起，又称大型肺虫病。主要危害幼龄动物。

2. 临床症状

主要症状是咳嗽，在被驱赶后或夜间休息时最为明显。病羊流鼻涕，常干涸于鼻孔周围形成痂皮，常打喷嚏、逐渐消瘦、贫血，头胸部和四肢水肿，呼吸困难，体温一般不升高。

3. 实验室诊断

粪便检查应采集新鲜粪便,用幼虫分离法检查有无幼虫。如果粪便陈旧,则一些肠胃内寄生的圆形目线虫卵内的幼虫也先后孵出,在检查时必须加以区别。

(二)防控措施

1. 预防

幼龄动物与成年动物分开饲养,搞好卫生,保持牧场清洁干燥,防止潮湿积水,注意饮水卫生,粪便堆肥发酵。由放牧改为舍饲的前后进行 1~2 次驱虫。还可接种致弱幼虫疫苗。

2. 治疗

流行严重的牧场,由放牧改为舍饲的前后进行 1~2 次驱虫。发现患病动物或疑似患病动物应立即隔离,进行治疗。可选用的驱虫药有:口服左旋咪唑 8~10 毫克/千克体重;或口服丙硫咪唑 10~15 毫克/千克体重;口服或皮下注射伊维菌素 0.2 毫克/千克体重。

七、片形吸虫病

(一)诊断要点

1. 病原及流行特点

由肝片吸虫和大片吸虫寄生于牛、羊、鹿、骆驼等动物的肝脏和胆管引起。其发生与中间宿主椎实螺密切相关,多发于低洼地、湖泊草滩、沼泽地带。干旱年份流行轻,多雨年份流行重;夏季为主要感染季节。

2. 临床症状

轻度感染往往不显症状,而幼龄动物即使寄生很少虫体也能呈现有害作用。急性型多见于羊,多发生于夏末和秋季,由于幼小虫体大量集中侵入而引起腹膜炎和创伤性肝炎,精神沉郁,体温升高,食欲减退,偶有腹泻现象,有时突然死亡。慢性型最多见,此时虫体已寄居于胆管内,临床上表现为贫血和水肿,食欲不振,体态消瘦,衰弱,步行缓慢,产乳量显著减少,孕畜流产,严重时极度消瘦而死亡。

病理剖检,急性病例肝肿大、质软,包膜有纤维素沉积,有长 2~5 毫米的暗红色虫道,虫道有凝固的血液和很小的童虫;腹腔中有血色的液体,有腹膜炎病变。慢性病例肝实质萎缩、褪色、变硬,胆管肥厚、扩张呈绳索样突出于肝表面,胆管内壁粗糙,内含大量血性黏液和虫体及黑褐色或黄褐色磷酸盐结石。

3. 实验室诊断

生前诊断常采用水洗沉淀法检查虫卵。也可采用皮内变态反应、间接血凝试验或酶联免疫吸附试验等方法诊断。

（二）防控措施

1. 预防

粪便发酵处理，杀死虫卵，对驱虫后排出的粪便尤应严格处理。定期驱虫，消灭中间宿主螺类，避免在低湿地放牧，确保饲草和饮水卫生。

2. 治疗

疫区每年春、秋各驱虫1次。常用药品有：碘醚柳胺（重碘柳胺）7.5毫克/千克体重，对肝片形吸虫6周龄以上的童虫和成虫有较好效果，但泌乳期禁用，灌服；三氯苯达唑，对肝片形吸虫1周龄童虫和成虫有效，牛10毫克/千克体重，羊12毫克/千克体重，灌服，对肝片形吸虫童虫及成虫均有效；硝氯酚，牛3~4毫克/千克体重，羊4~6毫克/千克体重，1次口服，对成虫有效；丙硫咪唑10毫克/千克体重，口服，对成虫有效。也可用氯氰碘柳胺钠等药物驱虫。

八、前后盘吸虫病（胃吸虫病）

（一）诊断要点

1. 病原、流行特点及临床症状

肠道内幼虫可经小肠黏膜移行至胆管、胆囊和真胃，在瘤胃发育为成虫。幼虫移行时危害严重，表现为顽固性拉稀，粪便恶臭呈粥样或水样，有时粪中带鲜血并含有幼小的虫体。颌下水肿，逐渐消瘦。

2. 实验室诊断

急性幼虫移行期病例，往往在粪便中找不到虫卵，可取大量粪便，采取反复水洗沉淀法，可在沉淀物中发现未成熟的幼小吸虫。慢性病例可用水洗沉淀法检查粪便，发现大量虫卵即可确诊。

（二）防控措施

1. 预防

改良土壤，使潮湿地区干燥，不在低洼潮湿之地放牧，舍饲期间进行预防性驱虫，利用水禽或化学药物灭螺。

2. 治疗

参考肝片形吸虫病。

氯硝柳胺对前后盘吸虫幼虫有良好效果，羊 70~80 毫克/千克体重，牛 50~60 毫克/千克体重；溴羟苯酰苯胺，牛 65 毫克/千克体重，口服；吡喹酮，奶牛 60 毫克/千克体重口服。也可应用硫双二氯酚，羊 80~100 毫克/千克体重，牛 40~50 毫克/千克体重，1 次灌服。

九、阔盘吸虫病

（一）诊断要点

由阔盘吸虫寄生于牛羊等反刍动物的胰腺胰管内引起。患病动物消瘦，贫血，颌下和胸前水肿，腹泻，严重者可引起死亡。

剖检，见胰腺肿大，表面不平，颜色不匀，有小出血点，胰管增粗，管腔黏膜上有乳头状小结节，并有点状出血，内含大量虫体。采用粪便水洗沉淀法可检出虫卵。

（二）防控措施

1. 预防

定期驱虫，消灭病原体；消灭中间宿主，实施有计划的放牧，并加强饲养管理。

2. 治疗

可口服吡喹酮片治疗，用量 10~35 毫克/千克体重；腹腔注射时，30~50 毫克/千克体重，注射剂可用灭菌液状石蜡或植物油配成 20% 油剂。

十、脑多头蚴病

（一）诊断要点

多头蚴是寄生于犬、狼、狐小肠内的多头带绦虫的幼虫，主要寄生于反刍动物（牛羊）的脑、脊髓。患病动物有特殊的强迫运动，如转圈、前冲、后退等，一般根据病羊旋回情况可初步判定病灶的部位和深浅，即"小圈浅，大圈深，低头前，仰头后，平头中"，以及痉挛症状；有视力减退或失明，视神经乳突有充血或萎缩；细心触诊头骨有变软和压痛部位。应注意与莫尼茨绦虫病、羊鼻蝇蚴病及其他脑病相鉴别。有些病例须剖检后才能确诊。

（二）防控措施

①犬应定期进行驱虫，尤其是牧羊犬。

②捕杀野犬、狼、狐等终末宿主；患病动物的脑和脊髓应予以销毁，以防

被犬吞食而感染多头绦虫病。

③可口服吡喹酮治疗，羊 50~70 毫克/千克体重，连用 3 天；还可用丙硫咪唑和羟溴酸槟榔碱。在头前部脑髓表层寄生的囊体可施行手术摘除。

十一、棘球蚴病

对家畜和人的危害严重，被世界动物卫生组织（WOAH）定为必须通报的动物疫病之一，我国农业农村部将其列为二类动物疫病。

（一）诊断要点

1. 病原及流行特点

棘球蚴病又名包虫病，是由棘球属绦虫的幼虫即棘球蚴（包虫）引起的一类重要人兽共患寄生虫病。在流行区，中间宿主（牛、羊等）与终末宿主（犬、狼、狐狸等）有接触史，终末宿主吞食过带有棘球蚴包囊的脏器是该病传播流行的主要途径。

2. 临床症状及病理变化

细粒棘球蚴寄生于羊肝脏严重时，腹部明显膨大，叩触有浊音，触诊和按压肝区时出现疼痛。寄生于羊肺部时咳嗽，咳后长久卧地不起。

细粒棘球蚴寄生于牛肝脏严重时，营养失调，反刍无力，消瘦，右腹部显著增大，触诊和按压检查时有疼痛感，叩诊有半浊音往往超过季肋。寄生于牛肺部严重时，呼吸困难和有微弱的咳嗽；听诊时在不同部位有局限性的半浊音灶，在病灶处肺泡呼吸音减弱或消失。

3. 实验室诊断

生前诊断比较困难。在尸体剖检时发现肝、肺等脏器组织有棘球蚴，棘球蚴为一个近似球形的囊，由豌豆大至小儿头大，囊内充满囊液。家畜可应用皮内变态反应检查法，采取棘球蚴囊液作为抗原，给动物皮内注射 0.1~0.2 毫升，5~10 分钟后如出现 0.5~2 厘米的红斑并有肿胀时即为阳性，但常和牛囊尾蚴、羊多头蚴等发生交叉反应，具有 70% 左右的准确性。也可应用间接血球凝集试验和酶联免疫吸附试验，有较高的特异性和敏感性。

（二）防控措施

1. 预防

捕杀野犬、狼、狐，严格管理家犬，定期驱虫，以消灭感染源。可应用吡喹酮或氢溴酸槟榔素进行驱虫。驱虫后的犬粪应深埋或堆肥发酵无害化处理。妥善处理患病动物脏器，只有在煮熟无害化处理后方可作为犬饲料。保持畜舍、饲草料和饮水卫生，防止被犬粪污染。

《国家动物疫病强制免疫指导意见（2022—2025年）》对包虫病免疫的要求是：内蒙古、四川、西藏、甘肃、青海、宁夏、新疆和新疆生产建设兵团等重点疫区对羊进行免疫；四川、西藏、青海等省份可使用5倍剂量的羊棘球蚴病基因工程亚单位疫苗开展牦牛免疫，免疫范围由各省份自行确定。

2. 治疗

可用吡喹酮25~30毫克/千克体重，1次/天，连用5天；丙硫咪唑90毫克/千克体重，连服2次。

十二、绦虫病

（一）诊断要点

1. 病原及流行特点

由绦虫的成虫寄生于牛、羊等动物的小肠引起。莫尼茨绦虫主要感染1.5~8月龄的羔羊或犊牛，无卵黄腺绦虫常见于成年牛、羊，曲子宫绦虫幼龄或成年动物均可感染。

2. 临床症状

严重感染时，幼龄动物消化不良、便秘、腹泻、慢性臌气、贫血、消瘦，最后衰竭而死。有时有神经症状，呈现抽搐和痉挛及旋回病样症状。有的由于大量虫体聚集成团，引起肠阻塞、肠套叠、肠扭转，甚至肠破裂。

3. 实验室诊断

检查粪便中的绦虫节片，特别是在清晨清扫羊舍时，查看新鲜粪便，如在粪球表面发现孕卵节片即可确诊。用饱和食盐水浮集法检查粪便，有时可以发现莫尼茨绦虫卵。曲子宫绦虫和无卵黄腺绦虫卵较难检出。

（二）防控措施

1. 预防

合理调整放牧时间，为避开清晨甲螨数量高峰，夏秋一般以太阳露头，牧草上露水消散时进入牧地；冬季、早春甲螨钻入腐殖层土壤中越冬，故可按常规时间放牧。充分利用农作物茬地和耕翻地放牧，逐步扩大人工牧地的利用，实行轮牧并建立科学的轮牧制度。

2. 治疗

首选驱虫药丙硫咪唑，按5~6毫克/千克体重，口服，投药后灌服少量清水，驱虫前应禁食12小时以上，驱虫后留圈不少于24小时，以免污染牧地。

农区放牧的羊，6月底至7月中旬驱虫1次，11月入冬前再驱虫1次；淘汰羊于当年8月驱虫1次；山区冬、夏牧场放牧的羊，应于第2年3月底至4月初转场前补驱虫1次。为防止长期应用产生抗药性，连续使用3年后可与吡喹酮（12毫克/千克体重）交替使用；也可应用硫双二氯酚，按60~80毫克/千克体重，口服；甲苯咪唑，牛10毫克/千克体重，羊15毫克/千克体重。

十三、巴贝斯虫病

(一) 诊断要点

1. 病原及流行特点

该病由巴贝斯虫（梨形虫）寄生于反刍动物红细胞内引起，其流行情况与传播媒介蜱的滋生和消长密切相关，有一定的地区性和季节性。

2. 临床症状及病理变化

临床多为急性型表现，体温高达40~41.5℃，呈稽留热，精神沉郁，喜卧，食欲减退，肠蠕动及反刍弛缓，常有便秘现象。发病2~3天后，迅速消瘦、贫血、黄疸，排恶臭的褐色粪便及特征性的血红蛋白尿。

剖检，可见黏膜苍白、黄染，血液稀薄如水，肝、脾肿大，胆囊肿大，第三胃干硬，似足球状，膀胱内充满红色尿液。

3. 实验室诊断

主要依据血液涂片检出虫体。体温升高后1~2天，耳尖采血涂片检查，可发现少量圆形和变形虫样的虫体；血红蛋白尿出现期、虫体较多，且大部分为梨籽形虫体。

(二) 防控措施

1. 预防

（1）灭蜱虫 根据流行地区蜱的活动规律，实施有计划、有组织的灭蜱措施，常用的灭蜱药有：1%精制马拉硫磷、0.2%辛硫磷、0.25%倍硫磷乳剂或25毫克/升溴氰菊酯乳油剂。

（2）放牧改舍饲 牛羊群应避免到大量滋生蜱的牧场放牧，必要时可改为舍饲。

（3）预防性驱虫 如果牛群中出现有牛感染类似牛双芽巴贝斯虫病或者已经出现确诊的病例，应立即使用药物预防，比如盐酸吖啶黄，能够保证牛群在一段时间之内不会感染该病。

2. 治疗

应尽量做到早确诊、早治疗。除应用特效药物杀灭虫体外，还应针对病情给予对症治疗，如健胃、强心、补液等。注射用三氮脒 3~5 毫克/千克体重，临用前配成 5%~7% 溶液，肌内注射；或盐酸吖啶黄注射液静脉注射，一次量，牛 3~4 毫克/千克体重，羊 3 毫克/千克体重；或青蒿琥酯片内服，一次量，牛 5 毫克/千克体重，2 次/天，首次量加倍，连用 2~4 天。

十四、牛泰勒虫病

（一）诊断要点

1. 病原及流行特点

由泰勒虫（梨形虫）寄生于反刍动物的巨噬细胞、淋巴细胞和红细胞内引起。环形泰勒虫传播者残缘璃眼蜱生活在牛圈内，故环形泰勒虫病在舍饲条件下发生于 6—8 月，7 月为高峰；瑟氏泰勒虫传播者长角血蜱生活在山野或农区，故瑟氏泰勒虫病在放牧条件下发生于 5—10 月，6—7 月为高峰。

2. 临床症状及病理变化

临床表现体温升高至 40℃ 以上，结膜和全身可视黏膜贫血、黄染及有粟粒到高粱粒大的出血点，异食癖，尤以体表淋巴结肿胀为该病特征。

剖检，见血液稀薄，全身性出血，脾、肝、肾肿大；全身淋巴结肿大，切面多汁、有暗红色病灶和灰白色结节；真胃黏膜充血、肿胀，有帽针头至黄豆大、黄白色或暗红色的结节，结节部上皮细胞坏死后形成糜烂或溃疡，具有诊断意义。

3. 实验室诊断

血片、淋巴结穿刺涂片检查可发现虫体。

（二）防控措施

1. 预防

（1）杀灭蜱虫　根据环形泰勒虫传播者残缘璃眼蜱的生活习性，12 月至翌年 1 月用杀虫剂消灭在牛体越冬的若蜱，4—5 月用泥土堵塞圈舍墙缝，闷死在其中蜕皮的饱血若蜱，6—7 月用杀虫剂消灭寄生在牛羊体的成蜱，8—9 月可再用堵塞墙洞的方法消灭在其中产卵的雌蜱和新孵出的幼蜱。瑟氏泰勒虫传播者长角血蜱生长于山地农区，可参考巴贝斯虫病杀虫措施。

（2）药物预防　环形泰勒虫病可应用环形泰勒虫裂殖体胶冻细胞苗，接种后 20 天即产生免疫，但该虫苗对瑟氏泰勒虫病无交叉免疫保护作用。瑟氏泰勒虫病在发病季节可应用三氮脒进行药物预防，三氮脒 3~5 毫克/千克体重，临用前配成 5%~7% 溶液，肌内注射。新鲜黄花青蒿，每天每牛 2~3 千克，切碎，用冷水浸泡 1~2 小时，连渣分 2 次灌服，2~3 天后染虫率下降。

2. 治疗

参考巴贝斯虫病的治疗。对重危病例应根据临床症状给以强心、补液、止血、补血、健胃、缓泻、舒肝、利胆等对症治疗。

十五、羊泰勒虫病

（一）诊断要点

1. 流行特点及临床症状

发生于 4—6 月，5 月为高峰，1~6 月龄羔羊发病率高，1~2 岁羊次之，3%~4%羊很少发病。病羊精神沉郁，食欲减退，体温升高至 40~42℃，稽留热 4~7 天，呼吸促迫，反刍及胃肠蠕动减弱或停止。有的病羊排恶臭稀粥样粪，混有黏液或血液。个别羊尿液浑浊或血尿。可视黏膜充血，继而出现贫血和轻度黄疸，有时有小点状出血。体表淋巴结肿大，有痛感。肢体僵硬，行走困难。

剖检，见尸体消瘦，血液稀薄、凝固不全，皮下脂肪胶冻样、有点状出血。全身淋巴结呈不同程度肿胀，以颈浅、肠系膜、肝、肺等处较为显著，切面膨隆多汁、充血、出血，有些淋巴结呈灰白色，有时在表面可见颗粒状突起。肝、脾及胆囊肿大。肾呈黄褐色，表面有结节和点状出血。真胃黏膜上有溃疡斑，肠黏膜上有少量出血点。

2. 实验室诊断

血片、淋巴结穿刺涂片或脾脏涂片可发现虫体。

（二）防控措施

1. 预防

应做好灭蜱工作，在疫区，发病季节，对羔羊使用注射用三氮脒进行药物预防注射，5 毫克/千克体重肌内注射，每隔 10~15 天注射 1 次。

2. 治疗

用注射用三氮脒，一次量，3~5 毫克/千克体重，临用前配成 5%~7%溶液，肌内注射；或咪唑苯脲每千克体重 1.5 毫克，配成 10%溶液肌内注射，间隔 1 天再注射 1 次。

十六、牛球虫病

（一）诊断要点

1. 病原及流行特点

由艾美耳属的球虫寄生于牛的小肠、盲肠和结肠引起。各品种的牛都有易感性。病牛和带虫牛是该病主要的传染源。被有感染性的卵囊污染的饲料、饮水和用具也可成为传染源,常因采食被球虫卵囊污染的饲料或饮水而感染,刚出生的犊牛常因吸入被卵囊污染的母牛乳汁而感染。主要呈散发或地方性流行,多发于春、夏秋季,特别是多雨连阴的季节,在低洼潮湿的地方放牧以及卫生条件差的牛舍,都易使牛感染球虫。冬季舍饲期间也有发病的可能,主要由于饲料、垫草、母牛乳房被粪便污染,使犊牛受到感染。一般潜伏期为2~3周,犊牛患病一般为急性经过,成年牛常呈隐性感染,病程10~15天。

2. 临床症状及病理变化

临床症状以半岁至2岁的犊牛较为明显,发病率、死亡率高。多取急性经过,病初主要表现为精神沉郁,减食,粪便表面附有数量不等的鲜红血液和血凝块,在肛门周围还残留新鲜血液。约1周后表现消瘦,食欲废绝,反刍停止,排恶臭带血稀便,其中混有纤维素性薄膜样物。末期高度贫血,粪便黑色,几乎全为血液,最后因高度衰弱死亡。慢性型一般在发病后3~5天逐渐好转,下痢和贫血症状可能持续数月,粪便中常带少量血液,如饲养管理不良,可逐渐衰弱死亡。

剖检,见小肠和大肠广泛性卡他性炎症,小肠后段、盲肠和结肠内充满半流动性的血样内容物,肠黏膜肥厚,有广泛性出血性炎症,淋巴滤泡肿大突出,有白色和灰白色的小病灶,同时常常可见直径4~15毫米的溃疡,其表面覆有凝乳样薄膜。直肠内容物呈褐色,恶臭,有纤维素性薄膜和黏膜碎片。

3. 实验室诊断

在病变部刮取物中发现有大量裂殖体、裂殖子或卵囊具有诊断意义。仅根据粪便检查有无卵囊作出判断是不确切的。急性球虫病一般发生在球虫的无性繁殖阶段,此时尚无卵囊形成,反之粪便中存在少量卵囊常常是隐性感染带虫者的特征。

(二)防控措施

1. 预防

圈舍应保持干燥、通风,清除积水,勤于打扫,定期消毒。饲料和饮水应保持清洁,严防粪便污染。及时发现、隔离、治疗病牛。犊牛应与成年牛分开饲养,哺乳母牛的乳房要经常擦洗。

2. 治疗

可内服磺胺二甲嘧啶片,犊牛每天100毫克/千克体重,连用5天;也可内服,一次量,首次量0.14~0.2克/千克体重,维持量0.07~0.1克/千克体重,1~2次/天,连用3~5天;或托曲珠利混悬液内服,一次量,3~5日龄犊牛 15 毫克/千克体重。临床上应结合止泻、强心和补液等对症治疗。

十七、犊牛隐孢子虫病

隐孢子虫病是一种或多种隐孢子虫感染引起人、多种哺乳动物以及鱼类等宿主引起的一种共患原虫病。隐孢子虫因能引起哺乳动物（特别是犊牛和羔羊）的严重腹泻而具有重要经济意义和公共卫生意义。

（一）诊断要点

1. 病原及流行特点

由小隐孢子虫引起，主要寄生于犊牛、羔羊的回肠，其次是十二指肠和大肠。

传染来源是患病动物和向外界排卵囊的动物或人。卵囊对外界环境有很强的抵抗力。对大多数消毒剂有明显的抵抗力，只有50%以上的氨水和30%以上的福尔马林作用30分钟才能杀死隐孢子虫卵囊。宿主经口感染卵囊，一般通过污染的饲料和饮水而传播。隐孢子虫宿主范围很广，可寄生于多种哺乳动物、人、禽类、鱼、爬行动物。犊牛、绵羊感染率高。

2. 临床症状及病理变化

大量感染时，可引起犊牛、羔羊腹泻，食欲缺乏，精神委顿，虚弱无力，体重下降，一般病程为6~14天，有的可复发。该病常可合并感染其他肠道病原体，使病情趋于复杂化。

3. 实验室诊断

采用饱和食盐水或食糖溶液浮集法浓集粪便中的卵囊，由于卵囊极小，多采用涂片染色在1 000倍显微镜下检查。常用的染色方法为抗酸染色法或沙黄-美蓝染色法。

（二）防控措施

1. 预防

加强饲养管理和卫生措施，提高免疫力，阻断传播途径。50%氨水30分钟以上、10%福尔马林120分钟以上、30%过氧化氢30分钟以上，有杀灭卵囊的作用，可用于牛羊舍消毒。

2. 治疗

目前，犊牛隐孢子虫病无特效的治疗药物，对于患病牛进行对症治疗和支持疗法，如腹泻严重的牛应及时止泻、补液、纠正酸中毒。

十八、伊氏锥虫病

(一) 诊断要点

1. 病原及流行特点

由伊氏锥虫寄生在动物的血液（包括淋巴液）和造血器官引起，牛、羊、驼易感性较弱，虽有少数在流行之初因急性发作而死亡，但多数呈带虫状态而不发病，但机体抵抗力低时，特别是天冷、枯草季节则开始发作，并呈慢性经过。该病流行于热带和亚热带地区，发病季节与传播昆虫的活动季节相关。

2. 临床症状及病理变化

多呈慢性经过或带虫而不发病。发病时体温升高，经1~2天下降，经2~6天间歇后，再度上升。发病后症状发展较慢，水肿可由胸腹下垂部延伸至四肢下部。在发生水肿后，皮肤常龟裂，并流出淋巴液或血液。牛的特有症状是耳、尾的干性坏死。

剖检，体表淋巴结肿大充血；脾肿大，表面有出血点；肝肿大淤血，表面粗糙、质脆，有散在性脂肪变性；肾肿大，浑浊肿胀，有点状出血，被膜易剥离；第三、四胃上有出血斑；心脏肥大，有心肌炎，心包膜有点状出血；有神经症状的患病动物，脑腔积液，软脑膜下充血或出血，侧脑室扩大，室壁有出血点或出血斑。

3. 实验室诊断

用血压滴标本法、血涂片法、试管集虫法、毛细管集虫法检查血液中虫体。但由于虫体在末梢血液中的出现有周期性，且血液中虫体数忽高忽低，因此即使是患病动物也必须多次检查，才能发现虫体。

血清学诊断常采用补体结合反应和间接血凝试验。

(二) 防控措施

1. 预防

必须贯彻预防为主的方针，着重抓好消灭病原、扑灭蝇虻和防护畜体3个环节。

2. 治疗

该病治疗要尽早，用药量要足，观察时间要长，防止过早使役引起复发。可用注射用喹嘧胺，肌内或皮下注射，一次量，4~5毫克/千克体重。临用前用灭菌注射用水配成10%混悬液，现配现用。

十九、牛皮蝇蛆病

(一) 诊断要点

1. 病原及流行特点

由牛皮蝇和纹皮蝇的幼虫寄生于牛的背部皮下组织引起。

在每年的4—5月,皮蝇的成蝇开始出现,刚开始不叮咬牛只,经过5~6天雌雄蝇开始交配,然后雌蝇在牛的四肢上部和腹部等部位产卵,产卵完成之后死去,经第1期、第2期、第3期幼虫后成蛹,并羽化为成虫,整个发育过程大约需要1年时间。患病牛是该病的主要传染源。雌蝇在产卵的过程中会引起牛恐惧和不安,影响牛的休息和采食,甚至造成损伤和流产等后果。第1期幼虫可以钻入牛体内,引发疼痛和发痒的症状;第2期幼虫主要破坏牛只的组织;第3期幼虫主要造成皮下组织发炎,也可能出现继发感染,出现化脓和流出浆液。幼虫的数量不同和发育期不同对牛只产生的影响也存在差异性,但是都会影响牛的正常生长和发育,影响牛的生产性能,造成牛肉的品质下降。

2. 临床症状及病理变化

幼虫出现于背部皮下时易于确诊。最初可在背部摸到长圆形的硬结,过一段时间后可以摸到瘤状肿,瘤状肿中间有1小孔,可挤压出幼虫。此外,剖检时在食道浆膜下、皮下和脊椎管内可发现第一、二期幼虫。

(二) 防控措施

1. 预防

消灭寄生于牛体的幼虫,尤其是第一、二期幼虫,在防治牛皮蝇蛆病上具有极重要的作用。

2. 治疗

在患牛不多的情况下,可将幼虫从肿瘤内挤出杀死,以免幼虫从皮下爬出发育为成虫后再侵袭牛。不能挤出幼虫的,可用60度酒精于寄生部位作点状注射。进入夏季,在牛剪毛时,可用适当浓度敌百虫喷洒全身,也可将当归、大烟杆浸醋1周左右后,取浸液涂擦或喷洒牛背两侧,以浸湿被毛和皮肤为度,同时用伊维菌素注射液,皮下注射,一次量,牛0.2毫克/千克体重。

二十、羊鼻蝇蛆病

(一) 诊断要点

1. 病原及流行特点

由羊鼻蝇的幼虫寄生于羊的鼻腔及其附近的腔窦内引起。羊鼻蝇成虫多在春、夏、秋出现，尤以夏季为多。成虫在6—7月开始接触羊群，雌虫在牧地、圈舍等处飞翔，钻入羊鼻孔内产幼虫。经3期幼虫阶段发育成熟后，幼虫从深部逐渐爬向鼻腔，当患羊打喷嚏时，幼虫被喷出，落于地面，钻入土中或羊粪堆内化为蛹，经1~2个月后成蝇。雌雄蝇交配后，雌虫又侵袭羊群再产幼虫。

2. 临床症状及病理变化

患羊表现为精神萎靡不振，可视黏膜淡红，鼻孔有分泌物，摇头、打喷嚏，运动失调，头弯向一侧旋转或发生痉挛、麻痹，听、视力降低，后肢举步困难，有时站立不稳，跌倒而死亡。

剖检在鼻腔及邻近腔室发现羊鼻蝇幼虫而确诊。病羊呈现神经症状时应与单多头病、莫尼茨绦虫病鉴别。

(二) 防控措施

1. 预防

在平时养羊时，结合羊舍实际情况，安排定期打扫卫生。特别是粪便，一定不要长时间堆积，有条件的可进行发酵处理。初春，对羊舍及其周围墙角等容易存在蛆蛹的地方，铺撒生石灰进行消杀，防止存在幼虫滋生，在周围墙上喷撒灭蝇药，这样可以将羊舍内的幼虫消灭掉。春季牧草旺盛，在放牧羊时建议在卫生环境好、羊鼻蝇成虫活动少的地方，气温越来越高时，尤其在高温天气建议在早晚凉爽时进行放牧。

2. 治疗

确定适当的驱虫时间是防治的关键，应根据各地不同的气候条件，摸清羊狂蝇的生物学特性后确定（一般在每年11月用药）。

芬苯达唑粉（国产），内服，一次量，羊5~7.5毫克/千克体重；或芬苯达唑伊维菌素片内服，一次量，羊5.25~7.875毫克/千克体重。也可用氯硝柳胺片，内服，一次量，羊60~70毫克/千克体重。

二十一、牛、羊螨病

(一) 诊断要点

1. 病原及流行特点

牛、羊螨病是由痒螨、疥螨、蠕形螨寄生于牛羊皮肤而引起的一种慢性寄生虫性皮肤病,又称牛羊疥癣病。该病分布广泛,我国东北、西北、内蒙古地区比较严重。

牛羊螨病主要是通过病畜与健畜直接接触传播的,也可通过被螨及其卵污染的圈舍、用具造成间接接触感染。此外,饲养员、牧工、兽医的衣服和手也可能引起病原的播散。

该病主要发生于秋末、冬季和初春。因为这些季节日照不足,牛羊毛长而密,尤其是阴雨天气,圈舍潮湿,体表湿度较大,最适宜于螨的发育和繁殖。

夏季牛羊毛大量脱落,皮肤受光照射较为干燥,螨大部分死亡,只有少数潜伏下来,到了秋季,随气候条件的变化螨又重新活跃,引起螨病复发。

痒螨寄生于牛羊体表皮肤,本身具有坚韧的角质表皮,对环境中不利因素的抵抗力超过疥螨。如在 6~8℃、85%~100%湿度条件下,在圈舍内能活 2 个月,在牧场上能活 35 天。

2. 临床症状及病理变化

绵羊痒螨病多发于背、臀部密毛部位,然后波及全身。在羊群中首先引起注意的是羊毛结成束和体躯下部泥泞不洁,而后看到零散的毛丛悬垂于羊体,好像披着破絮。

水牛痒螨病多发于角根、背部、腹侧及臀部。体表形成很薄的"油漆起爆"状的痂皮,此种痂皮薄似纸,干燥,表面平整,一端稍微翘起,另一端与皮肤紧贴,若轻轻揭开,则在皮肤相连端痂皮下,可见许多黄白色痒螨虫在爬动。

牛疥螨病常发生于牛的头部、颈部、尾根等被毛较短的部位,严重时可遍及全身。

绵羊疥螨病主要在头部明显,嘴唇周围、口角两侧、鼻孔边缘和耳根下面也有。发病后期病变部位形成坚硬白色胶皮样痂皮。

3. 实验室诊断

症状不够明显时,在患部与健部交界处用锐匙或外科刀刮取表皮,装入试管内,加入 10%苛性钠(或苛性钾)溶液煮沸,待毛、痂皮等固形物大部分溶解后,静置 20 分钟,吸取沉渣,滴载玻片上,用低倍显微镜检查,有时还能发现幼螨、若螨和虫卵。

(二) 防控措施

1. 预防

药浴是预防该病的最佳办法。同时,要保持圈舍宽敞、干燥、透光,通风良好。引入家畜时事先了解有无疥螨病存在,经常注意畜舍中有无发痒、掉毛现象,发现问题,及时处置。

2. 治疗

(1) 药浴　最常用于羊,既可用于治疗,也可用于预防。山羊在抓绒后、绵羊在剪毛后5~7天进行。

可根据具体条件选用木桶、旧铁桶、大铁锅、帆布浴池或水泥浴池进行药浴。药浴可选用250毫克/升二嗪农,或50毫克/升溴氰菊酯等。大群药浴前应先做小群安全试验。药液温度应保持在36~38℃,最低不能低于30℃。大群药浴时,应随时补充药液,以免影响药效。应选择无风晴朗天气进行。老、弱、羔羊和病羊应分群分批进行。药浴前应让羊饮足水,以免误饮中毒,药浴时间为1分钟左右,注意浸泡羊头。药浴后应注意观察,发现羊只精神不好、口吐白沫,应及时治疗。如一次药浴不彻底,过7~8天重复进行第2次。

(2) 其他用药　伊维菌素片、伊维菌素溶液或伊维菌素氧阿苯达唑粉内服,一次量,羊0.2毫克/千克体重;或伊维菌素注射液皮下注射,一次量,牛、羊0.2毫克/千克体重;或伊维菌素浇泼剂背部浇泼,牛0.5毫克/千克体重。

第四节　牛羊常见普通病的诊断与防治

一、口炎

口炎是口腔黏膜发炎的总称,主要表现为口腔疼痛,采食和咀嚼困难,流口水等。

(一) 诊断要点

1. 发病原因

(1) 原发性口炎　牛羊可因采食粗硬、尖锐饲草、谷类芒刺机械刺伤口腔,或牙齿磨灭不正;或误食有刺激性的物质,如生石灰、氨水和高浓度、刺激性的药物。

(2) 继发性口炎　饲喂发霉的饲草、有毒植物，维生素 C 或维生素 B_1 缺乏等可损伤口腔黏膜而发病；也可因病原体感染（如口蹄疫、牛恶性卡他热、羊口疮、羊痘等）而引发口炎，还往往伴发全身症状。

2. 临床症状

采食与咀嚼障碍是口炎的一种明显症状。原发性口炎常表现采食减少或停止，口内流涎，咀嚼缓慢，欲吃而不敢吃，严重者可见出血、糜烂、溃疡，或引起消瘦。

继发性口炎多见有体温升高等全身反应。如患口蹄疫时，除口黏膜发生水疱及烂斑外，趾间及皮肤也有类似病变；患羊口疮时，口腔黏膜以及上下嘴唇、口角处呈现水疱疹、出血及干痂样坏死；患羊痘时，除口腔黏膜有典型的痘疹外，在乳房、眼角、头部、腹下皮肤等处亦有痘疹。真菌性口炎，常有饲喂发霉饲料的病史，除口腔黏膜发炎外，还可见拉稀、黄疸等。过敏性口炎，多与突然采食或间接食用某种过敏原有关，除口腔有炎症变化外，在鼻腔、乳房、肘部和股内侧等处见有充血、渗出、溃烂、结痂等变化。

(二) 防治措施

1. 预防

加强牛羊饲草饲料管理，确保维生素等营养含量充足；粗硬的秸秆饲料要进行碱化、氨化、青贮等处理，不喂带芒刺、有毒和刺激性强、霉败变质的饲草饲料，减少因机械、化学、生物及草料异物等对口腔黏膜的损伤；定期对饲槽、用具进行消毒。加强饲养管理，定期检查牛羊口腔，及时修复牙齿磨面不平现象。

2. 治疗

(1) 排出异物等病因　停喂粗硬、尖锐、带芒刺、有毒、有刺激性的饲料，清除口腔异物，改善饲养管理条件，喂给柔软、富含营养且易消化的草料，有条件的要补喂牛奶或羊奶。

(2) 冲洗并涂擦口腔　轻度口炎病牛羊，可选用2%～4%硼酸溶液或1%盐水等；有口臭时使用0.1%高锰酸钾溶液；不断流涎时，可选用0.02%醋酸氯己定水溶液（1∶5 000），反复冲洗口腔，之后涂碘甘油，直至痊愈。

(3) 全身治疗　若继发全身感染，发生败血症时，应考虑使用抗生素。如注射用青霉素钾（钠）肌内注射，一次量，1万～2万单位/千克体重，羊2万～3万单位/千克体重，2～3次/天，连用2～3天；可同时使用注射用硫酸链霉素肌内注射，一次量，牛、羊10～15毫克/千克体重，2次/天，连用2～3天。

若有维生素缺乏现象，可注射或口服维生素 B_1 或维生素 C。维生素 B_1 注射液皮下或肌内注射，一次量，牛 100~500 毫克，羊 25~50 毫克。肌内或静脉注射维生素 C 注射液，一次量，牛 2~4 克，羊 0.2~0.5 克。

二、前胃弛缓

前胃弛缓是牛羊前胃（瘤胃、网胃和瓣胃）兴奋性降低、平滑肌自动收缩力量减弱，内容物运转迟滞而导致的消化障碍性疾病。

（一）诊断要点

1. 发病原因

临床上见到的牛羊前胃弛缓可分为原发性前胃迟缓和继发性前胃弛缓，发病原因不同。

（1）原发性前胃弛缓　主要因饲养管理失当所致。如饲料品种单一，长期饲喂质量低劣、过粗、过硬、易纠缠成结、难消化，维生素、矿物质等营养成分含量低、吸收差，又未经碱化、氨化、青贮等处理的粗饲料，如麦秸、豆秸、稻草、地瓜秧蔓及其他藤蔓类植物饲料；或长期使用质地柔软、对胃壁平滑肌刺激性小或无刺激性的精料，如麸皮、面粉、磨碎的精饲料等；或喂养失节，精粗饲料比例不当，尤其是精饲料含量过高，不定时定量，常突然更换饲料品种，或突然更换饲养方式，由放牧突然变为舍饲，或偷食过多的谷物等精饲料；或饲料霉败变质，冰冻结块，堆放过久；或长期舍饲，缺乏运动和光照，均易发生前胃弛缓。

（2）继发性前胃弛缓　牛羊前胃弛缓常继发于瘤胃臌气、瘤胃积食、创伤性网胃炎等消化系统疾病；也可继发于酮病、维生素 A 及维生素 B_1 缺乏症等代谢性疾病；某些传染病和寄生虫病，如结核病、布鲁氏菌病、肝片吸虫病、血孢子虫病等，都可引起该病的发生。长期过量使用抗生素，可导致瘤胃内正常菌群失衡，消化功能障碍而继发该病。

2. 临床症状

（1）急性前胃弛缓　多呈急性发作，病畜食欲减退或废绝，反刍次数减少或停滞，时有嗳气，有酸臭味，瘤胃轻度臌胀；瘤胃听诊，蠕动次数减少，蠕动音减弱或消失；瘤胃触诊，内容物软硬不一，有时坚硬如石，有时软如面团或呈粥状。此时如能改善饲养管理，并给予促反刍、健胃等处理，经 2~3 天一般可康复。病情严重时，病畜鼻镜干燥无汗，反刍停止，结膜发绀，眼窝下陷等。奶牛和奶羊泌乳量减少。

（2）慢性前胃弛缓　病畜精神不振，食欲时好时坏，反刍无力或消失，便秘与腹泻交替发生；常空口磨牙，喜舔墙啃土或啃食异物；瘤胃听诊蠕动音减弱，冲击式触诊可听到振水音。病程长，逐渐消瘦、衰弱。

（二）防治措施

1. 预防

加强护理，去除病因，增强瘤胃机能。改善饲养管理，合理调配日粮，不喂霉败、冰冻、变质饲料，并防止环境条件的突然改变，避免应激性刺激。

2. 治疗

该病的治疗原则是调整瘤胃内环境酸碱平衡，促进瘤胃内容物运转和消化。

（1）绝食与洗胃　对原发性前胃弛缓，可先绝食，或直接用清水洗胃。1~2天再饲喂优质干草。

（2）药物治疗　可静脉注射浓氯化钠注射液，一次量，0.1克/千克体重；可同时肌内或皮下注射甲硫酸新斯的明注射液，一次量，牛4~20毫克，羊2~5毫克。

为增强前胃兴奋性，可用10%氯化钙注射液100~150毫升、10%氯化钠注射液100~200毫升、20%安钠咖注射液10~20毫升，1次静脉注射。对趋向康复的前胃弛缓，可用健牛瘤胃内容物接种法，先给健牛胃管灌服1%氯化钠溶液10升，然后通过虹吸引流取出瘤胃液4~8升，给病牛灌服接种，以更新病牛瘤胃内的微生物群系，增高纤毛虫活力，增进治疗效果。

对重症晚期病例，因瘤胃积液，伴发脱水和自体中毒，可用25%葡萄糖注射液500~1 000毫升，40%乌洛托品注射液20~40毫升、20%安钠咖注射液10~20毫升，静脉注射。

中药治疗可取得理想效果。可用党参、白术、黄芪各15克，茯苓30克，泽泻、青皮、木香、厚朴各12克，苍术15克，甘草10克，共为细末，开水冲调，候温灌服，每天1剂，连服3剂。

三、瘤胃积食

瘤胃积食，又称瘤胃食滞或瘤胃阻塞，是接纳过多和/或后送障碍所致的瘤胃急性扩张。其临床特征是瘤胃运动迟滞，容积增大，充满黏硬内容物，伴有腹痛、脱水和自体中毒等全身症状。

（一）诊断要点

1. 发病原因

（1）采食大量不易消化和适口性好的粗饲料、高糖饲料　牛羊一次采食过多的秸秆类或者藤蔓类饲料，尤其是呈半干枯状的黄豆秸、甘薯藤或者花生藤等；或吃进异物，如塑料袋、破布条、尼龙绳、毛发团等；或贪食过量适口性好的青草、苜蓿、红花草（紫云英）、甘薯、胡萝卜、马铃薯等青绿饲料，或谷类、块根块茎类高糖饲料。

（2）采食大量的精料　牛羊一次性或者持续多次采食过多的精料，或者由于管理粗放导致其在野外采食过多的未完全成熟的豆谷类农作物。

（3）饲养管理不合理　牛羊从饲喂粗劣饲料为主突然变成饲喂精良饲料为主，或者由长时间放牧突然变成舍饲，或者采食过多的干料后未供给充足饮水，或者突然大量饮水，或者食入大量霉败变质的饲料等，引起发病。

（4）继发性瘤胃积食　牛羊患有胃肠疾病，如创伤性网胃腹膜炎、瓣胃秘结、真胃变位、迷走神经性消化不良、真胃阻塞、黑斑病甘薯中毒等，可继发瘤胃积食。

2. 临床症状

病初，病牛羊神情不安，目光呆滞，起卧不安，回头顾腹或后肢踢腹，弓背摇尾，痛苦呻吟；食欲废绝，反刍停滞，空嚼、流涎、嗳气、呕吐；瘤胃听诊，蠕动音减弱甚至完全消失，瘤胃触诊，内容物黏硬或坚实如面团，用拳或手指按压留有压痕；有时腹部膨胀，左肷部或稍显突出，穿刺时可排出少量气体和带有腐败酸臭气味混有泡沫的液体。腹部听诊，肠音微弱或消失，排粪量减少，粪块干硬呈饼状。有的排淡灰色带恶臭的软粪或发生下痢。直肠检查，瘤胃扩张且容积增大，充满硬的内容物，有的内容物松软呈粥状。

晚期病例病情恶化，呼吸促迫，四肢、耳根及耳廓冰凉，全身肌肉震颤；有时表现盲目转圈或者直行；因脱水和自体中毒而表现眼球下陷、黏膜发绀，运动失调乃至虚脱，卧地不起。

（二）防治措施

1. 预防

做好饲养管理，饲养要有规律，防止饥饱不均，防止牛羊偷食精料；日常搭配饲料要适当，避免大量给予过于粗硬而不易消化的饲料，对可口喜吃的精料要限制给量；更换饲料时要逐渐过渡，切不可突然改变。冬季由放牧转为舍饲时，一定要给予充足的饮水，并应创造条件供给温水，尤其是饱食以后不要给大量冷水；舍饲牛羊要保持适当运动，尽量减少应激。

2. 治疗

该病治疗原则是促进瘤胃内容物转运和消化，缓解或纠正脱水和自体中毒，强心补液，健胃消导。病初停止饲喂1~2天，施行瘤胃按摩，每次5~10

分钟,每隔30分钟按摩1次,并增加运动量。在病情恢复期间,应逐渐给予适量柔软易消化的饲料。

最好使用洗胃疗法。将胃导管插入牛羊瘤胃中,用温水反复冲洗瘤胃。纠正脱水和酸中毒,可用葡萄糖氯化钠注射液500~1 500毫升,碳酸氢钠注射液250~1 000毫升,安钠咖注射液牛20~50毫升、羊5~20毫升。根据病情需要,还可适当选用硫酸镁(硫酸钠)、液体石蜡、植物油和毛果芸香碱、新斯的明等,促进瘤胃内容物尽快排出。为促进消化,也可使用碳酸氢钠片、人工盐、酵母片等。

必要时施行手术疗法。切开瘤胃,掏出异物和积食,填充部分健康牛羊的瘤胃内容物。术后不需要禁食,每日可少量饲喂易消化的饲料。如不能采食的,可静脉注射葡萄糖氯化钠注射液,每天2~3次。

四、瘤胃臌气

瘤胃臌气,俗称肚胀或气臌胀,是由于瘤胃神经反应性降低,收缩力减弱,瘤胃内容物过度发酵,产生大量气体,引起瘤胃急剧扩张的一种疾病。

(一)诊断要点

1. 发病原因

(1) 原发性病因　①泡沫性瘤胃臌气。由于采食了大量含蛋白质、皂苷、果胶等物质的豆科牧草,如新鲜的豌豆蔓叶、苜蓿、草木、红三叶、紫云英、豆面等,或者饲喂大量的谷物性饲料,如玉米粉、小麦粉等。牛羊吃了雨后水草或露水未干的青草、冰冻饲料,尤其是在夏季雨后清晨放牧时,易患该病。饲料配合或调理不当,谷物类饲料研磨过细;矿物质不足,钙、磷比例失调等,都可成为该病的致病因素。

②非泡沫性瘤胃臌气。主要是因采食大量水分含量较高、易发酵的饲草和饲料,如幼嫩多汁的青草或者经雨、露、霜、雪侵蚀的饲草和饲料而引起。采食了霉败饲草和饲料,如品质不良的青贮饲料、发霉饲草和饲料引起。突然更换饲草和饲料或者改变饲养方式,特别是舍饲转为放牧时或由一个牧场转移到另一个牧场,更容易导致牛羊急性瘤胃臌气的发生。

(2) 继发性原因　主要是由于前胃功能减弱,嗳气功能障碍。多见于前胃弛缓、食道阻塞、创伤性网胃炎、瓣胃与真胃阻塞、发热性疾病、腹膜炎等。秋季绵羊易发肠毒血症,也可出现急性瘤胃臌气。

2. 临床症状

急性瘤胃臌气通常在采食大量易发酵饲料之后数小时甚至在采食中突然发

病，病情发展迅速。病的初期，病牛羊兴奋不安、精神沉郁、食欲废绝且反刍停滞，听诊瘤胃蠕动音差或消失；明显腹痛、腹胀，左肷部凸出，表现回头望腹，不断起卧。随着病程发展，病牛羊呆立不动、心搏亢进、可视黏膜发绀、呼吸急促、张口伸舌、出汗、皮温不整、步态蹒跚，后期心力衰竭，甚至突然死亡。

如果发生泡沫性臌气，往往会从口腔中喷出或者逆呕出泡沫状唾液。发病后，病牛羊呼吸极度困难，心力衰竭，血液循环发生紊乱，静脉怒张，目光恐惧，黏膜发绀，大量出汗，无法站稳，行走摇摆，通常会突然倒地，并出现痉挛、抽搐，最终窒息死亡。

慢性瘤胃臌气，通常是继发性因素导致，病程持续时间较长，瘤胃发生中度臌胀，往往在饮水或者采食后多次反复发作。及时采取穿刺排气，病情缓解，但会再次发生臌胀，但听诊时瘤胃蠕动音基本正常或者略有减弱。病情通常呈缓慢发展，前胃弛缓，食欲不振，反刍减少，逐渐消瘦，影响牛羊生产性能。

（二）防治措施

1. 预防

改善饲养管理。合理搭配日粮，确保日粮中含有适量的粗料。在大多数情况下，牛、羊每日都要采食一定量的粗饲料，至少应保持在日采食量的10%~15%。控制发酵日粮的喂量，饲喂谷物类饲料不可研磨过细。加强看管，避免牛羊只偷食豆科作物等精料。不喂含露水青草，禁喂霉变饲料、饲草以及容易发酵或者难以消化的饲料。更换草料前，要有一段时间的适应过程，不可突然更换。从冬季舍饲变成春季放牧饲养时，可提前几天在舍内饲喂一些青草，使其逐渐适应。

2. 治疗

该病的治疗原则在于排气消胀、理气制酵、强心补液、健胃消导。病情轻者，抬举其头，按压腹部，促进瘤胃收缩和气体排出。瘤胃制酵，可内服10%鱼石脂软膏，牛10~30克，羊1~5克，先用2倍乙醇溶解后再用水稀释成3%~5%的溶液，灌服。促进瘤胃蠕动、消胀，可用松节油搽剂内服，一次量，牛20~60毫升，羊2~6毫升，加5倍量石蜡油或植物油稀释后服用。重剧病例发生窒息危象时，应行瘤胃穿刺放气急救；放气后，不要拔出放气针，从放气针注入止酵剂，如稀盐酸，或鱼石脂等。必要时，参考瘤胃积食的治疗方法进行强心补液、健胃消导。也可直接进行洗胃疗法。

泡沫性臌气宜用植物油，如豆油、花生油、菜籽油，牛300毫升（羊30

毫升），加温水500毫升（羊50毫升），制成油乳剂，通过胃管投入，或用套管针注入瘤胃内，可降低泡沫的稳定性，迅速消胀。也可用松节油搽剂，加水适量口服。

用药无效时，应立即施行瘤胃切开进行手术治疗。

五、牛创伤性网胃心包炎

创伤性网胃心包炎是因牛采食的饲料中混杂钉、针、铁丝等尖锐金属异物，落入网胃、刺伤胃壁，甚至穿过胃壁刺损心包等所引起的慢性炎症。该病多发于舍饲的牛。羊也有发生。

（一）诊断要点

1. 发病原因

饲草、饲料中，牛、羊舍内外地面上，以及房前屋后、田埂、路边草丛中散在各种尖锐金属异物。特别是牛，采食快，不经咀嚼就匆匆吞咽，异物随草团进入瘤胃，即可引起发病。

2. 临床症状

病的初期，通常呈现前胃弛缓症状，病牛食欲减退，有时异嗜，瘤胃运动减少，反刍缓慢，不断吸气，常呈周期性瘤胃臌气。肠蠕动音减弱，有时发生顽固性便秘，后期下痢，粪便有恶臭。奶牛的泌乳量减少。由于网胃疼痛，病牛有时突然起卧不安。病情逐渐发展，久治不愈，呈现各种临床症状。

多数病例弓背站立，头颈伸展，保持前高后低姿势，呆立而不愿移动。

病牛动作缓慢，迫使运动时，畏惧上下坡、跨沟或急转弯；在砖石、水泥路面上行走，止步不前。有些病例，经常躺卧，起卧时极为小心，肘部肌肉颤动，时而呻吟或磨牙。有的呈犬坐姿态，成为表明膈肌被刺损的一种示病症状。由于前胃神经受到损害，引起疼痛反射，背腹部肌肉紧缩，背腰强拘。网胃区叩诊，病牛畏惧、回避、退让、呻吟或抵抗，显现不安。用力压迫胸椎棘突和剑状软骨时，有疼痛表现。

网胃敏感区指的是鬐甲部皮肤即第六至第八对脊神经上支分布的区域。用双手将鬐甲部皮肤紧捏成皱襞，病牛即因感疼痛而凹腰。将牛头转向左侧，并将鬐甲后端皮肤捏成皱襞提起，即可在鼻孔近旁听到一种低沉的呻吟声。有的病例反刍、咀嚼、吞咽动作异常。反刍时先将食团吃力地逆呕至口腔，小心咀嚼；整个吞咽动作显得不太顺畅，极不自然。

异物刺伤心包时，可听到心包击水音和心包摩擦音，叩诊心音界扩大。血液回心受阻时颈静脉怒张，伴有颌下、胸前或腹下水肿，体温先升高后下降。

严重消化障碍，逐渐消瘦。

（二）防治措施

1. 预防

在加工和饲喂草料时，应清除金属异物。定期使用牛胃吸铁器进行吸铁预防。

2. 治疗

确诊后尽早施行牛胃吸铁器吸铁治疗。在吸铁器不能取出异物时，须进行手术治疗。经瘤胃入网胃中取出异物；或者经腹腔，在网胃外取出异物，并将网胃与膈之间的粘连分开，同时用大剂量抗生素或磺胺类药物注射，预防继发感染。

心包穿刺治疗，在左侧第4~6肋间，肩关节水平线下约2厘米，沿肋骨前缘刺入皮下，再向前下方刺入，接上注射器边抽吸边进针，直到吸出心包渗出液为止，同时要掌握穿刺深度，以免损伤心肌而导致死亡，并要防止空气逸入胸腔；经穿刺排出渗出液后，要注射抗生素防止感染。

对症治疗的原则是强心、利尿。可用毒毛花苷K注射液、呋塞米、盐类泻剂等。

六、牛瘤胃酸中毒

牛瘤胃酸中毒是牛养殖中多发的一种急性营养代谢性疾病，具有发病急、病程快、死亡率高等特点，主要由牛进食大量容易发酵的碳水化合物类食物引起瘤胃内pH降低而诱发的，因此该病在临床上又被称为"乳酸中毒"，或者"乳酸性消化不良"。

（一）诊断要点

1. 发病原因

（1）原发性病因　是由于饲喂不当所致。如，饲粮中玉米、豆粕、小麦等精饲料的比例过高；规模化养殖场会采用全混合日粮（TMR）混合机对精粗日粮搅拌使用，随后再利用传送装置将饲料运输至牛舍饲喂，但由于精粗饲料比重的差异，容易在传输过程中出现分层，导致两端的牛采食的精饲料更多；饲喂方式不当，无法保证定时定量饲喂；突然更换饲料种类，尤其是突然将粗饲料更换为精饲料后，牛只一次性采食的精饲料的量会相对增多，难以快速消化，进而诱发瘤胃酸中毒。

（2）继发性因素　应激反应过多；瘤胃积食、瘤胃臌气、前胃弛缓或者腹泻性疾病时，更容易发生该病，这主要与该类疾病所致的病牛瘤胃蠕动性减弱、瘤胃功能异常有关，从而导致患牛的胃肠道消化机能衰退，瘤胃内的食物无法被及时消化，发酵产生大量的酸性物质，最终诱发该病。

2. 临床症状

根据患病牛只临床表现的不同，可将其分为轻度、中度和重度瘤胃酸中毒3种类型。

（1）轻度瘤胃酸中毒　患牛所表现出的临床症状较轻，病程较短，主要表现为精神沉郁、采食量明显下降、反刍次数减少、瘤胃蠕动性减弱甚至停止，随后频繁嗳气，腹部明显膨胀，部分患牛伴有瘤胃臌气。随着病情加重，患牛出现明显的腹痛，部分患牛出现腹泻或者排松软粪便，此时可见患牛频繁地回头望向腹部，并用后腿踢腹部。此时及时减少对该类型患牛精饲料的投喂量，其病情会快速减轻，大部分可在3~4天恢复健康。

（2）中度瘤胃酸中毒　该类型患牛发病初期同样表现为食欲下降甚至废绝、饮欲上升、精神沉郁、鼻镜干燥、反刍减弱、最终停止，同时伴有空嚼、流涎以及夜间休息时磨牙等现象，此时患牛会排出稀软的粪便，部分严重的还会排水样稀便，并散发出酸臭气味。患牛喜卧地休息，行动时左右摇摆，双目无神涣散。患牛的体温通常会降低，一般保持在37.5~39℃，但在夏季炎热季节暴晒后，体温可升至40℃以上。患牛的心率加快，可升至100~130次/分钟，呼吸急促（70~95次/分钟）。听诊患牛可见其瘤胃蠕动音减弱或者消失，叩诊患牛腹部可听到明显的钢管音。部分患牛会因为精饲料大量累积，而出现瘤胃积食的情况，触诊患牛腹部有揉面团感。

（3）重度瘤胃酸中毒　重度瘤胃酸中毒的牛只症状更为严重，表现为走路不稳、左右摇晃、眼睛反射能力减弱或消失、对光的感知迟缓或消失。患牛喜卧不喜动，大多数患牛会长时间趴卧在牛舍中，并频繁地回望腹部，即使进行人为驱赶也不会运动。随着病情的进一步加重，患牛会表现出原地转圈、狂奔、头抵墙等神经性症状，视力也随之出现障碍，同时伴有长时间的呻吟。患牛的排尿反射明显下降，心率加快，呼吸急促。度过兴奋阶段后，患牛会重新卧地，机体更加衰弱，食欲废绝，四肢瘫痪，出现角弓反张等症状后死亡。

（二）防治措施

1. 预防

合理控制精饲料的比例，添加适量含微量元素和维生素；科学饲喂管理，饲料颗粒不可过细；更换饲料时须采取循序渐进的原则；妥善保存饲料，严禁饲喂发霉、变质的饲料，严禁提供冰冷、被污染的饮水，避免对牛胃肠道造成刺激；日粮中添加适量的微生态制剂、碱制剂等促进瘤胃的消化能力，同时减少抗生素类添加剂的使用，避免破坏牛瘤胃微生物菌群平衡；定期清洁、消毒牛舍、运动场地等，保持牛舍地面干燥、卫生，加强通风管理，定期更换新鲜垫草，为牛群提供一个干净、舒适的生长环境；保证牛群的运动量。

2. 治疗

对症状较轻的病牛，只需及时将精饲料更换成松软、容易消化的饲料，同时适当增加患牛的运动量，以促进其快速消化；也可以令其正常进食，并增加运动量。对于不能自行恢复的患牛，可每头灌服5%的葡萄糖溶液500毫升和碳酸氢钠300克，连续用药2天，可以有效防止患牛继续产酸。也可以在患牛饲料或饮水中添加适量的复合酶制剂，促进瘤胃菌群的快速恢复。

对发病初期腹痛严重、躁动不安的患牛，可以每头给予生理盐水1 000毫升、青霉素240万单位、5%盐酸普鲁卡因20~30毫升，进行腹腔封闭治疗，可以有效缓解患牛的腹痛，同时防止继发性感染发生，稳定患牛病情。

对发现或者治疗较晚，已经出现中度中毒症状的患牛，须立即使用生石灰水反复洗胃治疗。洗胃结束后，向瘤胃内灌入1 000~1 500毫升石蜡油后再拔出胃管。

为缓解患牛酸中毒，避免患牛出现循环衰竭，可每头静脉注射碳酸氢钠注射液1 200毫升、20%的安钠咖15毫升、生理盐水1 000毫升，1次/天，连续治疗3天。

对已出现呼吸困难等严重症状的患牛，需要进行瘤胃切开术治疗，同时辅以强心、补液药物进行治疗。对卧地、无法站立走动的患牛，可每头静脉注射5%的氯化钙溶液250毫升，或者注射10%的葡萄糖酸钙450毫升。

七、瓣胃阻塞

瓣胃阻塞也称瓣胃秘结，是由于前胃弛缓、瓣胃收缩力减弱、内容物充满和干燥所致的瓣胃阻塞和扩张。中兽医称为"百叶干"。该病多发于耕牛，奶牛也较常见。

(一) 诊断要点

1. 发病原因

（1）原发性病因　耕牛常因劳役过度、饲养粗放、长期饲喂干草（特别是纤维粗而坚韧的甘薯蔓、花生秧、豆秸、青干草、红茅草以及豆荚、麦糠等）所致。奶牛多因长期饲喂麸糠、粉渣、酒糟等含有泥沙的饲料，或受到外界不良因素的刺激和影响，惊恐不安。正常饲养的牛，突然变换饲料，或由放牧转为舍饲，饲料质量过差，缺乏蛋白质、维生素及某些必需的微量元素，如铜、铁、钴、硒等；或饲养不规范，饲喂后缺乏饮水，运动不足，消化不良，也能引起该病的发生。

（2）继发性病因　通常伴发于前胃弛缓、皱胃阻塞、皱胃变位、皱胃溃疡、创伤性网胃腹膜炎、腹腔脏器粘连、牛产后血红蛋白尿病、生产瘫痪、牛黑斑病甘薯中毒、牛恶性卡他热、急性肝炎以及血液原虫病和某些急性热性病经过中，瓣胃收缩力减弱所致。

2. 临床症状

病初，病牛前胃弛缓，食欲不振或减退，粪便干燥呈饼状。瘤胃轻度臌气，瓣胃蠕动音减弱或消失。触诊瓣胃区（右侧第 7～9 肋间中央），病牛退让，表现疼痛。叩诊瓣胃浊音区扩大。精神迟钝、呻吟，奶牛泌乳量下降。

随着病程的进展，病牛全身症状逐渐加重，鼻镜干燥、龟裂，磨牙，精神沉郁、反应减退；呼吸疾速，心搏亢进，脉搏可达 80～100 次/分钟，食欲、反刍消失，瘤胃收缩力减弱。瓣胃穿刺（右侧第 9 肋间肩关节水平线上）感到阻力加大，瓣胃收缩运动不明显。直肠检查，肛门括约肌痉挛性收缩，直肠内空虚，有黏液和少量暗褐色粪便。

晚期病牛瓣叶坏死，伴发肠炎和全身败血症，体温上升至 40℃ 左右，病情显著恶化。食欲废绝，排粪停止，或仅排少量黑褐色粥状粪便，附着黏液，气味恶臭。呼吸次数增多，心搏动强盛，脉搏增至 100～140 次/分钟，脉律不齐或徐缓。尿量减少，呈深黄色，或无尿。皮温不整，末梢部冷凉，结膜发绀，眼球塌陷，显现脱水和自体中毒体征。体质虚弱，神情忧郁，卧地不起，以至死亡。

（二）防治措施

该病的治疗原则在于增强前胃运动功能，促进瓣胃内容物软化与排出。病初，可用硫酸钠或硫酸镁 400～500 克，加水 8～10 升，或植物油 500～1 000 毫升，1 次灌服。为增强前胃神经兴奋性，促进前胃内容物运转与排出，可同时应用 10%氯化钠溶液 100～200 毫升、20%安钠咖注射液 10～20 毫升，静脉注射。甲硫酸新斯的明等拟胆碱药，应依据病情应用。但机械性肠梗阻的病牛不能使用。

对重症病例，采用瓣胃注射治疗。用 10%硫酸镁或硫酸钠溶液 2 000～3 000 毫升，甘油 300～500 毫升，普鲁卡因 2 克，氨苄青霉素 3 克，混合注入瓣胃内，可收到一定效果。在上述疗法无效时，采取瓣胃冲洗疗法，即施行瘤胃切开术，引用胃管插入网孔冲洗瓣胃。胃孔经冲洗疏通后，病情随即缓和，效果良好。

在病牛伴发肠炎或败血症时，应根据全身功能状态，首先用氢化可的松 0.2~0.5 克，生理盐水 40~100 毫升，混合后静脉注射。同时，用 10%葡萄糖酸钙注射液静脉注射。并注意强心补液，以纠正脱水和缓解自体中毒。

八、皱胃阻塞

皱胃阻塞也称皱胃积食，是由于受纳过多和/或排空不畅所造成的皱胃内食（异）物停滞、胃扩张和体积增大。各种反刍动物均可发生，尤其多见于黄牛、水牛、肉牛和奶牛，是反刍动物的一种常见多发病。

（一）诊断要点

1. 发病原因

（1）原发性皱胃阻塞 长期大量采食粗硬而难以消化的粉碎饲草或偶然吞食不能消化的异物。冬春青绿饲料缺乏，粗饲料过粗过硬，加上饮水不足、劳役过度、精神紧张和气象应激，常发生该病。饲草内多沙，块根块茎类多汁饲料混有泥土，可引起皱胃沙土阻塞。成年牛吞进胎盘、麻线，或啃被毛在胃内形成毛球，误食破布、木屑、刨花以及塑料薄膜等异物，则可引起机械性皱胃阻塞。这样的原发性阻塞，皱胃内积滞的是黏硬的食物或坚硬的异物，而且瓣胃、瘤胃内常伴有不同程度的积食。

（2）继发性皱胃阻塞 常见于皱胃炎、皱胃溃疡、皱胃淋巴肉瘤等所致的肌源性皱胃弛缓，或皱胃变位矫正术过程中损伤胃壁神经，尤其迷走神经性消化不良等所致的神经性皱胃弛缓。还可继发于小肠阻塞，特别是十二指肠积食或幽门狭窄。这样的继发性皱胃阻塞，多不伴有瘤胃积食，而且皱胃所积滞的内容物可能是稀软的食糜、发酵形成的气体或渗漏的液体。

2. 临床症状

病初，病牛食欲、反刍减退，瘤胃蠕动音短促、稀少、低弱，瓣胃音低沉，排粪迟滞，粪便干燥，肚腹外观无明显异常，临床表现如同一般的前胃弛缓。

随着病情的发展，病牛食欲废绝、反刍停滞，瘤胃蠕动极弱以至完全停滞，瓣胃蠕动音消失，肠音稀弱，呈排粪姿势但粪便量少、呈糊状、棕褐色、恶臭，混有少量黏液、血丝或血块，体重迅速减轻；肚腹显著增大，右侧更加明显。全身状态逐渐恶化，呼吸促迫，脉搏增数（60~80 次/分钟），有的体温升高。

患病后期，病牛精神极度沉郁，体质虚弱，鼻镜干燥，眼球塌陷，结膜发绀，舌面皱缩，血液黏稠，脉搏细弱而疾速，达到或超过 100 次/分钟，呈现严重的脱水和自体中毒症状。典型病例，视诊右侧中腹部直至肋弓后下方局限性膨隆，冲击式触诊可感有黏硬或坚实的皱胃，病牛表现呻吟、退让、蹴腹、抵角等疼痛反应。直肠检查，在盆腔前口即可摸到充满捏粉样内容物的瘤胃，从左腹腔一直扩延至右腹腔的后部，犹如拐了个弯而呈"L"形。特征性的改变是可触及伸展扩张的皱胃，其后壁远远超出右肋弓部向下后方延伸，呈捏粉样硬度，轻压留痕，或质地黏硬，重压留痕。

（二）防治措施

清除积滞食（异）物是治疗皱胃阻塞尤其食（异）物性皱胃阻塞的中心环节。初期或轻症病牛可投服盐类泻剂（如硫酸镁、硫酸钠）、油类泻剂（如植物油等）120~180 毫升，经胃管投服，每天 1 次，连用 3~5 天。中、后期或重症病牛，宜进行瘤胃切开和瓣胃、皱胃冲洗排空术。首先施行瘤胃切开术，取出瘤胃内容物，然后应用胃导管插入瘤网胃孔，经网胃、网瓣胃口进入瓣胃，通过胃导管灌注温热的生理盐水，逐步深入地冲洗瓣胃、皱胃，直至积滞的内容物排空为止。对塑料、胎盘等异物阻塞，则须施行皱胃切开术取出，但效果较差，合并症较多。

同时，参考瘤胃积食的治疗方法，纠正脱水和缓解自体中毒。

九、牛腐蹄病

腐蹄病又称传染性蹄炎、指（趾）间蜂窝织炎，为指（趾）间皮肤及其深部组织的急性和亚急性炎症。其临床特征是患部皮肤坏死与化脓，常伴蹄冠、系部和系关节炎症，呈现不同程度的跛行。该病可发生于所有类型的牛，发病率较高。炎热潮湿季节比冬、春干旱季节发病多，后肢发病多于前肢，成年且高产的母牛易发。

（一）诊断要点

1. 发病原因

（1）病原因素　有报道表明，牛腐蹄病的病原菌主要有坏死梭杆菌和节瘤拟杆菌，但是在病原分析过程中还发现有脆弱类杆菌、产黑色素类杆菌、螺旋体、粪弯杆菌、梭菌、酵母菌及其他一些条件致病菌。

（2）环境气候因素　梅雨季节天气潮湿，气候炎热，牛舍条件差、卫生不好、通风不良、地面潮湿污浊，牛群长期在坚硬而粗糙的水泥地面上活动，都易造成腐蹄病的发生；秋季环境和气候干燥造成蹄部皮肤干裂，细菌容易入侵；牛舍潮湿，牛栏建设不合理，坡度不够，不能及时将粪尿水排出，导致牛蹄时常泡在粪尿中，刺激蹄部皮肤，导致细菌滋生；运动场上的小石子、铁丝、钉子等坚硬的物体都会造成牛蹄部受伤而引起牛腐蹄病。

（3）饲养管理因素　日粮营养水平与牛腐蹄病的发生密切相关，如微量元素锰的缺乏以及钙、磷比例失调等都会引起牛蹄壳的裂开、引起蹄部疾病。过食高能量精饲料引起酸中毒，导致组胺、内毒素等一些血管活性物质到达蹄部组织的毛细血管中，进而引起蹄部炎症，发生腐蹄病。此外，维生素A、维生素D、锌元素等的不足都会引起蹄部组织的代谢异常，引发腐蹄病。役用牛在超负荷使用时会造成牛蹄部受伤而引发腐蹄病。

（4）遗传因素　遗传因素是牛腐蹄病多发的另一个原因，牛的体型和品种与牛腐蹄病的发生有关，品种不同，蹄病的易感性也不一样，如中国荷斯坦牛的腐蹄病发生率就高于其他品种。

2. 临床症状

根据蹄病发生部位，临床上表现为蹄叉腐烂和腐蹄。

（1）蹄叉腐烂　蹄叉腐烂为牛蹄叉表皮或真皮的化脓性或增生性炎症。蹄叉部皮肤充血、发红、肿胀、溃烂，有的蹄叉部可见肉芽增生，呈暗红色，突出于蹄叉沟内，质地坚硬，极易出血。蹄冠部肿胀，呈暗红色。病牛跛行，以蹄尖着地，站立时，患蹄负重不实，有的以患蹄频频打地或踢腹。犊牛、育成牛和成牛都有发生，以成年牛多见。

（2）腐蹄　腐蹄为牛蹄的真皮、角质部发生腐败性化脓。四蹄皆可发病，后蹄多见，以7—9月发病最多。病蹄站立时不愿完全着地，患肢系关节以下屈曲，频频换蹄、蹬或踢腹。患蹄向前伸出、运步时明显后方短步、站立时间缩短。检查蹄部，蹄变形，蹄底磨灭不正，角质部呈黑色。如外部角质尚未变化、修蹄后见有污灰色或污黑色腐臭脓液流出，也由于角质溶解，蹄真皮过度增生，肉芽凸出于蹄底之外，大小为黄豆至蚕豆大，呈暗褐色（中兽医称为漏蹄，按不同部位分为毛边漏、蹄心漏等）。炎症蔓延至蹄冠、系关节时，关节肿胀，皮肤增厚，失去弹性，疼痛明显，步行呈"三脚跳"，当化脓时，关节处破溃，流出奶酪样脓液，病牛全身症状加剧，体温升高，食欲减退，产奶量下降，常卧地不起，消瘦。

（二）防治措施

1. 预防

（1）改善日粮配方　根据饲养标准改善日粮配方，增强牛只体质。禁止饲喂霉变草料，补充适宜精饲料，补充钙和磷并保持钙、磷平衡，补充氨基酸，如蛋氨酸，特别是泌乳牛对日粮结构有着严格要求，注意确保精粗饲料的比例要适当，尤其要注意补充微量元素锰、铬和维生素 A、维生素 D 等，有利于受损蹄壳的及时修复。

（2）加强饲养管理和环境卫生　及时修补运动场与栏舍破损地面，清理牛栏与通道中的沙石及硬草根茬等、防止牛蹄被碰伤和扎伤，引发感染。牛舍保持干燥，无明显积水，防止牛蹄壳被水漫泡变软，引起受伤。及时清除舍内粪便，及时更换垫料，保持圈舍清洁卫生。对于种公牛要驱赶出牛舍做适当的运动，有利于蹄部的正常磨灭和体质增强。

（3）合理规划牛舍　科学规划运动场和栏舍，不应出现明显的积水积尿。栏舍地面建成后不能过于光滑，否则容易打滑，引起牛蹄部受伤而引起腐蹄病。

（4）及时修剪蹄部和药浴　制订检查与修整牛蹄的计划，修整牛蹄一般每年 2 次，分春、秋两季完成。如果条件允许，可每季度修整 1 次，特殊情况及时处理，使牛蹄部保持正常。对于种公牛可每月进行 1 次药浴，如用 4% 硫酸铜溶液浸泡牛蹄，有治疗和护理效果。牛蹄检查工作要经常进行，一旦发现问题，及时处理，防患于未然。

（5）优选良种　减少腐蹄病，育种尤为关键。选种期间，注意肢蹄性状。研究证实，腐蹄病发生 60% 以上与有肢蹄障碍的遗传相关。出于防控该病考虑，优选的良种牛，要综合考虑蹄部长度、斜长等因素。

（6）科学控制饲养密度　致密的养殖密度易诱发腐蹄病，合理的饲养密度为每 100 米^2 牛舍 12~13 头。确保牛有足够的运动场地，以增强其四肢能力。减少不良环境应激，有效降低腐蹄病的发生。

（7）定期消毒　定期进行牛场消毒工作，每月 1~2 次。

2. 治疗

（1）全身治疗　治疗原则是消除炎症、解毒、防止败血症的发生。可肌内注射长效普鲁卡因青霉素油剂，每次每千克体重 1 万~2 万单位，每日 1 次，连用 3 天；静脉注射或肌内注射磺胺嘧啶，按每千克体重 50~70 毫克计算，每日 2 次，连用 3 天；葡萄糖氯化钠注射液 1 000~1 500 毫升、碳酸氢钠注射液 500 毫升、25% 葡萄糖注射液 500 毫升、维生素 C 5 克，一次性静脉注射，每日 2 次，连用 3~5 天。

（2）局部治疗　对蹄叉腐烂的病牛，用 10% 硫酸铜溶液或 1% 来苏尔溶液洗净患蹄，再用 3% 过氧化氢溶液消毒，涂以 10% 碘酊，用松馏油（鱼石脂也可）涂布于蹄叉部，打以蹄绷带，如蹄叉有增生物，用外科手术除去，或以硫酸铜粉、高锰酸钾粉撒于或涂于增生物上。打蹄绷带，隔2~3天换药1次，2~3次可以治愈。也可用烧烙法将增生肉芽直接烧烙掉。

对腐蹄病牛，先将患蹄修理平整，找出角质部腐烂的黑斑，用小刀由腐烂的角质部向内深挖，直到挖出黑色腐败的腐臭组织，使脓液流出为止。用10%硫酸铜溶液冲洗患蹄，创内涂10%碘酊、填入松馏油棉球，或放入高锰酸钾粉、硫酸铜粉，绑蹄绷带。

对患有腐蹄病的牛，也可使用高锰酸钾疗法。先用1%高锰酸钾溶液将患蹄清洗干净，并进行扩创，对于创口较浅的，可将高锰酸钾粉撒在药棉上，敷于患处；对于蹄叉腐烂可同样用1%高锰酸钾溶液将蹄叉清洗干净，然后将高锰酸钾粉撒在药棉上，敷于患处；对较深的瘘管，可将高锰酸钾粉直接填入其中，使之与瘘管壁充分接触；外涂5%碘酊，后用绷带包扎固定，外涂松馏油。2~3天重复处理1次。

十、乳腺炎

乳腺炎又名乳房炎，是一种多因素引起的疾病，即乳腺受到物理、化学、微生物等因素刺激所引起的乳腺炎症，主要表现为乳汁发生理化性质变化、乳腺组织发生病理学变化，是奶牛生产中最为常见、最难防治、花费最多的疾病之一，严重影响奶牛业的发展。

（一）诊断要点

1. 发病原因

（1）细菌因素　主要包括接触传染性病原菌和环境性病原菌。接触传染性病原菌主要有无乳链球菌、停乳链球菌、金黄色葡萄球菌和支原体。接触传染性病原微生物定植于乳腺，通过挤奶工或挤奶器械传播。环境性病原菌主要有大肠杆菌、肺炎克雷伯菌、产气肠杆菌、沙雷氏菌、变形杆菌、假单胞菌以及凝固酶阴性葡萄球菌、环境链球菌、牛支原体、酵母菌或真菌、原囊藻属、化脓性放线菌及牛棒状杆菌。环境性病原菌通常不引起乳腺的感染，当奶牛所处的环境以及奶牛乳头、乳房（或通过创口）或挤奶器被病原污染，使病原进入乳头乳池引起乳腺感染。

（2）营养因素　饲料营养的缺乏也是导致奶牛乳腺炎发生的一个重要的因素。研究发现，乳腺炎病牛血浆和乳汁中的维生素E浓度显著低于健康奶牛。研究证实，当奶牛发生乳腺炎时，其血浆和乳汁中的维生素E浓度显著降低，而且这种低的维生素E浓度在乳腺炎发生之前就已经存在。试验结果表明，并非乳腺炎的发生致使病牛血浆和乳汁中的维生素E浓度降低，而是低浓度的维生素 E 容易诱发奶牛乳腺炎。另外,其他营养元素(如维生素 A 和硒的缺乏)也会间接或直接地导致乳腺炎的发生。

(3) 环境因素 在影响细菌生长、繁殖、致病力的外界环境条件中,气象条件非常重要。一般来说,奶牛最适宜的生活环境温度范围为 15~22℃(适宜生活温度为 5~28℃),所处的环境是由许多密切相关的环境因素综合构成的,其中温度、湿度等气象因素最为重要,不仅直接影响奶牛的健康、生产能力和生理活动,而且可影响病原微生物,间接作用于奶牛机体,从而引发乳腺炎。另外,奶牛的粪便可污染乳头。

(4) 其他因素 奶牛乳腺炎的发生,除上述因素影响外,还受管理方法、挤奶方式、泌乳量、泌乳阶段、胎次以及乳头形态、遗传等因素的影响。其中,挤奶方式如机器挤奶牛群比手工挤奶牛群发病率高 4~5 倍或更高。

2. 临床症状

(1) 临床型乳腺炎 临床型乳腺炎为乳房间质、实质或二者并发的炎症。其特征是乳汁变性、乳房组织不同程度地呈现肿胀,发热和疼痛。根据病程长短和病情严重程度,临床型乳腺炎可分为最急性、急性、亚急性和慢性 4 种。

最急性乳腺炎一般表现为发病突然,发展迅速,多发生于 1 个乳区。患区乳房明显肿胀,坚硬如石,有时皮肤发紫、龟裂,病牛有明显疼痛反应,患乳区仅能挤出 1~2 把黄水样或淡淡的血水。病牛全身症状明显,如食欲废绝、精神沉郁,体温升高至 40.5~41.7℃,个别达 42℃,稽留热型,心跳增数达 100~120 次/分钟,呼吸增数,个别病牛表现全身颤抖、肌肉软弱无力,不愿走动、喜卧等。

急性乳腺炎病情较最急性缓和一些。发病后乳房肿大,皮肤发红、疼痛明显、质地硬,乳房内可摸到硬块。病牛有躲闪和踢人表现,全身症状较轻,精神尚好、体温正常或稍高,食欲减退、产奶量下降为正常时的 1/3~1/2,有的仅有几把乳,乳汁呈灰白色,内混有大小不等的乳凝块、絮状物等。

亚急性乳腺炎发病缓和,患乳区肿、热,痛不明显;食欲、体温、脉搏等正常;乳汁稍稀薄,呈灰白色,最初几把乳内含絮状物或乳凝块。乳汁中体细胞数增加,pH 值偏高,氯化钠含量增加。

慢性乳腺炎一般由急性乳腺炎转变而来。病情反复,病程长。产奶量下降,治疗效果不理想。头几把乳有块状物,以后无,眼观正常;严重者乳汁异常,放置后能析出乳清或内含脓液;乳房有大小不等的硬结,有的甚至形成瘘管。乳头管呈一条绳索样的硬条。挤奶困难。乳头变小,乳区下部有硬区。

(2) 隐性乳腺炎 又称亚临床型乳腺炎,奶牛无临床症状。其特征是乳房和乳汁无肉眼可见异常,然而乳汁的理化性质、细菌数已发生变化。具体表现为乳汁 pH 值在 7 以上,导电率、乳中白细胞和氯化物含量升高。体细胞数在 50 万个/毫升以上,细菌数增加。因此,判断隐性乳腺炎的关键是确定不同牛群正常乳汁电导率的阈值。

(二) 防治措施

1. 预防

(1) 建立稳定、训练有素的挤奶员队伍　对挤奶员进行专业知识培训,规范挤奶操作规程。

(2) 加强日常卫生管理和消毒　运动场和牛舍保持干净、干燥,牛体每日要适当刷拭;牛舍要定期用高压水枪冲洗,并进行喷雾消毒或熏蒸消毒;圈舍周围每周用 2%氢氧化钠溶液消毒或撒生石灰 1 次;定期进行带牛环境消毒。

(3) 加强挤奶卫生,严格执行挤奶操作规程　挤奶前应将挤奶台打扫干净,清洗,消毒;挤奶员必须用消毒液洗手和剪短指甲,避免对奶牛乳头造成外伤;清洗乳房时应用 50℃流水,用消过毒的干净毛巾彻底洗净乳房,最好做到 1 头奶牛用 1 块毛巾,以杜绝交叉污染;每挤完 1 头牛应用消毒水清洗手和手臂,以尽量减少手在不同牛之间操作时出现交叉感染,严禁将头儿把奶或乳腺炎奶挤在牛床上;坚持挤奶后进行乳头药浴。

(4) 重视乳腺炎病牛的监控　重视对病牛的监控,做到"早发现、早隔离、早治疗"。临床型乳腺炎病牛应隔离饲喂,奶桶和毛巾专用、用后彻底消毒,奶消毒后废弃、病牛及时治疗,且要做到彻底治愈。对久治不愈、反复发病、慢性乳腺炎病牛等应及时淘汰。此外,每年在多发季节要对泌乳牛进行隐性乳腺炎监测。

(5) 坚持乳头药浴　乳头药浴是控制奶牛乳腺炎的主要措施之一,特别是对消除病原菌具有重要作用。

(6) 增强牛体营养　奶牛产前 21 天肌内注射 1 000 单位维生素 E 和 50 毫克硒,产后乳腺炎的发病数显著减少;日粮中添加铜、锌能降低乳腺炎的发病率;日粮中单独添加或共同使用 β-胡萝卜素、维生素 A、维生素 E、硒、锌、铜等可增强机体对乳腺炎的抗病力。

2. 治疗

(1) 乳房内注入药物可治疗临床型乳腺炎　一般多采用乳头注入抗生素。青霉素和链霉素是治疗奶牛乳腺炎的首选药物,可用青霉素 80 万单位,加入灭菌蒸馏水 50 毫升中,每日于挤奶后由乳头管口注入,然后由下至上按摩。

乳腺炎初期可进行冷敷，2~3天再用红外线灯照射进行热敷。涂擦樟脑软膏等微刺激性药物，使之吸收，促进炎症消散。

（2）急性乳腺炎的治疗　急性初期可冷敷，然后用温水洗净乳头，再用酒精消毒乳头，之后挤净乳汁，乳导管慢慢插入乳头。用0.25%~0.5%盐酸普鲁卡因注射液20毫升，加油剂青霉素600万单位，注入乳孔内。手捏乳头晃动3分钟，防止药液溢出，然后由下至上按摩，每日1次，连用2~3天。

（3）化脓及乳腺硬结的乳腺炎　用3%过氧化氢或0.1%高锰酸钾溶液冲洗，挤净脓液或变质乳汁，同样用酒精消毒乳头，慢慢插入乳导管，每只乳孔内再注入氟苯尼考注射液30毫升。乳腺硬结严重者可采用乳房基底封闭疗法，将0.25%~0.5%盐酸普鲁卡因注射液10毫升，加油剂青霉素300万单位，用长针头直接注入乳房基底的结缔组织内，配合鱼石脂软膏、樟脑软膏等药敷，有很好的疗效。

（4）中药治疗　可加减试用瓜蒌散、防腐生肌散、乳炎散等方剂治疗。

十一、牛酮病

牛酮病又称酮血症、酮尿病、醋酮血症、母牛热，是牛产犊后体内碳水化合物和脂肪代谢紊乱所引起的一种全身功能失调性疾病。该病特征是酮血、酮尿、酮乳，出现低血糖、消化功能紊乱，产奶量下降，兼有神经症状。

（一）诊断要点

1. 发病原因

任何导致碳水化合物摄入不足或营养不平衡、生糖物质缺乏或吸收减少的因素均可引起。常见于营养良好的高产乳牛，给予含蛋白和脂肪高的饲料，而碳水化合物不足，或营养不良的乳牛，给予低蛋白、低脂肪、低碳水化合物的饲料，引起体脂和体蛋白分解而产生酮体。如乳牛高产，日粮中营养不平衡和供应不足，产前过度肥胖，脂肪肝等均可引起酮体代谢障碍，引发酮病。

2. 临床症状

多发于产犊后10~60天饲养管理良好的高产牛，且以3~6胎次的高产母牛发病率较高，很少引起牛死亡。根据其有无临床表现可分为临床型酮病和亚临床型酮病。

临床型酮病主要表现为食欲降低，产奶量减少，体况消瘦，血酮、乳酮及尿酮含量异常升高，严重时连呼出的气体都含有丙酮气味，少部分牛还会出现神经症状,血糖水平下降等。亚临床型酮病临床症状不明显,只是血液、乳汁及尿液中酮体水平较高,血糖相对较低。酮病病牛普遍消瘦,产奶量急剧下降,病程可持续1~2个月。根据临床症状的不同可将酮病分为消化型、神经型和瘫痪型3种类型,其中以消化型较为多见。

(1) 消化型(消瘦型) 患病牛体温正常或略低,呼吸浅表(酸中毒),心音亢进,尿液、乳汁和呼出气体有刺鼻的酮臭味(烂苹果味),加热后更明显。尿液呈浅黄色,易形成泡沫。精神沉郁、迅速明显消瘦,步态蹒跚无力,乳汁易形成气泡,类似初乳状。患病牛食欲减退,异嗜,初期吃些干草、青草或喜食垫草和污物,最后拒食,反刍停滞。前胃弛缓,初便秘,呈球状,外附黏液,后多数排出恶臭的稀粪,迅速消瘦。肝脏叩诊浊音界扩大,可超过第13根肋骨,并且敏感疼痛。

(2) 神经型 精神沉郁,凝视,步态不稳,伴有轻瘫,嗜睡,常处于半昏迷状态。也有少数病牛狂躁和激动,无目的吼叫,向前冲撞,全身肌肉紧张,站立不稳,四肢交叉,阵发性啃咬肘部,空口磨牙,部分牛视力丧失,感觉过敏,眼球震颤,颈背部肌肉痉挛。有的兴奋和沉郁交替发作。

(3) 瘫痪型 病牛卧地不起,脊椎骨呈"S"状弯曲,头置于肘部。许多症候除与产后瘫痪相似外,还会伴随出现酮病的一些主要症状,如食欲减退或拒食,前胃弛缓等消化型症候及对刺激过敏、肌肉震颤、痉挛、泌乳量急剧下降等,如与产后瘫痪同时发生,使用钙剂疗效不好。

(二) 防治措施

1. 预防

(1) 建立合理的饲养计划 合理饲养干奶牛,重点是防止干奶期牛过肥。可以采取干奶期牛与泌乳牛分群饲养,限制精饲料给量,增加干草量,精粗饲料比以3:7为宜,优质牧草随意采食。泌乳期高产牛日粮中的优质干草不少于4千克,在泌乳盛期增加精饲料时,不能减少干草喂量。

(2) 添加饲料添加剂 某些饲料添加剂(如烟酸、丙烯乙二醇、丙酸钠、离子载体等)能够降低酮病的发生率。离子载体能降低乙酸的生成和促进瘤胃微生物产生丙酸,且比较便宜,使用方便,能预防酮病发生。

(3) 建立定期检测亚临床酮病的制度 为了及时检出亚临床酮病病牛,减少临床发病,应对酮病进行定期检查。

2. 治疗

用25%葡萄糖注射液500毫升静脉注射,每天1次,连用3天,每小时注入葡萄糖的量在50克以下为宜;或用25%木糖醇注射液静脉注射,每天1次,连用3天，以每千克体重每小时0.3克以下为好；或每千克体重用标准胰岛素0.1单位静脉注射，同时用25%葡萄糖注射液500毫升静脉注射，注射时间在45分钟以上。

十二、羊白肌病

白肌病又称肌肉营养不良症，是由于饲料中微量元素硒和维生素E缺乏或不足而引起的代谢性疾病。

（一）诊断要点

1. 发病原因

羊白肌病主要是由于羊采食含有较少或者缺乏维生素E和微量元素硒的饲料，或者饲料内含有高水平的锌、钴、银等微量元素而导致机体无法吸收足够的硒而发病。饲料储存条件差，如温度过高、湿度过大，经受暴晒或淋雨，以及长时间存放，发生酸败变质，就会分解破坏其中所含有的维生素E。尤其是在缺硒地区，羊非常容易发生该病。

2. 临床症状

7~60日龄羔羊易发，随着年龄的增长以及多产母羊所产羔羊具有更高的死亡率，尤其是生长速度较快、体质强壮的羔羊更容易发病和死亡。

最急性型羊只在采食、放牧过程中或者运动之后突然发病倒地死亡。

急性型病羊精神较差，体质消瘦，运动乏力，不愿走动，步态僵硬，后躯摇摆；部分卧地后拒绝起立；部分出现异嗜、强直性痉挛、腹式呼吸、腹泻和瘫痪等症状，往往在1周左右死亡。病羊体温基本保持正常，且胃肠蠕动没有明显异常，但心跳加快、节律不齐，脉搏超过200次/分钟，出现明显的传导阻滞和心房纤维颤动现象。触诊背部、臀部肌肉，有肿胀，比正常肌肉硬，病变部位常呈对称性。

慢性型病羊精神萎靡，离群自处，不喜运动，食欲不振或食欲废绝，最后，卧地无法起立，颈部明显僵直，且偏向一侧。如果迫使病羊起立，轻者肢体僵硬，走路晃动，重者无法稳定站立或很快跌倒。病羊还会发生腹泻，肺泡音粗糙，能够听到明显的湿性啰音，呼吸浅表急促，80~90次/分钟，少数出现腹式呼吸，肠音无明显变化，少数病羊发生便秘。可视黏膜苍白，部分会引起角膜炎、结膜炎，个别最终失明，尿频，且尿液呈红褐色或淡红色。

（二）防治措施

1. 预防

加强对妊娠、哺乳母羊和羔羊的饲养管理，特别是冬春枯草季节，注意补充富硒干草如苜蓿干草等。缺硒地区，应用亚硒酸钠维生素 E 注射液进行预防注射，怀孕母羊 8 毫升/只，每隔半个月至 1 个月注射 1 次，共注射 2~3 次。2~3 日龄的羔羊，每只注射亚硒酸钠维生素 E 注射液 1 毫升，具有较好的预防作用。

2. 治疗

加强护理，供给富含微量元素硒的牧草。每只病羊颈部肌内或者皮下注射 0.1% 的亚硒酸钠注射液 2~4 毫升，经过 10~20 天重复注射 1 次；同时，在适量的清水中添加氯化锰 4 毫克、氯化钴 3 毫克、硫酸铜 8 毫克、碘盐 3 克，充分搅拌混合均匀，给病羊口服；也可同时辅助给每只病羊静脉注射葡萄糖酸钙注射液或者氯化钙注射液 5~10 毫升，或者每日肌内注射维生素 E 注射液 10~15 毫克，一个疗程连续使用 5~7 天。适当补充维生素 A、B 族维生素、维生素 C。

第四章 兔常见病的诊断与防治

一、兔病毒性出血症

兔病毒性出血症又名兔出血症、兔瘟,是由兔病毒性出血症病毒感染引起的一种急性、高度接触性传染病。

(一) 诊断要点

1. 病原与流行特点

该病的病原为新型病毒,被认为是杯状病毒或细小病毒,具有凝集人O型红细胞的作用。据病毒血清学检测,病毒在肝、脾、肾及血液中的含量较高。

兔病毒性出血症易感动物为兔,包括家兔、野兔、长毛兔、獭兔等。毛用兔易感率高于肉用兔;各年龄段的兔具有易感性,60日龄以上的兔易感率高于60日龄以内的仔兔。该病的传染源包括病兔、带毒兔及隐性感染兔,主要通过消化道和接触感染。该病一年四季均可发病,以冬春寒冷季节发病率较高。在老疫区多呈地方式流行,在新疫区多呈暴发式流行。在大暴发流行时期,兔病毒性出血症传播速度极快、发病率高、致死率高,平均死亡率约为78%~85%,60日龄以上的肥壮兔和良种兔平均发病率高达90%~95%,严重时可达100%。从发病到死亡,历时8~10天。

2. 临床症状与病理变化

兔病毒性出血症潜伏期为2~3天,根据临床症状表现,分为3种类型,分别为最急性、急性和慢性。

最急性型潜伏期2~3天,多发于流行初期,发病期无明显临床症状的前兆,表现为突发性倒地尖叫数声后死亡。一般感染后10~12小时会出现体温升高至41℃的情况,稽留6~8小时后发生死亡。高热症状无法肉眼观察,因此较难发现。

急性型病程1~2天,多发于流行中期。急性型临床表现出食欲废绝或食欲不振、精神沉郁、体温高热转急剧下降(最高可达41℃,多发生于感染后10~12小时,高温持续6~8小时)、被毛粗而杂乱等症。病兔死亡前表现出瘫软、无法站立、撞击笼架、狂奔、向前跳、高声尖叫、口鼻流出泡沫性血液，然后死亡，死后呈角弓反张。

慢性型病程长，多发于老疫区或新疫区流行后期，临床多表现出病兔精神委顿、食欲不振、被毛杂乱无光、消瘦或发育迟缓、持续性腹泻等症。极少数耐过病毒后期表现出明显的发育迟缓，且粪便排毒带毒不少于1个月。

该病是一种全身性的疾病，所以病死兔的各脏器都有不同程度的病理变化，外观上是以实质器官淤血、出血为主要特征。一般病例，剖检可见气管、支气管内分布有泡沫性血液，肺部充血、充血，有明显的出血性斑点；心包积液，心包膜有点状出血情况；肝部肿大、充血、淤血，胆囊充盈；脾脏肿大充血；肾脏皮质层分布有针尖大小的出血点，肾脏有淤血，呈暗紫色；肠胃充盈，肠黏膜充血，有出血点；膀胱充盈有积尿。典型病例，剖检可见一侧或两侧肺水肿，鼻腔、喉头和气管黏膜淤血或弥漫性出血，并有泡沫状血色分泌物，有数量不等、大小不等、散在或成片的出血斑点。怀孕母兔子宫黏膜充血、淤血、有数量不等的出血点，胎儿死亡。病兔脾脏淤血肿大。肠系膜淋巴结、咽淋巴结及圆小囊多数肿大出血。肾淤血肿大，呈暗紫色，表面有散在针尖状出血点。胃壁树枝状充血，胃充盈，小肠黏膜充血和出血。心脏扩张淤血，心内、外膜有出血点。肝变性肿大，呈淡黄色或者土黄色，质脆，切面粗糙，呈槟榔样的花纹，有的肝淤血后呈紫红色，并有出血斑点。胸腺肿大，有出血点。

3. 实验室诊断

先根据3种分型的临床表现及病死兔剖检病理变化进行初诊，再配合实验室诊断确诊。常用的实验室诊断方法有血凝试验、HI试验、SPA协同凝集试验、ELISA等。

（二）防控措施

1. 预防

在加强饲养管理的同时，定期免疫接种。使用兔病毒性出血症灭活疫苗，规定45日龄以上家兔，每只皮下注射1毫升。未断奶乳兔亦可使用，每只皮下注射1毫升，但断奶后应再注射1次，免疫持续期为6个月。为防治疫病传染，兔养殖场建议坚持自繁自养，并坚持全进全出的饲养模式。每繁殖一批仔兔或购进一批仔兔，严格执行免疫接种程序。对兔场执行1次/天全面彻底的消毒，防止病毒传播扩散。消毒药物可选甲醛、漂白粉、戊二醛、氢氧化钠等。

2. 治疗

兔病毒性出血症现阶段尚无特效药治疗。当已经发生兔病毒性出血症时，紧急接种是防治兔病毒性出血症轻症最有效的方式。紧急接种可选用高免血清或兔病毒性出血症、多杀性巴氏杆菌病二联灭活疫苗进行注射。高免血清常规用量为0.5毫升/千克体重，1次/天，连续注射5天，间隔3周后再注射1次，或注射兔病毒性出血症、多杀性巴氏杆菌病二联灭活疫苗，每兔用量1毫升，注射1次即可。黄芪多糖注射液中含有具有提高白细胞诱生干扰素和具有抗菌退热作用的多糖，具有补虚益气、抗菌退热的作用，可对症兔病毒性出血症所致的食欲不振、高热、充血、出血、肿胀等症。

发病后全场采取隔离、全面彻底消毒是预防病毒传播扩散的有效手段。使用2%~3%氢氧化钠溶液对兔舍地面、墙面、空气、食槽、饮水槽及其他配套设施全面消毒，消毒1次/天，直至病兔全部好转，调整为每2天消毒1次。

二、兔传染性口炎

兔传染性口炎是由水疱性口炎病毒感染而引发的一种急性病毒性传染病，主要发生于饲养密度大、管理水平低的养殖场。该病春季和秋季高发，晚秋后逐渐消失，冬季基本不流行，发病率和病死率均较高，若不及时治疗，病兔多会因机体衰竭而死亡。

(一) 诊断要点

1. 流行特点

兔传染性口炎的病原是水疱性口炎病毒，主要存在于病兔口腔黏膜坏死组织和唾液中。自然感染的主要途径是消化道。该病多发于1~3月龄兔，尤其是断奶后1~2周龄的幼兔最易发生，成年兔发病较少，每年的春、秋季节多见。该病的传染源是病兔。健康兔多因采食了被病兔污染的草料、与病兔接触而感染发病。饲养管理不当，使用了发霉变质、带有芒刺或粗硬的饲草，口腔损伤等，均可诱发该病。

2. 临床症状

潜伏期一般3~5天，病程2~10天。发病初期，病兔体温正常，口腔黏膜充血潮红，接着在病兔口腔、舌体、唇等处的黏膜出现粟粒大到黄豆大的水疱，水疱内部充满含有纤维素的清澈液体，不久水疱破溃形成溃疡。口角大量流涎、有恶臭，使下颌周围被毛粘连，严重时可引起局部炎症、脱毛。病兔采食困难，食欲减退或废绝，消化不良，有时腹泻；若继发细菌感染，口腔黏膜发生坏死，可散发出恶臭气味，同时体温可升高至40℃以上，精神沉郁，营养不良，逐渐消瘦，治疗不及时或治疗方法不当可导致病兔死亡。

（二）防治措施

1. 预防

兔日粮应含全价营养，品种多样，结构合理，最好使用全价颗粒料。定时、定量饲喂，供给清洁饮水。杜绝投喂发霉变质、粗硬带刺的粗饲料，防止笼具损伤、兔群咬斗损伤口腔。及时清除粪尿和饲料残渣，发现病兔及时隔离，定期轮换使用2%氢氧化钠溶液、0.5%过氧乙酸溶液对笼舍、用具进行消毒。病兔污染物、排泄物集中收集深埋或消毒处理。选择优良种兔，坚持自繁自养，不从疫源地引种，从外地引进的种兔必须进行隔离观察饲养，确保健康无病后方可混群饲养。

2. 治疗

兔传染性口炎目前无特效药物治疗，只能对症治疗，防止继发感染。发现病兔要及时隔离，给予柔软饲草，兔舍、笼具彻底消毒。使用磺胺二甲嘧啶片0.2克，维生素B_1、维生素B_2各5毫克，加水适量，滴入病兔口内。每天滴2~3次，连滴5~7天。

三、兔多杀性巴氏杆菌病

兔多杀性巴氏杆菌病是由多种血清型多杀性巴氏杆菌引起的一种分布广泛、症状多样、清除困难的常见呼吸道传染病。

（一）诊断要点

1. 病原与流行特点

该病的病原为兔多杀性巴氏杆菌，是一种细小、两端钝圆、中央微凸的球状短杆菌，无鞭毛，不能形成芽孢，革兰氏染色阴性。兔多杀性巴氏杆菌属需氧或兼性厌氧菌；在营养琼脂上，菌落生长呈灰白色、半透明、露珠样，表面光滑，边缘齐整；在血琼脂平板上，菌落周围不溶血、水滴样、湿润；但在麦康凯培养基上不生长。

兔多杀性巴氏杆菌属条件性致病菌，当饲养管理不善，卫生条件差，日粮营养不平衡、突然更换饲料，或长途运输、过分拥挤等，家兔抗病力下降时易诱发该病内源性感染。若不及时治疗，致死率相对较高。

兔多杀性巴氏杆菌对各种年龄兔均有易感性，尤其1~6月龄兔群最易感且危害最大，病死率较高。传染源主要是病兔和带菌兔。由于很多家兔上呼吸道黏膜带有多杀性巴氏杆菌，是隐性带菌兔，兔场在引进种兔时，常会把不同血清型的多杀性巴氏杆菌带入本场，并能迅速传染给易感兔，这是规模化兔场引起该病流行的重要原因。

该病通过病兔的排泄物或分泌物以及被污染的饲料、饮水、用具和环境，以及病兔的口水、鼻涕、喷嚏飞沫、粪便、尿等排泄物，经消化道或呼吸道传染，也可经吸血昆虫、皮肤黏膜、伤口传染。该病无明显季节性，但多发于春秋两季，常呈散发性或地方性流行。

2. 临床症状与病理变化

因兔多杀性巴氏杆菌毒力强弱、感染途径和病程的不同，临床上可表现急性败血症、传染性鼻炎、中耳炎、结膜炎、子宫积脓和睾丸炎等多种类型的单独或混合感染，其临床症状和病理变化各不相同。

(1) 急性败血症 该病开始流行时，常呈最急性败血型，病兔不表现临床症状就突然死亡。在实际生产中，以鼻炎和肺炎混合感染的急性败血症最常见。病兔精神委顿，停食或少食，呼吸急促，咳嗽，体温升高至41℃以上，鼻腔流出浆液性、黏液性或脓性分泌物，死前体温下降，四肢抽搐，病程12~48小时。剖检，鼻黏膜充血肿胀，鼻腔内充满泡沫性、黏性或脓性分泌物；肺水肿，喉黏膜出血、充血；心肌纤维等变性、坏死，心内外膜上有出血点；肝脏变性，表面散布坏死点；脾脏、淋巴结肿、出血；肠黏膜充血、出血；肾脏、肾小管上皮变性坏死，部分可见局灶性化脓性肾炎；胸腔、腹腔内有大量淡黄色积液。

(2) 传染性鼻炎 是兔场常见的一种病型，病程较长，常成为该病的疫源。病初，病兔表现上呼吸道卡他性炎症，咳嗽，打喷嚏，鼻流清涕；随病情发展逐渐转为黏性至脓性鼻漏，分泌物污染鼻腔周围被毛，使其潮湿、缠结甚至脱毛，局部皮肤红肿；因鼻塞致甩头喷鼻，前爪抓挠鼻孔、眼睛等部位，继发感染后可引起化脓性结膜炎、中耳炎等。病程可达数月至一两年，终因营养不良、消瘦衰竭而死亡。有时，兔传染性鼻炎可继发地方流行性肺炎。剖检，鼻腔、鼻窦、副鼻窦黏膜红肿、糜烂，内部积有多量黏液或脓液。继发肺炎的病例，可见肺实质性变性，出血，肺胸膜面、心包膜处有纤维素性渗出。

(3) 中耳炎（斜颈病、歪头症） 当家兔外耳感染多杀性巴氏杆菌并扩散到兔的中耳、内耳及脑后，病兔头颈歪斜，严重者，向头倾斜的一侧翻滚；因眼睛不能正视，无法正常饮食，病兔逐渐消瘦，体重减轻并出现脱水现象。多见于成年兔，偶见断奶幼兔也出现头颈歪斜现象。剖检病死兔，可见一侧或两侧鼓室内有奶油状渗出物，有时可见鼓膜破裂，脓性渗出物流入外耳道。中耳或内耳感染扩散到脑部后，可见化脓性脑膜炎病变。

(4) 结膜炎 幼兔和成年兔均可发生,以幼兔发病率较高。主要表现为眼睑肿胀,结膜潮红;眼睛有大量浆液性、黏液性或脓性分泌物;严重者失明。

(5) 脓肿、子宫炎及睾丸炎 脓肿可发生在病兔身体各个部位。病初,局部皮肤红肿、硬结,逐渐变为有波动感的脓肿。感染母兔发生子宫炎时,可见从阴道中流出脓性分泌物;感染公兔发生睾丸炎,可表现一侧或双侧睾丸肿大,触摸有热、痛感。

(二) 防控措施

1. 定期检疫,净化种群,通过建立无多杀性巴氏杆菌种兔群,是防控该病最好的办法

规模化兔场要坚持自繁自养的饲养原则,必须引种时,要进行严格检疫并隔离饲养。兔场要按照既定的免疫程序,定期进行免疫预防。可皮下注射兔病毒性出血症、多杀性巴氏杆菌病二联灭活疫苗,除怀孕后期母兔外,2月龄以上健康兔,每只1毫升,免疫期6个月。也可用家兔多杀性巴氏杆菌病和支气管败血波氏杆菌感染二联灭活疫苗,颈部肌内注射,成年兔每只1毫升;兔场首次使用时,在首免后2周,重复注射1次,免疫期可达6个月。在兔群免疫接种后20~30天,随机抽取免疫兔进行血清抗体监测,如保护率在50%以下,显示免疫无效。同时根据抗体分布情况,如存在亚临床感染,应及时扑杀、淘汰带菌种兔,以清除传染源。

兔场要严格执行各项生物安全措施,搞好环境卫生,加强兔场环境、用具消毒。确诊病兔尽快隔离或淘汰,兔舍、饲槽和饮水用具等用3%来苏尔或2%火碱消毒。

2. 发病后,应立即使用敏感抗菌药物进行治疗

对病兔,可使用注射用硫酸链霉素10~15毫克/千克体重,肌内注射,2次/天,连用2~3天;可配合适量注射用青霉素钾(钠)同时肌内注射。

规模化兔场推荐使用中药进行群防群治。治疗时,每100只成年兔用黄连、黄芩各300克,黄檗600克;或用鱼腥草、金银花各1 000克,桔梗、栀子各300克,大青叶500克,加水50升温火煎熬至30升,控水2小时后,供兔自由饮用,连饮5~7天。预防量减半。

四、兔波氏杆菌病

兔波氏杆菌病也称兔支气管败血波氏杆菌病,是由支气管败血波氏杆菌引起的一种常见呼吸道传染病。

(一) 诊断要点

1. 病原与流行特点

支气管败血波氏杆菌为卵圆形至杆状的多形态小杆菌,其呈革兰氏阴性。

患波氏杆菌病的兔会出现慢性鼻炎、支气管肺炎和咽炎等。病菌可通过空气传播,经呼吸道引起感染。该病幼兔发病率高,并且有死亡,成年兔发病较少。在自然条件下,多种哺乳动物的上呼吸道中都有本菌存在,天气突变、兔抵抗力下降、兔舍空气污浊等情况可促发此病。

2. 临床症状与病理变化

该病潜伏期为7~10天。成年病兔出现鼻炎和支气管炎,其有多量的浆液性、黏液性鼻液流出,病兔鼻炎长期不愈,并出现打喷嚏,呼吸困难,不食,消瘦等症状。病仔兔多呈急性经过,其出现鼻炎病状后,即表现为呼吸困难,并迅速死亡。鼻炎型病兔鼻黏膜潮红,鼻流浆液性或脓性分泌物。支气管炎型病兔支气管黏膜充血、出血,管腔内有黏液性或脓性分泌物。病兔肺有大小不一、数量不等的脓肿,其小如粟粒,大如乒乓球,有时见胸腔浆膜及肝、肾、睾丸等有脓肿,此外尚可见化脓性胸膜炎、心包炎等变化。

3. 实验室诊断

确诊须进行实验室检查。

(二) 防治措施

1. 预防

加强饲养管理,做好防疫工作。兔场坚持自繁自养,新引进的兔必须隔离观察1个月以上,经细菌学与血清学检查,呈阴性者方可入群。

可用分离到的支气管败血波氏杆菌制备蜂胶或氢氧化铝灭活菌苗进行预防注射,每只兔皮下注射1毫升,每年2次,也可用兔巴氏杆菌-波氏杆菌二联苗或巴氏杆菌-波氏杆菌-兔病毒性出血症三联苗进行预防。

2. 治疗

可用庆大霉素肌内注射,每日2次,磺胺噻唑片内服。脓疱型病兔治疗效果差,应作淘汰处理。

五、兔大肠杆菌病

兔大肠杆菌病是大肠埃希氏菌引起的以腹泻为主的传染病。

(一) 诊断要点

1. 病原与流行特点

病原为致病性大肠埃希氏菌,其血清型繁多,相互之间没有交叉免疫力,给预防该病带来难度。该病无明显的季节性，一年四季均可发生，呈地方流行。各种年龄的兔均可感染，但主要以1~4月龄的家兔最易感染。发病兔和带菌兔是该病的主要传染源。

2. 临床症状与病理变化

急性病例会突然死亡，病兔一般症状不明显。病程稍长的病例多表现精神沉郁，被毛凌乱，食欲减退或废绝，体温正常或低于正常，排黄色或棕色水样粪便，消瘦，脱水严重，四肢发冷、流涎和磨牙等症状。

剖检病死兔可以发现尸体消瘦、脱水严重，病变主要集中在胃肠道。胃膨大，切开胃后可见多量的气体和液体；十二指肠、空肠扩张明显，内有多量的气体和黏液性液体；结肠和盲肠扩张明显，有透明胶样黏液，结肠和盲肠黏膜及浆膜充血或有出血点和出血斑。其他内脏器官病理变化一般不明显，仅有个别病例可见心脏和肝脏有小坏死灶。

3. 实验室诊断

根据流行特点、临床症状和病理变化可初步诊断为兔大肠杆菌病，确诊要借助实验室进行细菌学检验，如通过直接涂片、细菌的分离培养分别镜检可见到卵圆形短小杆菌，经生化鉴定符合大肠杆菌的特性，即可确诊为大肠杆菌病。

（二）防治措施

1. 预防

加强饲养管理，要使幼兔及时吃上初乳，对幼兔的饲料配比恰当，不要使幼兔过饱或饥饿，断乳、更换饲料和并群不要同时进行，还应在饮水中加入电解多维或多种维生素，以提高兔群体的抵抗力和抗应激能力，可减少发病的机会；对怀孕的母兔应加强孕前和孕后的饲养和管理，要注意产房和母兔体表、乳头的清洁卫生。兔舍内要定期打扫卫生，保持兔舍清洁，定期用2%氢氧化钠或甲醛等消毒液对舍内外环境以及用具进行轮换消毒，杀灭病原菌。病死兔不要随意丢弃，应及时进行无害化处理或进行焚烧，防止疫情进一步蔓延。另外，还要合理安排饲料密度，保持舍内通风畅通，消除一切不利的因素，减少该病发生机会。可试用灭活疫苗被动免疫，降低发生感染机会。

2. 治疗

结合药敏试验，选择敏感药物进行针对性治疗。

六、兔产气荚膜梭菌（A型）病

兔产气荚膜梭菌病也称魏氏梭菌病或兔魏氏梭菌性肠炎，是由产气荚膜梭菌（A型）引起的一种中毒性传染病。

(一) 诊断要点

1. 病原与流行特点

产气荚膜梭菌一般可分为A、B、C、D、E、F 6个血清型，兔产气荚膜梭菌病主要由A型引起，少数为E型。该菌广泛存在于土壤、饲料、蔬菜、污水、粪便及人和动物肠道中，因此寒冷、饲养不当以及饲喂过多精料时可诱发该病。

该病的主要传染源是病兔和带菌兔及其排泄物。主要经消化道传播，也可通过损伤黏膜感染。各品种的兔均可感染，但长毛兔高于皮、肉用兔，进口毛用兔及獭兔易感性高于杂交毛兔；以1~3月龄膘情好、食欲旺盛的仔兔发病率最高。该病多呈地方性流行或散发，一年四季均可发生，无明显的季节性，但以冬春季节发病较多，此时青饲料减少，谷类饲料增多，从而引起肠道正常菌群平衡失调及厌氧状态，使产气荚膜梭菌得以大量繁殖，产生毒素引起该病的暴发。发病率可达90%，病死率几乎达100%。

2. 临床症状与病理变化

潜伏期短的2~3天，长的可达10天，最急性常未出现临床症状就倒地抽搐而突然死亡。多数临床症状为急剧下痢，病兔精神沉郁、弓背蜷缩、拒食，眼球凹陷、脱水、两耳下垂，粪便初期灰褐色、稀软，很快变成带血的水样或胶冻状稀粪，或者黑褐色水样粪便，并有腥臭气味，粪便污染臀部及后腿；抓起患兔摇晃躯体有泼水音；体温一般不高甚至偏低，多于出现水泻的当天或两三天后死亡。大多数病兔呈急性型，少数病兔可拖至1周或更长时间，但最终还会因再次出现腹泻而死亡。

急性死亡的病兔，尸体外观无明显消瘦，呈现脱水症状，剖开腹腔可嗅到特殊的腥臭味。多数病例胃内积有食物和气体。胃底黏膜部分脱落，常见有出血和黑色溃疡，部分兔的胃破裂。空肠和回肠充满胶冻样液体和少量气体，肠壁薄而透明。盲肠浆膜有鲜红色出血点，肠内容物稀薄呈黑色或褐色水样，有腐败气味，肠黏膜弥漫性充血或出血，肠系膜淋巴结水肿。肝略微肿大、质脆，呈土黄色。脾呈深褐色。胆囊肿胀，充盈胆汁。肺充血、淤血。肾脏表面和膀胱黏膜有点状出血。膀胱积有茶色尿液。心外膜血管怒张，呈树枝状。

3. 实验室诊断

根据流行病学、临床症状和病理变化可作出初步诊断，但确诊需要进行实验室诊断。

(二) 防治措施

1. 预防

搞好兔场的饲养管理和兽医防疫卫生工作,减少疫病诱发应激因素,保持兔舍清洁卫生。多饲喂粗纤维含量高的饲料,适当减少高能量、高蛋白饲料,以减轻家兔胃肠道负担。更换饲料要逐步进行,防止饲喂过多谷物饲料和含蛋白质过多的饲料。在天气寒冷的冬春季节,要做好防冻保暖工作,同时要适时通风换气,保持干燥,防止氨气太浓引起疾病,不饲喂冻冰水,以免腹泻。要从健康兔场引进种兔。种兔引进后,应隔离检疫观察,并补注兔瘟、产气荚膜梭菌等有关疫苗,杜绝传染源的引入。

有病史的兔场,可用兔产气荚膜梭菌病(A型)灭活疫苗皮下注射,不论大小,每兔2毫升,免疫期可达6个月。

2. 治疗

一旦发生疫情,应立即将病兔隔离,兔舍、兔笼及用具用3%热碱水或0.1%苯扎溴铵喷洒,进行彻底消毒,然后用石灰粉铺垫兔舍地面,每天1次,连续3~5天。同时要更换饲料和饮水,青饲料用0.5%高锰酸钾水冲洗沥干后再喂。死兔及其分泌物和排泄物一律深埋或焚烧。未发病兔用金霉素拌料饲喂,2次/天,连用3天。对假定健康兔群用兔产气荚膜梭菌病(A型)灭活疫苗紧急免疫接种。

病兔注射2%恩诺沙星注射液,每千克体重1毫升,每天2次,连用3天。同时注意对症治疗,可腹腔注射葡萄糖氯化钠注射液,内服食母生(每兔5~8克)和胃蛋白酶(每兔1~2克)等,可明显提高疗效。对兔群也可应用一些清热解毒、活血化瘀的中草药,例如:黄连、黄柏、大黄等。

七、兔葡萄球菌病

兔葡萄球菌病由金黄色葡萄球菌通过皮肤、黏膜破伤、呼吸和哺乳母兔的乳头口等侵入体内致病。仔兔吸吮了含金黄色葡萄球菌的乳汁而致病。

(一) 诊断要点

1. 病原与流行特点

该病的病原是金黄色葡萄球菌,金黄色葡萄球菌常存在于兔的鼻腔、皮肤及周围潮湿环境中,在适当条件下通过各种途径使兔感染,如通过飞沫传播,可引起上呼吸道炎症;通过表皮或黏膜的伤口侵入时,可引起转移性脓毒血症;通过脐带感染,可引起仔兔败血症;通过母兔的乳头感染,可引起乳房炎，仔兔吮乳后也可引起肠炎。病兔（特别是患病母兔）是主要传染源。该病的发生无明显的季节性，与兔的年龄、性别、品种也无关。

2. 临床症状与病理变化

根据病菌侵入部位和扩散程度的不同，可呈现多种类型。

（1）转移性脓毒血症　在皮下和内部器官形成1个或几个大小不等脓肿，患皮下肿病兔一般无异常表现，脓肿经1~2个月自行破裂，流出浓稠白色奶油状脓液。化脓菌可通过血流，或搔痒时的抓伤转移至其他部位，形成新的脓肿。内部脓肿破裂时，发生全身感染，呈现败血症而死亡。

（2）仔兔脓毒败血症　仔兔生后2~6天，皮肤上出现粟粒大的脓肿，病后多经2~5天呈败血症而死亡。幸免不死的仔兔，脓肿慢慢消失而痊愈。

（3）脚皮炎　家兔脚底皮肤上初期充血、肿胀、脱毛，继而出现脓肿，以后形成经久不愈的出血溃疡面，少数也可引起败血症死亡。

（4）乳房炎与仔兔黄尿病　急性炎症乳房呈紫红或蓝紫色；慢性乳房炎乳房硬肿，表面或深层形成脓肿，仔兔吃了患乳房炎母兔的乳汁而引起急性肠炎，全窝发病，肛门附近均被黄水浸润，经2~3天死亡，也称仔兔黄尿病或仔兔急性肠炎。

（5）鼻炎　病兔鼻流大量浆性、脓性鼻液，常打喷嚏，呼吸发生困难，易引起脚肿、肺炎和胸膜炎。

剖检病死兔，不同部位皮下和内脏器官有数量不等、大小不一的脓肿结节，疱膜完整，内含浓稠的乳白色脓液，或破溃而流出脓汁。仔兔肠炎型，肠尤其小肠黏膜充血、出血，肠内有稀薄的内容物，膀胱扩张，充满淡黄色尿液。

(二) 防治措施

1. 预防

保持兔笼、兔舍、运动场的清洁卫生，清除一切锋利物品。将性凶好斗的仔兔分开饲养。加强饲养管理，给乳汁不足的母兔适当增喂优质和多汁饲料，仔兔也可让其他母兔喂养，以免乳头被仔兔咬破。对乳汁过多的母兔，则要减少精饲料及多汁饲草的喂量，以防乳房膨胀，乳头管扩张，使病菌趁机而入。被病菌污染的兔笼及病兔粪便要严格消毒，死兔应焚烧深埋。

2. 治疗

转移性脓毒血症和仔兔脓毒败血症可肌内注射青霉素，每千克体重2万单位；庆大霉素每千克体重5 000单位。皮下脓肿应切开排脓，并用生理盐水冲洗，涂布碘酒、青霉素软膏等。

仔兔黄尿病，首先应防止哺乳母兔发生乳房炎，减少母兔饲料量。母兔每天服磺胺嘧啶片每千克体重0.1~0.2克，每天4次，连用3~4天。

脚皮炎病兔，可每天涂搽3%石炭酸或紫药水。形成溃疡应清除坏死组织或涂布消炎软膏。也可用脚皮膏涂于患部，3天1次，一般用3次。

患病兔场可用金黄色葡萄球菌培养液制成菌苗，每兔皮下注射1毫升；或使用土霉素、磺胺嘧啶，有一定预防效果。

八、兔泰泽氏病

兔泰泽氏病是由毛样芽孢杆菌引起的一种急性肠道传染病。其临床特征是急性腹泻、严重脱水并快速死亡，危害性很大。

（一）诊断要点

1. 病原与流行特点

该病的病原为毛样芽孢杆菌。患兔、隐性感染兔和耐过兔为该病的传染源。感染兔粪便中含有芽孢的病原菌污染饲料和饮用水，经消化道而传染。各年龄段和各品种兔均易感，但以1~3月龄幼兔发病率最高。该病一般呈地方性流行，一旦发生很难控制病情。一年四季均可发生，但冬、春两季发病率相对较高。

2. 临床症状与病理变化

该病病程很短，从发病到死亡一般在24小时以内。患兔主要表现为精神沉郁、不食不饮，排黑色或褐色水样粪便，肛门周围及尾部被污染，最后常因严重脱水而死。

病死兔脱水严重，脾脏及肠系膜淋巴结肿大明显，小肠肠壁变薄、充血、出血，大肠特别是盲肠病变明显，浆膜充血、出血严重，肠壁水肿明显，盲肠内容物为黑色或褐色水样粪便。病程稍长的，可见肝脏肿大，有大小不一灰白色坏死灶。

3. 实验室诊断

根据临床症状难以作出准确判断，可通过取病变组织涂片，吉姆萨染色后镜检。若发现肝细胞、平滑肌、心肌及肠上皮细胞内有束状或簇状排列的芽孢杆菌，即可确诊。还可做荧光抗体试验或琼脂扩散试验进行确诊。

（二）防治措施

1. 预防

严把引种关，禁止到疫区或带病场引种，从国外引种要对该病进行严格检疫。该病的治愈率很低，发现患兔应立即淘汰，无害化处理，用福尔马林或氢氧化钠对全场进行严格消毒，控制病情蔓延。

2. 治疗

发病早期的兔可口服土霉素片，20毫克/千克体重，2次/天，连用3天，同时静脉或腹腔注射补液，每次用葡萄糖氯化钠注射液20毫升左右，2次/天，连用3天。全群可用土霉素拌料饲喂3~5天。

九、兔球虫病

兔球虫病是一种由艾美尔属或等孢属球虫寄生在兔的小肠或胆管上皮细胞内引起的一种常见且危害严重的寄生虫病。

（一）诊断要点

1. 病原与流行特点

球虫在兔体内寄生、繁殖，卵囊随粪便排出。球虫卵囊对环境具有很强的适应能力，在环境中可存留数年。孢子化后的卵囊具有很强的侵染力，可以通过饲料或饮水被兔吞食而进入体内。在球虫卵囊繁殖的过程中，以被感染艾美耳球虫的兔子肝脏为营养，兔体肝脏出现损伤，各种代谢、消化功能紊乱，体内毒素增加，进而影响机体的生长发育，严重时导致兔体死亡。

以兔为唯一自然宿主的球虫有17种，全年各种日龄的家兔均可被感染，对幼兔致死率最高，成年兔抵抗力较强，一般为长期带虫者。艾美耳球虫对环境适应性很强，在自然条件下，随感染兔排泄物散布在土壤、饮水、饲料、青草、兔舍环境，球虫卵囊可存留数年，健康兔接触后不小心吞食即被感染。

2. 临床症状与病理变化

感染后的兔只食欲减退，伏卧懒动，精神沉郁，被毛逆立无光，消瘦，贫血，腹围明显增大，双眼无神，眼、鼻分泌物增多，排尿动作频繁，患兔肛门周围被毛粘连污秽便液，粪便稀或带血丝。将病兔腹部被毛吹开，腹部颜色为灰黑色。

剖检可见感染兔腹水严重，肠壁充血，肝脏明显肿胀，十二指肠扩张，肥厚。肝表面及实质细胞大面积坏死，结缔组织明显增生，有豌豆大的淡黄色结节，肝脏组织中可见大量孢子囊、裂殖体、裂殖子、配子体等不同发育阶段的虫体，且裂殖子正在侵蚀肝细胞。胆管组织被破坏，管腔变小，纤维组织广泛增生，胆管上皮细胞排列紊乱，绒毛结构异常，胆汁浓稠。十二指肠绒毛严重破坏，肠壁变薄。小肠内壁充血，肠壁肥厚性水肿；肠黏膜呈淡灰色，肠壁有许多白色结节。

3. 实验室检查

根据流行病学特点、症状表现和剖检变化，只可作初步诊断。确诊需要进行球虫卵囊检查。

（二）防治措施

1. 预防

（1）加强饲养管理　保持兔舍内的环境清洁卫生，及时清理兔舍内以及粪板夹缝处的粪便，防止粪便的堆积给球虫制造生存的空间。定期进行消毒，兔场内的道路使用20%的石灰乳或2%～3%氢氧化钠消毒。兔舍内的垫草要及时更换，并且保证饮水设备的清洁，对于损坏的饮水设备要及时修理，防止不停滴水造成兔舍内的湿度过大。母兔生产时要注意兔舍内的干燥通风。

（2）合理进行饲喂　控制兔日粮中蛋白质的供应量，同时保证微量元素的添加量充足，根据兔的不同年龄和生长发育特点合理调配日粮，随着兔的生长发育适当增加日粮供应。同时在饲料中添加盐酸氯苯胍、磺胺对甲氧嘧啶二甲氧苄啶、地克珠利、莫能菌素等预防药物，能够有效地预防球虫感染。

（3）自繁自养　坚持自繁自养能够有效避免兔感染球虫病。在日常养殖的过程中，种兔和幼兔要分开饲养，必须引进种兔的养殖场要控制数量和频率，并进行严格的检疫以及隔离饲养。

（4）加强断奶护理　在幼兔断奶前后15天，应适当增加酸性物质的饲喂量，例如醋酸等，能够保持兔肠道内的酸度，偏酸的肠道内环境能够抑制球虫的生长，进而起到预防兔球虫病的作用。

2. 治疗

坚持早发现、早治疗的原则，在日常生产中要勤于观察，一旦发现兔子患有球虫病，要采取紧急隔离措施，有针对性地进行治疗。

用于预防兔球虫的盐霉素、莫能菌素，效果较好，马度米星极易中毒而禁用于家兔。地克珠利、托曲珠利都有效果；氯羟吡啶宜早期使用并连续用药，但停药后易发生暴发性球虫病；氨丙啉对兔球虫病疗效较差；氯苯胍因生产成本高、产生耐药快、有异臭味，目前国内已很少使用。用于短期治疗用的磺胺氯吡嗪钠，在刚发现兔粪便变软时使用，效果最好。

球虫非常容易耐药，一个养殖场使用同类药物尽可能不要超过半年，轮换用药；治疗时要合理选用不同作用机制和不同作用峰期的药物联合用药。暴发兔球虫病时的用药方案：0.5%地克珠利溶液，连用5天；同时，用磺胺氯吡嗪钠，连用5天为1个疗程，停药10天后再用1个疗程。用药时要按照商品规定严格执行休药期，同时注意少用比较敏感或者安全系数较低的药物。

此外，中草药饲料添加剂类的白头翁、大蒜素、青蒿等，对球虫也有很好的防治效果。

十、疥螨病

兔疥螨病是由疥螨寄生于兔体表引起的一种顽固性、高度接触性、传染性皮肤病。

(一) 诊断要点

1. 病原与流行特点

疥螨隶属于真螨目、疥螨科、疥螨属，呈乳白色，分为假头和躯体两部分。虫体较小，为 0.15~0.5 毫米，呈圆形或龟形，肉眼不易看到，常寄生于人或动物皮肤表皮内，以宿主细胞间液、血清为食。

疥螨离开宿主后在较高湿度和较低温度（10~20℃）环境下可存活 1~3 周，且离开宿主 24 小时后依然有很强的穿透皮肤的能力，因此该病主要发生于阳光不足、阴暗潮湿、卫生条件不好等饲养条件下，冬春季节发病率高于夏秋季。病兔直接接触感染是主要的传播途径，也可通过被污染的笼舍、饲料、食具以及饲养人员等间接传播。

2. 临床症状与病理变化

感染初期，病家兔主要表现为瘙痒，不断用足趾和嘴搔抓啃咬皮肤痒处，一般从鼻端开始，蔓延至眼圈、上唇、下颌，最后遍及全身，皮肤表面出现鲜红色或淡红色针尖大小出血点。感染后期，随着瘙痒程度加剧，皮肤出现红肿、水疱、局部脱毛、皮肤损伤等，继而造成皮肤增厚、结痂、出血、坏死。同时，皮肤破损处，常常混合细菌、真菌继发感染，还会引起蜂窝织炎、淋巴管炎、急性肾小球炎等。随病情的发展，病兔采食和休息受到影响，生长发育受阻，表现为食欲不振、消瘦、贫血，最终可因极度衰竭而死亡。

3. 实验室诊断

通过该病的流行情况及临床特征等，可作出初步诊断。但疥螨早期感染的临床症状与湿疹、毛癣、虱病和营养性脱毛等疾病的临床表现相似，使鉴别诊断变得复杂。临床诊断和痂皮刮片涂检法适用于疥螨感染后期，此时感染部位临床症状较为明显，痂皮中有大量螨虫。然而，感染初期，大部分病例无明显疥螨病临床症状或表现为亚临床症状，且感染螨虫数量少，诊断非常困难，血清学诊断法以及 PCR 诊断法则为早期诊断带来希望。

（二）防治措施

1. 预防

兔场应划分生产区、隔离区和生活区。生产区应在隔离区的上风口，专设消毒池。兔舍不宜过大，以单列或双列式兔舍为好。隔离舍应远离生产用兔舍。办公和生活区必须与生产用兔舍分离。

在引进种兔时，首先对引种兔场进行实际考察，最好带兽医技术人员同行，以便正确判断种群的健康状态。新引入的兔子至少隔离15天，才能让其与健康兔合群。新引进的兔子一律做药物预防，即配制1%~2%的敌百虫水溶液，每只耳朵滴注2~3滴，使耳朵周壁都沾上药液。兔子的四肢下部浸入药液0.5分钟，取出后甩一下即可。健康兔群每年1~2次，曾经发病的兔场每年做不少于3次。连续2~3年即可控制该病。

保持兔舍干燥卫生，创造良好的生活环境，在温度、湿度、通风和光照等方面注意保持一个良好的环境。注意灭鼠、防蚊蝇。外来人员、车辆不消毒不得进入生产区，一般应谢绝参观。为接待来客参观，可在生产区外设参观廊。

定期清扫笼舍，冲刷地面，擦洗笼具，加强兔舍通风换气和光照，为家兔创造一个清洁、舒适的环境。对兔粪尿及兔舍垃圾（饲草、饲料残渣废物）、兔毛等堆积发酵。

2. 治疗

用药治疗前先除掉痂皮，可滴几滴煤油或柴油，使其自然掉痂；或用竹片刮患处结痂。用12.5%双甲脒溶液，配成0.025%~0.05%的水溶液，药浴、喷洒或涂擦，1次/天，直至痊愈；或用0.5%阿维菌素透皮溶液在病兔两耳背部内侧涂擦。用药的同时，注意消毒兔舍、兔笼、用具和运动场等患兔所能接触的地方；每隔3~5天重复用药1次，以杀死刚刚孵化出来的幼虫。

主要参考文献

陈建勇，2018. 禽腺病毒感染的诊断与防控 [J]. 家禽科学（12）：33-36.

陈理盾，李新正，陈合强，2009. 禽病彩色图谱 [M]. 沈阳：辽宁科学技术出版社.

崔现兰，辛桂香，吴东来，1992. 鸡传染性贫血病毒的鉴定 [J]. 中国畜禽传染病（6）：3-5.

窦永喜，殷宏，2023. 羊病图鉴 [M]. 北京：中国农业科学技术出版社.

甘孟侯，2003. 中国禽病学 [M]. 北京：中国农业出版社.

葛鑫，2024. 养禽与禽病防治 [M]. 北京：化学工业出版社.

郭爱珍，2021. 牛病图鉴 [M]. 北京：中国农业科学技术出版社.

姜明明，2018. 牛羊生产与疾病防治 [M]. 2版. 北京：化学工业出版社.

李宏全，2016. 门诊兽医手册 [M]. 2版. 北京：中国农业出版社.

李岳，闫娜娜，刘爱晶，等，2020. 中国部分地区鸡传染性贫血流行病学调查及病原分离鉴定 [J]. 中国预防兽医学报，42（8）：761-765.

王松，朱慧丽，靳安红，2024. 鸭场兽药安全使用与鸭病防治技术 [M]. 北京：化学工业出版社.

曾振灵，2021. 兽医临床用药指南 [M]. 北京：中国农业出版社.

曾振灵，2024. 兽药手册 [M]. 3版. 北京：化学工业出版社.

中国兽药典委员会，2020. 中华人民共和国兽药典（2020年版）（一部，二部，三部）[M]. 北京：中国农业出版社.